刘培杰数学工作室出品

非线性混杂随机时滞微分方程的稳定性研究及应用

Stability Analysis and Applications of Nonlinear Hybrid Stochastic Delay Differential Equations

杨 宁 陈东彦 赵海瑞 编著

HITP
哈爾濱工業大學出版社
HARBIN INSTITUTE OF TECHNOLOGY PRESS

内 容 简 介

本书主要研究几类Brown运动、Lévy噪声和有色噪声干扰下非线性混杂随机时滞微分方程的稳定性问题，获得了若干稳定性判据，探讨了相关结果在BAM神经网络稳定性方面的应用.全书共7章:第1章绪论，第2章介绍了随机微分方程的基本概念与一般理论，第3章至第6章对Brown运动、Lévy噪声和有色噪声干扰下非线性混杂随机时滞微分方程的稳定性进行了研究，给出了相应的稳定性判据，第7章给出了混杂随机BAM神经网络的稳定性判据.

本书适合高等院校数学专业师生和数学爱好者参考阅读.

图书在版编目(CIP)数据

非线性混杂随机时滞微分方程的稳定性研究及应用/杨宁，陈东彦，赵海瑞编著.—哈尔滨:哈尔滨工业大学出版社，2025.6.—ISBN 978-7-5767-2251-2

Ⅰ.O175

中国国家版本馆CIP数据核字第2025TD2010号

FEIXIANXING HUNZA SUIJI SHIZHI WEIFEN FANGCHENG DE WENDINGXING YANJIU JI YINGYONG

策划编辑　刘培杰　张永芹
责任编辑　刘家琳
封面设计　孙茵艾
出版发行　哈尔滨工业大学出版社
社　　址　哈尔滨市南岗区复华四道街10号　邮编150006
传　　真　0451-86414749
网　　址　http://hitpress.hit.edu.cn
印　　刷　哈尔滨圣铂印刷有限公司
开　　本　787 mm×1 092 mm　1/16　印张10.5　字数181千字
版　　次　2025年6月第1版　2025年6月第1次印刷
书　　号　ISBN 978-7-5767-2251-2
定　　价　98.00元

◎ 前言

在实际系统中，许多随机系统不仅会受到一些随机因素的干扰，如 Brown 运动、有色噪声和 Lévy 噪声等，可能还会遭遇一些突变现象，从而导致系统在参数或结构上发生随机突变. 为了更精确地描述这类系统，衍生出了混杂随机微分方程，即用随机微分方程刻画系统状态的连续变化、用有限状态 Markov 链刻画系统状态变化中的随机突变影响. 另外，实际系统的演化不仅与系统当前的状态有关，还可能与过去的状态有关，所以有必要考虑时滞对混杂随机微分方程的影响. 稳定性不仅是控制系统理论中的一个重要性质，也是维持控制系统正常运行的必要条件. 然而，由于随机性的复杂和多样，因此随机系统的稳定性问题变得复杂化，需要将传统的渐近稳定性和指数稳定性的概念进行适当的推广，由此引申出几乎处处渐近稳定性、几乎处处指数稳定性、矩渐近稳定性、矩指数稳定性等随机稳定性的概念. 目前所取得的随机系统稳定性的理论结果还远没有确定系统那样丰富. 因此，随机系统的稳定性研究还有待进一步完善.

基于以上背景，本书主要是对受 Brown 运动、有色噪声和 Lévy 噪声干扰的非线性混杂随机时滞微分方程的稳定性问题进行探讨，并得到一些具有启发性的研究结果，具体如下：

研究一类 Brown 运动驱动下的非线性混杂随机时滞微分方程的渐近稳定性问题，假设系统在不同模态下具有不同的参数，状态时滞为时变时滞且具有随机发生特性，采用服从 Bernoulli 分布的随机变量序列进行刻画. 为了降低时滞无关稳定性判据由于时滞信息考虑不足而带来的保守性，我们利用随机系统 Lyapunov 稳定性理论，考虑时变时滞的上界，构造一个含有二重积分项的 Lyapunov-Krasovskiĭ 泛函，提出一个相对弱化的非线性假设条件，结合局部 Lipschitz 条件和线性增长条件，利用 M—矩阵的性质，证明方程全局解的存在唯一性，建立全局解 p 阶矩渐近稳定、几乎处处渐近稳定、p 阶矩连续和依概率连续的时滞相关的充分性判据. 利用两个数值算例对所提出的理论结果的可行性进行验证，并对时滞相关稳定性判据关于 Markov 链中部分未知转移速率的适应性进行分析.

探讨一类 Brown 运动驱动下的非线性混杂随机时滞微分方程的指数稳定性和渐近稳定性问题，假设系统在不同模态下具有不同的结构且系统时滞为时变时滞. 为了解决不同模态结构和时变时滞带来的困难，根据时滞界限和非线性函数阶次的相关信息，构造一个含有二重积分项和高阶非线性项的 Lyapunov-Krasovskiĭ 泛函. 在非线性函数满足局部 Lipschitz 条件、多项式增长条件和非线性增长条件下，给出方程全局解存在且唯一的充分性条件，建立全局解 p 阶矩渐近有界、p 阶矩指数稳定、p 阶矩渐近稳定和几乎处处渐近稳定的时滞相关的充分性判据. 通过两个数值算例对所提出的理论结果的可行性进行验证.

探讨一类受有色噪声干扰的非线性混杂随机时滞微分方程的噪声—状态稳定性和渐近稳定性问题，假设系统时滞为多重时变时滞且有色噪声为均方有限或均方有界. 提出一个新的基于拟多项式条件，结合局部 Lipschitz 条件和多项式增长条件，证明方程全局解的存在唯一性，建立全局解 q 阶矩渐近有界和 q 阶矩噪声—状态稳定的充分性准则. 进一步，基于有色噪声在均方意义下有界的情况，建立全局解 p 阶矩渐近稳定和几乎处处渐近稳定的时滞相关的充分性准则. 通过两个具有不同有色噪声的数值算例对所提出的理论结果的可行性和有色噪声的上界对稳定性的影响进行验证，其中考虑的有色噪声分别为 Brown 运动驱动的随机扰动和服从均匀分布的随机变量驱动的随机扰动.

研究一类受 Lévy 噪声干扰的非线性混杂随机时滞微分方程的指数稳定性问题，假设系统在不同模态下具有不同的结构且系统时滞为时变时滞. 为了解决不同模态下方程具有不同的非线性结构和不同的非线性增长带来的困难，构造一个与非线性函数阶次相关的模态依赖 Lyapunov 函数，在无须线性增长条件的约束下，结合 M—矩阵的性质，给出方程全局解存在且唯一和 p 阶矩渐近有界的充分性条件；再利用非负半鞅收敛定理，建立平凡解 p 阶矩指数稳定和几乎处处指数稳定的充分性准则，给出保证全局解渐近有界和指数稳定的时滞导数可允许上界的求解方法.通过两个数值算例对所提出的理论结果的可行性进行验证，结合系统状态曲线分析 Lévy 噪声、Poisson 跳和 Brown 运动的特点以及相应解的变化趋势.

研究一类受 Lévy 噪声干扰的混杂随机双向联想记忆(bidirectional associative memory，简称 BAM)神经网络的渐近稳定性和指数稳定性问题，假设系统在不同模态下具有不同的参数，扩散项是根据离散时刻的状态观测确定的.为了解决离散观测和 Lévy 噪声带来的困难，我们构造一个与离散观测区间和 Lévy 噪声强度测度相关的 Lyapunov-Krasovskiĭ 函数，提出一个相对弱化的 Lévy 噪声强度函数假设条件，结合局部 Lipschitz 条件和线性增长条件，利用 M—矩阵的性质，建立平凡解均方渐近稳定和均方指数稳定的充分性准则.给出的稳定性判据不仅适用于判断基于离散观测的系统的解的稳定性情况，还适用于判断具有定常时滞或时变时滞的系统的解的稳定性情况.通过一个数值算例对所提出的理论结果的可行性进行验证.

本书的主要内容来自陈东彦教授主持的国家自然科学基金项目(项目编号:12071102)和杨宁主持的国家自然科学基金项目(项目编号:12301568)的部分研究成果，还包括作者及其合作者近年来在 *International Journal of Robust and Nonlinear Control*，*International Journal of Control*，*IET Control Theory and Applications* 等国内外期刊及会议公开发表的相关论文.本书也是对作者读博期间及后续工作的总结.本书参考了大量关于随机微分方程的稳定性分析、随机系统的控制等方面的资料，且已详细地标明主要参考资料出处.在此对这些专家学者们表示真诚的感谢.

本书在撰写过程中，得到了胡军教授的支持和帮助，作者在此向他表示衷心的感谢.另外，非常感谢哈尔滨理工大学理学院数学学科对作者的培养和自动化学院各位领导同志对作者的关心和支持.

由于作者水平有限，书中难免存在不足之处，敬请各位同行专家批评指正.

作　者

2025 年 5 月于哈尔滨

◎目录

第1章 绪论

1.1 背景及意义

随着科技的不断进步和社会经济的迅速发展，人们对一些实际问题的客观描述要求越来越精准和严格，特别是对一些随机因素的影响越来越重视.在动力系统的研究中，考虑随机因素对实际系统的影响十分必要，这样不但可以弥补在探讨实际问题时确定性微分方程的不足，而且还能由现象到本质地反映客观事物的特性与联系.例如，在生物种群增长模型中，合理地考虑随机因素的影响能够有效地避免某一生物种群数量在短期内大幅度增长或濒临灭绝的现象；在金融市场的股票期权定价模型中，合理地考虑随机因素的干扰可以客观地刻画金融风暴对金融市场的影响.因此，研究者们通常采用随机微分方程对受随机因素干扰的动力系统进行建模.根据随机过程的平稳性和随机变量所服从的概率分布等统计特性，随机微分方程可以分为 Brown 运动驱动下的随机微分方程、受 Lévy 噪声干扰的随机微分方程和受有色噪声干扰的随机微分方程等.目前，关于随机微分方程的研究已经扩展到了许多领域，例如分子物理学、流行病学和经济学等.

研究发现，许多随机动力系统可能会发生一些突变现象，这会导致系统在参数或结构上发生随机突变，研究者们通常使用包含连续和离散状态的混杂随机微分方程来描述这类系统.近几十年来，人们仍热衷于研究具有 Markov 切换的随机微分方程，并取得了丰富的成果[1-5]. 众所周知，很多实际系统的演化不仅与系统当前的状态有关，还与系统过去的状态有关，为了描述这类系统，衍生出了随机时滞微分方程. 把时滞引入到混杂随机微分方程中，就得到了混杂随机时滞微分方程. 迄今为止，混杂随机时滞微分方程已经渐渐应用到金融学、生物学和医药科学等重要领域. 例如，即期汇率模型、Lotka-Volterra 模型和流行病 SIR 模型. 因此，开展混杂随机时滞微分方程的相关研究工作是十分必要的.

在分析随机动力系统的过程中，稳定性研究一直受到广泛关注. 随机系统稳定性就是研究在初值和随机扰动下系统的解的变化趋势，即当系统的运行时间趋于无穷时，其解能否保持在平衡状态附近. 关于系统的稳定性，主要关注两个方面的问题：一个是理论解是否趋于平衡状态，由此衍生出了渐近稳定性的概念；另一个是理论解趋于平衡状态的速率问题，由此衍生出了指数稳定性的概念[6]. 分析系统的稳定性比较常用的理论基础是 Lyapunov 稳定性理论，而 Lyapunov 稳定性理论是基于常微分方程给出的[7]. 随着人们对随机动力系统的学习和研究兴趣越来越浓厚，稳定性理论开始逐渐从常微分方程向随机微分方程发展. 如今，随机微分方程的稳定性研究已经取得了丰厚的理论成果[8-10]. 相对而言，非线性混杂随机时滞微分方程的稳定性研究的理论体系还不够成熟. 因此，研究非线性混杂随机时滞微分方程的稳定性有着非常重要的理论意义，这也必将推动相应领域实际问题的有效解决.

1.2 随机微分方程稳定性的研究现状

在许多实际系统的运行环境中常常存在各种随机因素的干扰，由于采取确定性微分方程描述实际系统时没有合理地考虑这些随机因素的影响，因此，确定性微分方程或许不适合对这些实际系统进行建模. 1951 年，Kiyosi Itô 发表了著名的有关随机微分方程的论文(现在也称为 Itô 型随机微分方程)[11]，这为随机分析领域开创了新时代，也为随机微分方程的后续发展和深入研究带来了新契机. 而后，许多研究者对随机微分方程进行了研究，并且得到了相当丰硕的理论成果[12-15]. 在局部 Lipschitz 条件和线性增长条件下，文献[13]分析了非自治随机微分方程的几乎处处渐近稳定性和几乎处处指数稳定性，借助 Itô 公式和上鞅收敛定理，建立了适用于随机微分方程的 LaSalle 定理. 文献[14]比较系统地介绍了随机微分方程的解不稳定、稳定、渐近稳定和指数稳定的相应充分性判据. 文献[15]对分形 Brown 运动驱动下的随机微分方程的稳定性进行了研究，应用 Itô 公式和随机分析法，给出了方程解存在且唯一的充分性条件，建立了方程的解指数稳定的充分性准则.

1.2.1 混杂随机微分方程稳定性的研究现状

在许多实际系统中，由于内外环境的变化，例如，实际系统部件的损坏或维护、不断变化的子系统之间的连接和突然的环境变化等，可能会导致一些系统在有限模态之间切换，并且各模态对应的子系统在参数或结构上会存在一定的变化，这使得传统的随机微分方程不适用于对这类切换系统建立数学模型. 继而，越来越多的研究者开始将 Markov 链引入随机微分方程中，对这类切换系统进行建模和深入研究[16-18]. 这里的混杂随机微分方程是用随机微分方程刻画系统状态的连续变化，用有限状态 Markov 链刻画系统状态变化中的随机突变影响. 经广大研究者的不懈努力，到目前为止，混杂随机微分方程的研究取得了很大的进展[19-26]. 文献[21]研究了一类非线性混杂随机微分方程全局解的 p 阶矩指数稳定性和几乎处处指数稳定性. 针对文献[21]考虑的系统方程，文献[22]还研究了全局解的依分布渐近稳定性. 文献[23]和[24]都对具有离散噪声混杂随机微分方程的渐近稳定性和指数稳定性进行了讨论，应用M一矩阵的性质，并充分利用时滞的相关信息，构造了包含二重积分项的 Lyapunov-Krasovskiĭ 泛函，推导出了全局解渐近稳定和指数稳定的定理. 文献[25]研究了一类线性时变混杂随机微分方程平凡解的几乎处处指数稳定性. 文献[26]将文献[25]的研究成果和方法推广应用到了更一般的非线性时变混杂随机微分方程中，不仅获得了可以保证平凡解几乎处处指数稳定的充分性准则，而且还提出了一种通过设计系统噪声强度来控制系统稳定或不稳定的直接方法.

1.2.2 随机时滞微分方程稳定性的研究现状

在实际工程中，许多动力系统的演化过程都与当前的状态和过去的状态有关，为了更精确地描述这类系统，在建模过程中需要考虑时滞带来的影响，从而研究者们提出了随机时滞微分方程. 由于时滞的引入，随机微分方程的稳定性理论成果或许将不适用于随机时滞微分方程，因此，研究者们开展了关于随机时滞微分方程稳定性的研究工作并获得了丰硕的科研成果[27-30]. 针对一类具有有界时滞的随机微分方程，文献[31]和[32]分别给出了线性增长条件下和多项式增长条件下全局解渐近稳定和有界的充分性准则，与文献[31]不同，文献[32]还建立了全局解指数稳定的定理.

文献[33]分别对随机时滞微分方程和随机时滞偏微分方程的均方渐近稳

定性进行了探讨，利用根轨迹法和随机指数 Euler 方法，得到了与时滞相关的稳定性判据. 有些系统还可能受到多个时滞的影响，文献[34]和[35]分别对具有多重时滞的 Cohen-Grossberg 神经网络平凡解的全局渐近稳定性和全局指数稳定性进行了分析，并给出了相应的稳定性判据. 文献[36]探讨了一类具有多重时滞随机微分方程的渐近有界性，并把结果成功地应用到了非自治时滞随机神经网络的有界性分析中. 文献[37]对一类中立型随机多重时滞系统的稳定性进行了讨论，借助 Lyapunov 稳定性理论和线性矩阵不等式(linear matrix inequality，简称 LMI)处理技术，推导出了能够保证系统均方指数稳定的时滞相关判别准则. 受系统内部或外部环境的影响，时滞也可能是随机发生的，研究者们常选择一个服从 Bernoulli 分布的随机变量来刻画这类时滞的随机发生特性，并把这类时滞称为随机发生时滞. 文献[38]分析了随机发生时变时滞对离散奇异系统稳定性的影响，通过 Lyapunov 稳定性理论和 LMI 技术，建立了可以保证系统均方指数稳定的时滞相关充分性判据. 有些系统中的时滞也可能服从一般的概率分布，称为概率时滞. 文献[39]探讨了一类具有模态依赖的概率时变时滞、Markov 切换和脉冲控制的随机 BAM 神经网络的指数稳定性，借助 Lyapunov 稳定性理论和 LMI 技术，建立了系统的平凡解均方指数稳定的定理. 文献[40]对一类非线性随机时滞微分方程的稳定性进行了讨论，在局部 Lipschitz 条件和线性增长条件下，推导出了可以保证平凡解均方指数稳定的时滞无关和时滞相关的充分性判据.

1.2.3 混杂随机时滞微分方程稳定性的研究现状

Markov 切换与时滞相结合，可以得到混杂随机时滞微分方程，而把时滞项加入混杂随机微分方程中，这会给其稳定性分析增加一定的难度. 目前，关于混杂随机时滞微分方程的稳定性研究已经涌现出了许多重要结论和优秀科研成果[41-43]. 在局部 Lipschitz 条件和线性增长条件下，文献[44]比较系统地给出了非线性混杂随机时滞微分方程全局解的存在唯一性、连续性、渐近有界性和稳定性的相关理论体系. 文献[45-47]研究了混杂随机时滞微分方程的指数稳定性，基于 Lyapunov 稳定性理论和 LMI 技术，建立了能够保证系统平凡解均方指数稳定的时滞相关定理，其中文献[45]关注的是时变时滞，而文献[46]和[47]关注的是时变时滞和分布式时滞. 文献[48]探讨了中立型混杂随机时滞微分方程的几乎处处渐近稳定性，应用非负半鞅收敛定理，建立了 LaSalle 型稳定性定理. 文献[49]利用 M－矩阵的性质分别建立了线性和非线性混杂随机时滞微分方程的全局解渐近有界和指数稳定的定理. 文献[50]对一类具有混合时滞和 Markov 切换的 Cohen-Grossberg 神经网络的稳定性进行了分析，其中混合时滞包含模态依赖的概率时变时滞和分布式时滞，基于 Lyapunov 稳定性理论和 LMI 技术，推导出了能够保证系统平凡解鲁棒指数稳定的时滞相关判别准则. 文献[51]对具有定常时滞和 Markov 切换的 Cohen-Grossberg 神经网络平凡解在矩意义下的指数稳定性和几乎处处指数稳定性进行了研究，并给出了相应的稳定性判别条件.

文献[52]分别对具有定常时滞、时变时滞和无界时滞的混杂随机微分方程的有界性和稳定性进行了讨论，给出了关于这三类方程的全局解渐近有界、p 阶矩指数稳定和几乎处处指数稳定的时滞无关充分性判据. 为了降低时滞无关稳定性判据由于时滞信息考虑不足而带来的保守性，文献[53]改进了文献[52]的结论，充分应用时滞的相关信息，设计了一个新的包含二重积分项的 Lyapunov-Krasovskiĭ 泛函，在局部 Lipschitz 条件和多项式增长条件的约束下，首次推导出了非线性混杂随机时滞微分方程的时滞相关稳定性定理，该定理可以保证全局解的 q 阶矩渐近稳定性. 在文献[53]中的理论基础和推导方法上，文献[54]还探讨了此方程全局解的几乎处处渐近稳定性. 文献[55-57]将文献[53]的研究成果和方法分别扩展应用到了具有多重时滞的强非线性混杂随机微分方程、中立型强非线性混杂随机时滞微分方程和具有随机发生时滞的混杂随机微分方程中，给出了能够保证这三类方程全局解 p 阶矩渐近稳定和几乎处处渐近稳定的时滞相关判别准则. 文献[58]又把文献[56]的结论推广到了一类具有多重时滞的中立型强非线性混杂随机微分方程中，得到了全局解 p 阶矩渐近稳定和几乎处处渐近稳定的时滞相关充分性条件. 文献[59]研究了一类具有无界时滞中立型强非线性混杂随机微分方程的指数稳定性，在无须线性增长条件的约束下，推导出了 Lyapunov 型稳定性定理. 文献[60]探讨了一类具有离散反馈控制的强非线性混杂随机时滞微分方程的稳定性，充分利用离散观测间隔的相关信息，设计了一个新的包含二重积分项的 Lyapunov-Krasovskiĭ 泛函，并利用 M－矩阵的性质，得到了全局解渐近稳定和指数稳定的充分性准则，以及离散观测间隔的上界. 文献[61]研究了一类具有部分未知转移概率和混合时滞的混杂随机微分的稳定性和量化控制问题，基于 Lyapunov 稳定性理论和 LMI 技术，推导出了能够保证闭环系统均方指数稳定的充分性条件. 文献[62]对一类具有比例型时滞的混杂随机微分方程的稳定性进行了研究，设计了输出反馈控制策略和非周期间歇控制策略，并利用 Lyapunov 稳定性理论和比较方法，分别给出了这两种控制策略下闭环系统 p 阶矩多项式稳定的判别准则. 文献[63]研究了一类混杂随机时滞微分方程的稳定性，给出了可以保证全局解 p 阶矩指数稳定、几乎处处指数稳定以及几乎处处多项式稳定的判别条件.

众所周知，非线性混杂随机时滞微分方程的各模态对应的子系统不仅在参数上会发生一定变化，而且在结构上也会发生一定变化. 就目前而言，大多数非线性混杂随机时滞微分方程的稳定性研究成果都是针对不同模态下不同系统参数的情况建立的[64-72]，而关于不同模态下不同结构的非线性混杂随机时滞微分方程的稳定性研究，近几年才得到学者们的关注. 文献[73]借助非负半鞅收敛定理，推导出了可以保证混杂随机时滞微分方程全局解的渐近有界性、几乎处处渐近稳定性和指数稳定性的定理，并利用不同模态下不同结构的 Lyapunov 函数来处理方程在不同模态下的结构差异. 文献[74]对不同模态下不同结构的强非线性混杂随机时滞微分方程全局解的有界性和稳定性进行了研究，在无须线性增长条件的约束下，通过 M－矩阵的性质建立的稳定性判据不仅可以保证全局解的 q 阶矩渐近稳定性和几乎处处渐近稳定性，还可以保证 p 阶矩指数稳定性和几乎处处指数稳定性. 与文献[74]考虑的单一定常时滞不同，文献[75]考虑了多重时滞对非线性混杂随机时滞微分方程的影响，获得的全局解有界和指数稳定的定理不仅适用于不同模态下不同系统参数的情况，还适用于不同模态下不同结构的情况. 文献[76]将文献[74]的研究成果和方法扩展应用到了不同模态下不同结构的中立型强非线性混杂随机时滞微分方程中，应用 M－矩阵的性质，得到了全局解有界、渐近稳定和指数稳定的充分性准则.

值得注意的是，关于不同模态下不同系统参数的非线性混杂随机时滞微分方程的稳定性研究成果相对完整，而关于不同模态下不同结构的相关研究还有待进一步完善，特别是时滞相关稳定性判据的结果较少且仍有改进空间. 因此，本书将对不同模态下不同结构的非线性混杂随机时滞微分方程的时滞相关稳定性分析展开深入研究.

1.3 受有色噪声干扰的随机微分方程稳定性研究现状

前面文献介绍的随机微分方程，都是将 Brown 运动作为唯一的随机干扰源，它是服从正态分布的独立增量连续平稳随机过程[77]. 目前，针对 Brown 运动驱动下的随机微分方程已有较多的研究结果. 但是在实际系统中，并非所有的噪声都可以采用 Brown 运动来描述，有的需要采用与每一时刻序列都相关的随机过程或服从某些概率分布的随机变量来刻画，这些噪声被称为有色噪声，例如，飞机飞行过程中机翼的随机颤振现象，以及路面平整状况对车辆施加的波动影响等. 因此，开展受有色噪声干扰的随机微分方程的稳定性研究工作具有广泛的应用背景和相当重要的理论与实际意义. 近几十年来，受有色噪声干扰的随机微分方程的稳定性分析已经得到了许多研究者的重视，并且取得了许多优秀成果[78-80]. 文献[78]研究了具有有色乘性噪声的线性系统的稳定性，给出了系统 p 阶矩渐近稳定的充要条件. 文献[79]对一类具有 Ornstein-Uhlenbeck 有色噪声的随机系统的稳定性和镇定性进行了探讨，推导出了能够保证这类系统均方实用稳定的判别准则，并给出了使闭环系统达到实用稳定性的控制设计方案. 文献[80]研究了一类具有 Ornstein-Uhlenbeck 有色噪声的随机系统的变结构控制问题，利用 Lyapunov 稳定性理论和经典的不等式处理方法，得到了保证滑模面的可达性和滑动模态的实用稳定性的判别准则，并给出了使闭环系统达到实用稳定性的变结构控制设计方案.

文献[81]对受有色噪声干扰的线性随机系统的稳定性进行了研究，应用李代数和 Lyapunov 稳定性理论，得到了平凡解均方渐近稳定和 p 阶矩指数稳定的充分性判据. 文献[82]对受有色噪声干扰的非线性随机系统的噪声一状态稳定性进行了讨论，利用比较原理，建立了新的全局解依概率噪声一状态稳定和依概率噪声一状态最终有界的定理，通过削弱已有的非线性随机系统稳定的充分性条件，给出了平凡解噪声一状态不稳定的充分性判据. 文献[83]研究了受非 Gauss 有色噪声干扰的黏弹性系统的稳定性，利用随机平均法和 Larionov 方法，推导出了系统 p 阶矩指数稳定的充分性判据，讨论了噪声参数对系统稳定性的影响. 文献[84]对一类具有 Ornstein-Uhlenbeck 有色噪声的随机时滞传染病模型的稳定性进行了探讨，建立了可以保证系统正解均方渐近稳定的充分性准则，并通过对比实验，得出仅随机扰动方差对系统稳定性会产生较大影响. 文献[85]分析了非线性随机时滞系统的噪声一状态稳定性，充分应用时滞的相关信息，设计了一个含有二重积分项的 Lyapunov-Krasovskiĭ 泛函，再结合经典的不等式处理方法，推导出了全局解存在且唯一的充分性条件和噪声一状态稳定的充分性准则. 文献[86]对中立型非线性随机时滞系统的噪声一状态稳定性进行了研究，给出了该系统全局解存在且唯一的充分性条件和噪声一状态指数稳定的充分性判据. 文献[87]研究了受有色噪声干扰的非线性随机微分方程的稳定性，采用一个二阶矩有限的随机过程来描述有色噪声，利用 Lyapunov 稳定性理论和一些经典的不等式处理方法，给出了全局解依概率有界、依概率噪声一状态稳定和 m 阶矩噪声一状态稳定的充分性准则. 文献[88]把文献

[87]的结论推广到了受有色噪声和脉冲影响的非线性随机系统的稳定性分析中,得到了全局解依概率噪声—状态稳定和 m 阶矩噪声—状态稳定的充分性准则. 文献[89-90]把文献[87]的结论推广到了受有色噪声干扰的非线性混杂随机系统的稳定性分析中,得到了全局解 m 阶矩噪声—状态指数稳定的充分性判据,并把结果成功地应用到了一个随机环境下弹簧摆的控制问题中,验证了所得理论结果的合理性和可行性. 文献[91]把文献[87]的结论推广到了具有有色噪声和多重时滞的非线性混杂随机微分方程的 q 阶矩噪声—状态稳定性分析中,得到了全局解的充分性条件,并充分应用时滞的相关信息,设计了一个含有二重积分项的 Lyapunov-Krasovskiĭ 泛函,推导出了全局解 p 阶矩渐近稳定和几乎处处渐近稳定的充分性判据.

值得强调的是,大多数研究者都是在局部 Lipschitz 条件和线性增长条件下开展有关受有色噪声干扰的随机微分方程稳定性的研究工作[79-89],而在多项式增长条件下受有色噪声干扰的混杂随机微分方程的稳定性还很少有人研究,特别是时滞相关稳定性的研究. 因此,本书将在局部 Lipschitz 条件和多项式增长条件下深入研究受有色噪声干扰的混杂随机时滞微分方程的时滞相关稳定性.

1.4 受 Lévy 噪声干扰的随机微分方程稳定性研究现状

在随机微分方程的数学模型中,一般采用各种随机过程来描述实际系统中随机因素(也称为噪声)的干扰,常见的比较典型的随机过程是 Brown 运动,而在实际工程和生活中,随机动力系统有可能存在不连续的内部或外部波动并可能产生较大的跳跃. 例如,重型载货汽车对道路表面和桥体结构的振动冲击载荷,由于城市化加剧、火山爆发和土地沙漠化等环境灾难导致某一种群的数量大幅度减少甚至濒临灭绝等. 众所周知,Lévy 噪声会产生大的跳跃,使样本路径在时间上不连续(但右连续),并且 Lévy 过程具有独立的平稳增量,它包括我们熟悉的大多数随机过程,如 Poisson 过程和 Brown 运动等[92],这促使研究者们开始关注受 Lévy 噪声干扰的随机时滞微分方程的稳定性问题[93-98]. 文献[99]研究了 Lévy 过程驱动下的中立型随机时滞微分方程的稳定性问题,利用随机分析法和 Kunita 估计理论,给出了可以保证平凡解 p 阶矩渐近稳定、几乎处处渐近稳定、p 阶矩连续以及依概率连续的判别准则. 文献[100]研究了受 Lévy 噪声干扰的随机时滞微分方程平凡解的 p 阶矩指数稳定性,利用反证法得到了新的 Razumikhin 型稳定性定理. 在非线性函数满足局部 Lipschitz 条件和非线性增长条件下,文献[101]探讨了一类 Poisson 过程驱动下的非线性随机时滞微分方程的稳定性问题,借助非负半鞅收敛定理,推导出了能够保证全局解 p 阶矩指数稳定和几乎处处指数稳定的判别定理.

在受 Lévy 噪声干扰的随机时滞微分方程中引入 Markov 切换,可以得到受 Lévy 噪声干扰的混杂随机时滞微分方程,相关的稳定性研究已经得到了许多研究者的重视. 文献[102]对一类具有 Poisson 跳和 Markov 切换的随机时滞微分方程的稳定性进行了讨论,利用广义 Itô 公式和随机分析法,推导出了全局解具有一般衰减率的 p 阶矩稳定和几乎处处稳定的定理. 文献[103]借助非负半鞅收敛定理研究了受 Lévy 噪声干扰的混杂随机时滞微分方程的几乎处处渐近稳定性和依分布稳定性. 文献[104]建立了具有 Lévy 噪声和有界时滞的混杂随机微分方程的平凡解 p 阶矩指数稳定的 Razumikhin 型定理. 文献[105]分析了受 Lévy 噪声干扰的混杂随机时滞微分方程的稳定性,利用非负半鞅收敛定理和 M－矩阵的性质,得到了具有一般衰减率的几乎处处稳定性和多项式稳定性的充分性准则. 文献[106]对受 Lévy 噪声干扰的非线性混杂随机时滞微分方程的稳定性进行了探讨,在非线性函数满足局部 Lipschitz 条件和非线性增长条件下,利用 M－矩阵的性质,给出了最大局部解和全局解存在且唯一的充分性条件,以及全局解渐近稳定和多项式稳定的充分性条件. 文献[107]研究了受 Lévy 噪声干扰的强非线性混杂随机时滞微分方程的稳定性,在非线性函数满足局部 Lipschitz 条件和多项式增长条件下,充分利用时滞和 Lévy 噪声的相关信息,设计了一个新的含有二重积分项和三重积分项的 Lyapunov-Krasovskiĭ 泛函,推导出了全局解 p 阶矩渐近稳定的时滞相关充分性判据. 文献[108]对具有 Lévy 噪声的中立型混杂随机时滞微分方程的稳定性进行了探讨,利用非负半鞅收敛定理和 M－矩阵的性质,给出了全局解存在且唯一和具有一般衰减率的几乎处处稳定的充分性准则. 文献[109]利用分步法对具有 Poisson 跳的中立型非线性混杂随机时滞微分方程数值解的稳定性进行了分析,推导出了平凡解均方渐近稳定和均方指数稳定的充分性准则. 文献[110]研究了 Lévy 噪声驱动下的中立型强非线性混杂随机时滞微分方程的稳定性,借助非负半鞅收敛定理,推导出了可以保证全局解几乎处处渐近稳定,以及具有一般衰减率的 p 阶矩稳定和几乎处处稳定的充分性判据. 在全局 Lipschitz 条件下,文献[111]利用 Euler-Maruyama 方法对具有 Lévy 噪声的非线性混杂随机时滞微分方程的稳定性进行了研究,给出了平凡解均方指数稳定的判别准则. 文献[112]借助 M－矩阵的性质,建立了可以保证具有 Lévy 噪声的非线性混杂随机时滞微分方程的全局解 p 阶矩渐近有界、p 阶矩指数稳定和几乎处处指数稳定的定理,并利用不同模态下不同结构的 Lyapunov 函数来处理方程在不同模态下的结构差异.

目前,有关受 Lévy 噪声干扰的混杂随机时滞微分方程的成果大部分只考虑了不同模态下不同参数的情况,关于受 Lévy 噪声干扰的不同模态下不同结构的混杂随机时滞微分方程的文章少有报道. 因此,本书将对受 Lévy 噪声干扰的不同模态下不同结构的非线性混杂随机时滞微分方程的稳定性进行深入探讨.

综上所述,Lévy 噪声干扰下随机稳定性研究成果日渐丰硕. 如何将 Lévy 噪声干扰下随机稳定性理论应用于随机神经网络的稳定性分析一直备受研究者们的关注,并且取得了许多优秀成果[113-120]. 文献[113]研究了 Lévy 噪声驱动下的随机时滞神经网络的稳定性,在 Dirichlet 有界条件下,充分利用时滞的相关信息,设计了一个含有二重积分项的 Lyapunov-Krasovskiĭ 泛函,推导出了全局均方指数稳定的充分性判据. 文献[114]利用局部鞅的强大数定律研究了一类具有 Lévy 噪声和 Markov 切换的神经网络的几乎处处指数稳定性. 文献[115-116]研究了具有 Lévy 噪声的混杂随机时滞微分方程的稳定性,利用 M—矩阵的性质,得到了平凡解 p 阶矩指数稳定的充分性准则,并把结果成功地应用到了具有 Lévy 噪声和 Markov 切换的时滞随机神经网络的稳定性分析中. 文献[117]对具有 Lévy 噪声和 Markov 切换的随机神经网络的同步控制问题进行了探讨,利用 Lyapunov 稳定性理论和 M—矩阵的性质,给出了系统自适应均方指数同步的充分性准则. 文献[118]研究了 Lévy 噪声驱动下随机时滞中立型神经网络的同步控制问题,在非线性函数满足非 Lipschitz 条件下,利用 Lyapunov 稳定性理论,给出了系统均方指数同步与几乎必然指数同步的充分性条件. 文献[119]对具有 Lévy 噪声和时变时滞的中立型 Markov 切换 Cohen-Grossberg 神经网络的稳定性进行了分析,利用 M—矩阵的性质,给出了全局解渐近稳定的充分性判据. 文献[120]研究了具有 Lévy 噪声和离散观测的混杂随机 BAM 神经网络,充分利用 Lévy 噪声和离散观测的相关信息,设计了一个含有二重与三重积分的 Lyapunov-Krasovskiĭ 泛函,推导出了平凡解均方渐近稳定和均方指数稳定的充分性条件.

值得注意的是,应用 Lévy 噪声干扰下随机稳定性理论分析一般随机神经网络稳定性的研究结果相对完整,而应用此随机稳定性理论分析混杂随机 BAM 神经网络稳定性的相关研究还有待进一步完善,特别是时滞相关稳定性判据的结果较少且仍有改进空间. 因此,本书将应用随机稳定性理论,对受

Lévy 噪声干扰的混杂随机 BAM 神经网络的稳定性进行深入探讨.

1.5 本书结构框架

本书针对 Brown 运动驱动、有色噪声干扰和 Lévy 噪声干扰的非线性混杂随机时滞微分方程的稳定性相关问题，考虑定常时滞、时变时滞、随机发生时变时滞和多重时变时滞，以及不同模态下具有不同参数和不同结构对系统的影响，从改善假设条件的普适性、改进现有研究结果的保守性和完善稳定性的理论结果出发，利用 Lyapunov 稳定性理论和随机分析方法，综合分析受不同噪声干扰时的非线性混杂随机时滞微分方程的稳定性，建立更具一般性的假设条件，解决时滞和不同模态下不同结构带来的困难，提出新的保守性较小的时滞相关稳定性判据，完善不同噪声干扰时的时滞相关的连续性、有界性和稳定性的理论结果. 本书的主要研究内容包括：

(1)讨论 Brown 运动驱动下的非线性混杂随机时滞微分方程的稳定性问题，其中所考虑的时滞为随机发生时变时滞，且系统在不同模态下具有不同的参数，充分考虑时滞的相关信息，应用 Lyapunov-Krasovskiĭ 稳定性理论，借助 M－矩阵的性质，分析最大局部解和全局解的存在唯一性，给出平凡解 p 阶矩渐近稳定、几乎处处渐近稳定、p 阶矩连续和依概率连续的时滞相关判别条件.

(2)探讨 Brown 运动驱动下的非线性混杂随机时滞微分方程的稳定性问题，其中所考虑的时滞为时变时滞，且系统在不同模态下具有不同的结构，充分考虑非线性函数的阶次和时滞的相关信息，利用 Lyapunov-Krasovskiĭ 稳定性理论，分析全局解的存在唯一性，提出平凡解 p 阶矩渐近有界、p 阶矩指数稳定、p 阶矩渐近稳定和几乎处处渐近稳定的时滞相关判别条件.

(3)讨论受有色噪声干扰的非线性混杂随机时滞微分方程的稳定性问题，其中所考虑的时滞为多重时变时滞，且非线性函数具有较高的阶次，充分考虑非线性函数的阶次和多重时变时滞的相关信息，利用 Lyapunov-Krasovskiĭ 稳定性理论，分析全局解的存在唯一性，提出全局解 q 阶矩渐近有界、q 阶矩噪声－状态稳定、p 阶矩渐近稳定和几乎处处渐近稳定的时滞相关判别条件.

(4)研究受 Lévy 噪声干扰的非线性混杂随机时滞微分方程的稳定性问题，其中所考虑的时滞为时变时滞，且系统在不同模态下具有不同的结构，充分利用不同模态下方程具有不同非线性结构的特征，并利用 Lyapunov 稳定性理论，借助非负半鞅收敛定理和 M－矩阵的性质，分析全局解的存在唯一性，给

出全局解 p 阶矩渐近有界、p 阶矩指数稳定和几乎处处指数稳定的时滞相关判别条件.

(5)研究受 Lévy 噪声干扰的混杂随机 BAM 神经网络的稳定性问题,其中扩散项是基于状态离散观测,充分考虑离散观测区间长和 Lévy 噪声强度测度的相关信息,利用 Lyapunov-Krasovskiĭ 稳定性理论,借助 M－矩阵的性质,给出平凡解均方渐近稳定和均方指数稳定的离散观测区间长相关判别条件.

第2章 预备知识

为了便于读者阅读本书的内容，本章有必要介绍书中涉及的主要数学符号、随机过程相关概念，以及常用不等式、引理与定理等.

2.1 符号说明

$(\Omega,F,\{F_t\}_{t\geqslant 0},P)$ 表示完备概率空间，其中 Ω 代表非空样本空间，F 代表 σ 代数，P 代表 F 上的概率测度，$\{F_t\}_{t\geqslant 0}$ 代表 σ 代数流（也称为滤子）且满足通常条件，即 F_t 随 t 增大而上升且右连续，F_0 包括所有的零概率集.

$\mathbb{R}^n$ 和 $\mathbb{R}^{n\times m}$ 分别表示 n 维欧氏空间和 $n\times m$ 实矩阵空间.

$\mathbb{R}_+$ 表示非负实数集.

EX 表示随机变量 X 的数学期望.

$C(\mathbb{R}^n;\mathbb{R}_+)$ 表示从定义域 $\mathbb{R}^n$ 到值域 $\mathbb{R}_+$ 上的连续函数 $f(t)$ 全体构成的空间.

$C^{1,1}(\mathbb{R}^n\times\mathbb{R}_+;\mathbb{R}_+)$ 表示从定义域 $\mathbb{R}^n\times\mathbb{R}_+$ 到值域 $\mathbb{R}_+$ 上的连续函数 $f(\boldsymbol{x},t)$ 全体构成的空间，并且关于 $\boldsymbol{x}\in\mathbb{R}^n$ 和 $t\in\mathbb{R}_+$ 都是一阶连续可微的.

$L^2([-\tau,T];\mathbb{R}^n)$ 表示所有取值于 $\mathbb{R}^n$ 且满足 $\int_{-\tau}^{T}|f(t)|^2\mathrm{d}t<\infty$ a. s.（a. s. 表示几乎处处）的 F_t 一适应过程 $\{f(t)\}_{t\in[-\tau,T]}$ 构成的集合，其中 $\tau>0,T>0$ 和 $|f(t)|$ 表示 $f(t)$ 的欧氏范数.

$L^p(\Omega;\mathbb{R}^n)$ 表示所有取值于 $\mathbb{R}^n$ 且满足 $E|\xi|^p<\infty$ 的随机变量 ξ 构成的空间，其中 $p>0$.

$L^p_{F_0}([-\tau,0];\mathbb{R}^n)$ 表示所有属于空间 $C([-\tau,0];\mathbb{R}^n)$ 且满足 $E\|\psi\|^p<\infty$ 的 F_t－可测的随机变量 $\psi=\{\psi(\theta):\theta\in[-\tau,0]\}$ 构成的空间，其中 $p>0$ 和 $\|\psi\|=\sup\limits_{-\tau\leqslant\theta\leqslant 0}|\psi(\theta)|$.

$M^2([-\tau,T];\mathbb{R}^n)$ 表示所有满足 $E\int_{-\tau}^{T}|f(t)|^2\mathrm{d}t<\infty$ 的随机过程 $\{f(t)\}_{t\in[-\tau,T]}\in L^2([-\tau,T];\mathbb{R}^n)$ 构成的集合.

$\liminf\limits_{n\to\infty}A_n$ 和 $\limsup\limits_{n\to\infty}A_n$ 分别表示集合序列 $\{A_n,n=1,2,\cdots\}$ 的下极限与上极限.

$a\vee b$ 和 $a\wedge b$ 分别代表 $\max\{a,b\}$ 和 $\min\{a,b\}$.

$\mathrm{diag}\{\cdot\}$ 表示对角阵.

$\varnothing$ 表示空集.

$\boldsymbol{q}\gg 0$ 表示向量 $\boldsymbol{q}\in\mathbb{R}^n$ 的每个分量均大于零.

K 表示所有从定义域 $\mathbb{R}_+$ 到值域 $\mathbb{R}_+$ 上的严格单调递增且满足 $\alpha(0)=0$ 的连续函数 $\alpha(x)$ 构成的集合，K 中的函数称为 K 类函数.

KL 表示所有从定义域 $\mathbb{R}_+\times\mathbb{R}_+$ 到值域 $\mathbb{R}_+$ 上的函数 $\alpha(x,t)$ 构成的集合，并且对于每个固定的 t，函数 $\alpha(x,t)$ 为 K 类函数，对于每个固定的 x，函数 $\alpha(x,t)$ 关于 t 是递减的且满足 $\lim\limits_{t\to\infty}\alpha(x,t)=0$，$KL$ 中的函数称为 KL 类函数.

$G(\mathbb{R}^n;\mathbb{R}_+)$ 表示所有属于空间 $C(\mathbb{R}^n;\mathbb{R}_+)$ 的非负系数拟多项式函数 $g(\boldsymbol{x})=a_\kappa|\boldsymbol{x}|^{\beta_\kappa}+a_{\kappa-1}|\boldsymbol{x}|^{\beta_{\kappa-1}}+\cdots+a_1|\boldsymbol{x}|^{\beta_1}$ 组成的函数族，其中 $a_\kappa>0,a_i\geqslant 0(i=1,2,\cdots,\kappa-1)$ 和 $\beta_\kappa\geqslant\beta_{\kappa-1}\geqslant\cdots\geqslant\beta_1\geqslant 0$.

2.2 随机过程中的相关概念

定义 2.1 随机过程是概率空间 (Ω,F,P) 上的一族随机变量 $\{X(t),t\in T\}$，其中 T 称为指标集或参数集.

下面介绍一些常见且重要的随机过程.

1827 年，苏格兰植物学家 Brown 观察到谷物类花粉悬浮在液体中表现出不规则的运动，该运动后来被称为 Brown 运动. 数学上利用随机过程 $\{B(t,\omega),t\geqslant 0,\omega\in\Omega\}$（后面简写为 $\{B(t),t\geqslant 0\}$）表示在时刻 t 谷物类花粉 ω 的位置.

下面叙述 Brown 运动的数学定义.

定义 2.2(Brown 运动)　设$\{B(t), t \geqslant 0\}$为一定义在概率空间(Ω, F, P)上F_t－可测的随机过程,如果它具有下列三个基本性质:

(1)$B(0)=0$ a.s..

(2)$B(t)$具有正态增量,即对任意的$0 \leqslant s < t < \infty$,增量$B(t)-B(s)$服从正态分布,且期望为 0,方差为$t-s$.

(3)$B(t)$具有平稳独立增量,即对任意的$0 \leqslant s < t < \infty$,增量$B(t)-B(s)$独立于$F_s$.

那么称随机过程$\{B(t), t \geqslant 0\}$为标准 Brown 运动.

Poisson 过程是具有独立增量和平稳增量的计数过程,它的定义如下.

定义 2.3(Poisson 过程)　设随机过程$\{N(t), t \geqslant 0\}$是一个计数过程,如果它具有下列三个基本性质:

(1)$N(0)=0$.

(2)$N(t)$具有平稳独立增量.

(3) 在任一长度为t的时间区间中,事件发生的次数服从均值为λt的 Poisson 分布,即对一切$s \geqslant 0, t > 0$,有

$$P\{N(t+s)-N(s)=n\}=\mathrm{e}^{-\lambda t} \frac{(\lambda t)^n}{n!}, n=0,1,2,\cdots$$

那么称随机过程$\{N(t), t \geqslant 0\}$是强度为$\lambda(\lambda > 0)$的 Poisson 过程.

定义 2.4(复合 Poisson 过程)　随机过程$\{X(t), t \geqslant 0\}$称为复合 Poisson 过程,如果对于$t \geqslant 0$,它可以表示为

$$X(t)=\sum_{i=1}^{N(t)} Y_i$$

其中,$\{N(t), t \geqslant 0\}$是一个 Poisson 过程;$\{Y_i, i=1,2,\cdots\}$是一族独立同分布的随机变量,且与$\{N(t), t \geqslant 0\}$独立.

连续的 Brown 运动和纯跳的 Poisson 过程均属于 Lévy 过程,Lévy 过程的定义如下.

定义 2.5(Lévy 过程)　设$\{X(t), t \geqslant 0\}$为一定义在概率空间(Ω, F, P)上的随机过程,如果它具有下列三个基本性质:

(1)$X(0)=0$ a.s..

(2)$X(t)$具有平稳独立增量.

(3)$X(t)$随机连续,即对任意的$a > 0, s \geqslant 0$,有

$$\lim_{t \to s} P\{X(t)-X(s) > a\}=0$$

那么称随机过程$\{X(t),t\geqslant 0\}$为 Lévy 过程.

有一类随机过程具有无后效性,即要确定过程将来的状态,知道它此刻的情况就足够了,并不需要知道它以往的状况,这类过程称为 Markov 过程. 下面将介绍 Markov 过程中最简单的一种类型.

定义 2.6(Markov 链) 设随机过程$\{r(t),t\geqslant 0\}$的状态空间为$S=\{0,1,2,\cdots\}$,如果对任意的$s\geqslant 0,t\geqslant 0$,以及任意的$i,j,l\in S,0\leqslant u<s$,有

$$P\{r(s+t)=j\,|\,r(s)=i,r(u)=l,0\leqslant u<s\}=P\{r(s+t)=j\,|\,r(s)=i\}$$

那么称随机过程$\{r(t),t\geqslant 0\}$为 Markov 链. 式中,$r(s)=i$表示过程在s时刻处于状态i,条件概率$P\{r(s+t)=j\,|\,r(s)=i\}$表示在s时刻处于状态i时,在$s+t$时刻处于状态j的转移概率.

定义 2.7(停时) 设$\{X_n,n\geqslant 0\}$是一个随机变量序列,如果T在$\{0,1,2,\cdots,\infty\}$中取值,且对每个$n\geqslant 0$,$\{T=n\}\in\sigma(X_0,X_1,\cdots,X_n)$,其中$\sigma(X_0,X_1,\cdots,X_n)$表示由随机变量$X_0,X_1,\cdots,X_n$生成的$\sigma$代数,那么称随机函数$T$是关于$\{X_n,n\geqslant 0\}$的停时.

2.3 随机系统中的常用引理

引理 2.1[77](Taylor 公式) 设$f:\mathbb{R}^n\to\mathbb{R}$是一个连续函数,且具有连续的二阶偏导数,定义$\boldsymbol{x}=(x_1,x_2,\cdots,x_n)$,$\boldsymbol{x}+\Delta\boldsymbol{x}=(x_1+\Delta x_1,x_2+\Delta x_2,\cdots,x_n+\Delta x_n)$,如果存在常数$\theta\in(0,1)$,那么有下式成立

$$\begin{aligned}f(\boldsymbol{x}+\Delta\boldsymbol{x})-f(\boldsymbol{x})\approx&\sum_{i=1}^{n}\frac{\partial f}{\partial x_i}(x_1,x_2,\cdots,x_n)\mathrm{d}x_i+\\&\frac{1}{2}\sum_{i=1}^{n}\sum_{j=1}^{n}\frac{\partial^2 f}{\partial x_i\partial x_j}(x_1+\theta\Delta x_1,x_2+\\&\theta\Delta x_2,\cdots,x_n+\theta\Delta x_n)\mathrm{d}x_i\mathrm{d}x_j\end{aligned}$$

引理 2.2[40](广义 Itô 公式) 考虑如下混杂随机微分方程

$$\mathrm{d}x(t)=f(t,r(t))\mathrm{d}t+g(t,r(t))\mathrm{d}B(t)$$

其中,$\{x(t),t\geqslant 0\}$为n维 Itô 过程,$\{B(t),t\geqslant 0\}$为m维 Brown 运动,$f\in L^1(\mathbb{R}_+\times S;\mathbb{R}^n)$,$g\in L^2(\mathbb{R}_+\times S;\mathbb{R}^{n\times m})$. $\{r(t),t\geqslant 0\}$为一个在有限状态空间$S=\{1,2,\cdots,M\}$上取值的右连续 Markov 链,其转移概率如下

$$P\{r(t+\Delta t)=j\mid r(t)=i\}=\begin{cases}\pi_{ij}\Delta t+o(\Delta t), & i\neq j\\ 1+\pi_{ij}\Delta t+o(\Delta t), & i=j\end{cases}$$

其中，$\Delta t>0$，$\lim\limits_{\Delta t\to 0^+}\dfrac{o(\Delta t)}{\Delta t}=0$；当 $i\neq j$ 时，$\pi_{ij}\geqslant 0$ 表示在 t 时刻处于状态 i 时，在 $t+\Delta t$ 时刻处于状态 j 的转移速率，且 $\pi_{ii}=-\sum\limits_{j=1,j\neq i}^{M}\pi_{ij}\leqslant 0$，其生成的转移速率矩阵为 $\boldsymbol{\Pi}=[\pi_{ij}]_{M\times M}$. 假设 Brown 运动 $B(t)$ 与 Markov 链 $r(t)$ 相互独立. 设 Itô 过程 $V(x(t),t,r(t))\in C^{2,1}(\mathbb{R}^n\times\mathbb{R}_+\times S;\mathbb{R})$，定义如下算子

$$\begin{aligned}LV(x,t,i)=&V_t(x,t,i)+V_x(x,t,i)f(t,i)+\\&\frac{1}{2}\mathrm{tr}[g^{\mathrm T}(t,i)V_{xx}(x,t,i)g(t,i)]+\sum_{j=1}^{M}\pi_{ij}V(x,t,j)\end{aligned}$$

其中

$$V_t(x,t,i)=\frac{\partial V(x,t,i)}{\partial t},V_x(x,t,i)=\left(\frac{\partial V(x,t,i)}{\partial x_1},\cdots,\frac{\partial V(x,t,i)}{\partial x_n}\right)$$

$$V_{xx}(x,t,i)=\left(\frac{\partial^2 V(x,t,i)}{\partial x_i\partial x_j}\right)_{n\times n}$$

引理 2.3[121]（Barbalat 引理）　如果 $x:\mathbb{R}_+\to\mathbb{R}$ 一致连续，且 $\lim\limits_{t\to\infty}\int_0^t x(s)\mathrm{d}s$ 存在且有界，那么 $\lim\limits_{t\to\infty}x(t)=0$.

引理 2.4[107]　如果函数 $\varphi:\mathbb{R}_+\to\mathbb{R}_+$ Lebesgue 可积且一致连续，那么有

$$\lim_{t\to\infty}\varphi(t)=0$$

引理 2.5[33]（非负半鞅收敛定理）　设 $\{A(t)\}_{t\geqslant 0}$ 和 $\{U(t)\}_{t\geqslant 0}$ 代表两个连续适应增过程且 $A(0)=U(0)=0$ a. s.，$\{M(t)\}_{t\geqslant 0}$ 代表一个连续局部鞅且 $M(0)=0$ a. s.，ξ 表示一个 F_0－可测非负随机变量且满足 $E\xi<\infty$. 定义

$$X(t)=\xi+A(t)-U(t)+M(t),t\geqslant 0$$

如果 $X(t)$ 是非负的，那么有

$$\{\lim_{t\to\infty}A(t)<\infty\}\subset\{\lim_{t\to\infty}X(t)<\infty\}\cap\{\lim_{t\to\infty}U(t)<\infty\}\text{ a. s.}$$

这里 $B\subset D$ a. s. 意味着 $P(B\cap D^{c})=0$. 特别地，若 $\lim\limits_{t\to\infty}A(t)<\infty$ a. s.，则对于几乎所有的 $\omega\in\Omega$，有

$$\lim_{t\to\infty}X(t,\omega)<\infty,\lim_{t\to\infty}U(t,\omega)<\infty,-\infty<\lim_{t\to\infty}M(t,\omega)<\infty$$

引理 2.6[33]（Chebyshev 不等式）　对于所有的 $X\in L^p$，如果存在常数 $c>0$ 和 $p>0$，那么有

$$P\{\omega:|X(\omega)|\geqslant c\}\leqslant c^{-p}E\,|X|^p$$

引理 2.7[33]（Jensen 不等式）　如果 $\varphi:\mathbb{R}\to\mathbb{R}$ 是一个凸函数，$\xi:\Omega\to\mathbb{R}$ 是一个定义在概率空间 (Ω,F,P) 上的随机变量，且满足 $E|\xi|<\infty$ 和 $E|\varphi(\xi)|<\infty$，那么有

$$\varphi(E\xi) \leqslant E\varphi(\xi)$$

引理 2.8[18]（Gronwall 不等式） 设 $T>0$ 和 $c \geqslant 0$，$u(\cdot)$ 是 $[0,T]$ 上的一个有界非负 Borel 可测函数，$v(\cdot)$ 是 $[0,T]$ 上的一个非负可积函数. 如果

$$u(t) \leqslant c + \int_0^t v(s)u(s)\mathrm{d}s, 0 \leqslant t \leqslant T$$

那么有

$$u(t) \leqslant c\exp\left(\int_0^t v(s)\mathrm{d}s\right), 0 \leqslant t \leqslant T$$

引理 2.9[90] 对任意的 $p \geqslant 2$，定义函数 $\varphi: \mathbb{R}_+ \times \mathbb{R} \to \mathbb{R}^m$，如果它满足下列条件

$$\int_0^t \int_{\mathbb{R}} |\varphi(v,z)|^p \mu(\mathrm{d}z)\mathrm{d}v < \infty$$

那么存在一个常数 $D_p > 0$ 使得下列不等式成立

$$E\left(\sup_{0\leqslant\theta\leqslant t}\left|\int_0^\theta \int_{\mathbb{R}} \varphi(v,z)\widetilde{N}(\mathrm{d}v,\mathrm{d}z)\right|^p\right) \leqslant D_p\left\{E\left(\int_0^t \int_{\mathbb{R}} |\varphi(v,z)|^2 \mu(\mathrm{d}z)\mathrm{d}v\right)^{\frac{p}{2}} + E\int_0^t \int_{\mathbb{R}} |\varphi(v,z)|^p \mu(\mathrm{d}z)\mathrm{d}v\right\}$$

引理 2.10[44]（Hölder 不等式） 对于所有的 $\boldsymbol{X} \in L^p(\Omega;\mathbb{R}^n)$ 和 $\boldsymbol{Y} \in L^q(\Omega;\mathbb{R}^n)$，存在以下三个结论：

(1) 如果存在常数 $p > 1$ 且 $\dfrac{1}{p} + \dfrac{1}{q} = 1$，那么有下式成立

$$|E(\boldsymbol{X}^{\mathrm{T}}\boldsymbol{Y})| \leqslant (E|\boldsymbol{x}|^p)^{\frac{1}{p}}(E|\boldsymbol{y}|^q)^{\frac{1}{q}}$$

(2) 如果存在常数 $0 < r < p < \infty$，那么有下式成立

$$(E|\boldsymbol{x}|^r)^{\frac{1}{r}} \leqslant (E|\boldsymbol{x}|^p)^{\frac{1}{p}}$$

(3) 如果存在常数 $0 < p < 2$，那么有下式成立

$$E|\boldsymbol{x}|^p \leqslant (E|\boldsymbol{x}|^2)^{\frac{p}{2}}$$

引理 2.11[28]（Doob 鞅不等式） 设 $\{M_t, t \geqslant 0\} \in L^p(\Omega;\mathbb{R}^n)$ 是一个鞅，对于所有的 $a \in \mathbb{R}_+$ 和 $b \in \mathbb{R}_+$，存在以下两个结论：

(1) 如果存在常数 $p \geqslant 1$ 和 $c > 0$，那么有下式成立

$$P\{\omega: \sup_{a\leqslant t\leqslant b}|M_t(\omega)| \geqslant c\} \leqslant \frac{E|M_b|^p}{c^p}$$

(2) 如果存在常数 $p > 1$，那么有下式成立

$$P\{\sup_{a\leqslant t\leqslant b}|M_t|^p\} \leqslant \left(\frac{p}{p-1}\right)^p E|M_b|^p$$

引理 2.12[44]（Young 不等式）　(1) 设 $p>1$ 和 $q>1$，且 $\frac{1}{p}+\frac{1}{q}=1$，对任意的 $a>0$ 和 $b>0$，均有下式成立

$$ab \leqslant \frac{1}{p}a^p+\frac{1}{q}b^q$$

(2) 设 $\beta \in [0,1]$，对任意的 $a>0$，$b>0$ 和 $\varepsilon>0$，均有下式成立

$$|a|^{\beta}|b|^{1-\beta} \leqslant \varepsilon\beta|a|+\frac{1-\beta}{\varepsilon^{\frac{\beta}{1-\beta}}}|b|$$

特别地，当 $\varepsilon=1$ 时，有 $|a|^{\beta}|b|^{1-\beta} \leqslant \beta|a|+(1-\beta)|b|$.

(3) 对任意的 $a>0$，$b>0$，$p>0$，$q>0$ 和 $\varepsilon>0$，均有下式成立

$$|a|^p\ |b|^q \leqslant \varepsilon|a|^{p+q}+\frac{q}{p+q}\left[\frac{p}{\varepsilon(p+q)}\right]^{\frac{p}{q}}|b|^{p+q}$$

特别地，当 $\varepsilon=\frac{p}{p+q}$ 时，有 $|a|^p\ |b|^q \leqslant \frac{p}{p+q}|a|^{p+q}+\frac{q}{p+q}|b|^{p+q}$.

引理 2.13[44]（Burkholder-Davis-Gundy 不等式）　设 $g(\cdot) \in L^2(\mathbb{R}_+;\mathbb{R}^{n\times m})$，对于所有的 $t \geqslant 0$ 和 $p>0$，均有

$$c_pE\left[\int_0^t|g(t)|^2\mathrm{d}t\right]^{\frac{p}{2}} \leqslant E\left[\sup_{0\leqslant s\leqslant t}\left|\int_0^t g(s)\mathrm{d}B(s)\right|^p\right] \leqslant C_pE\left[\int_0^t|g(t)|^2\mathrm{d}t\right]^{\frac{p}{2}}$$

其中

$$c_p=\begin{cases}\left(\frac{p}{2}\right)^p, & 0<p<2\\ 1, & p=2\\ (2p)^{-\frac{p}{2}}, & p>2\end{cases},C_p=\begin{cases}\left(\frac{32}{p}\right)^{\frac{p}{2}}, & 0<p<2\\ 4, & p=2\\ \left[\frac{p^{p+1}}{2(p-1)^{p-1}}\right]^{\frac{p}{2}}, & p>2\end{cases}$$

2.4　本章小结

本章系统地介绍了在本书中常用的数学符号，为后续章节的阅读与理解提供便利，在此基础上，重点阐述了 Brown 运动、Poisson 过程、复合 Poisson 过程、Lévy 过程、Markov 链等随机过程的相关概念. 此外，本章还详细介绍了理论分析中常用的不等式、引理，这些常用的结果在随机微分方程稳定性研究中发挥着至关重要的作用，为后续研究奠定了坚实的理论基础.

第3章 具有不同模态参数的非线性混杂随机时滞微分方程的稳定性

3.1 引　　言

关于非线性混杂随机时滞微分方程稳定性的研究，大多考虑了 Brown 运动驱动和定常时滞情形，所获得的稳定性判别条件多为时滞无关条件，保守性较大. 本章考虑系统时滞为时变时滞且具有随机发生特性的情形，研究不同模态具有不同参数的非线性混杂随机时滞微分方程；借助随机系统理论和时滞系统稳定性理论，证明方程全局解的存在唯一性，充分应用时变时滞的相关信息，设计新的 Lyapunov-Krasovskiĭ 泛函，建立方程平凡解渐近稳定的时滞相关判别条件，减少方程平凡解稳定性判别条件的保守性. 最后本章利用数值仿真对所得研究结果进行验证.

3.2 具有随机发生时变时滞的非线性混杂随机微分方程

考虑如下非线性混杂随机时滞微分方程

$$
\begin{aligned}
\mathrm{d}x(t) = (&f_1(x(t), t, r(t)) + \alpha(t, r(t)) \cdot \\
&f_2(x(t-\tau(t)), t, r(t)))\mathrm{d}t + \\
&g(x(t), x(t-\tau(t)), t, r(t))\mathrm{d}\omega(t)
\end{aligned}
\tag{3.1}
$$

其中，$x(t)$ 表示取值于 $\mathbb{R}^n$ 的随机过程，$\tau(t)\in[0,\tau]$ 表示时变时滞，且 $\tau>0$ 是已知的常数，$f_1:\mathbb{R}^n\times\mathbb{R}_+\times S\to\mathbb{R}^n$，$f_2:\mathbb{R}^n\times\mathbb{R}_+\times S\to\mathbb{R}^n$ 和 $g:\mathbb{R}^n\times\mathbb{R}^n\times\mathbb{R}_+\times S\to\mathbb{R}^{n\times m}$ 都是Borel可测函数，$\omega(t)\in\mathbb{R}^m$ 表示定义在完备概率空间 $(\Omega,F,\{F_t\}_{t\geqslant 0},P)$ 上 F_t－可测的Brown运动，$\alpha(t,r(t))$ 表示一簇服从Bernoulli分布的随机变量序列，它的概率为 $P\{\alpha(t,r(t))=1\}=\bar{\alpha}_{r(t)}$ 和 $P\{\alpha(t,r(t))=0\}=1-\bar{\alpha}_{r(t)}$，且 $\bar{\alpha}_{r(t)}\in[0,1]$ 为已知的常数. $\{r(t),t\geqslant 0\}$ 表示一个在有限状态空间 $S=\{1,2,\cdots,M\}$ 上取值的右连续 Markov 链，其转移概率如下

$$P\{r(t+\Delta t)=j\mid r(t)=i\}=\begin{cases}\pi_{ij}\Delta t+o(\Delta t), & i\neq j\\ 1+\pi_{ij}\Delta t+o(\Delta t), & i=j\end{cases}$$

其中，$\Delta t>0$，$\lim\limits_{\Delta t\to 0^+}\dfrac{o(\Delta t)}{\Delta t}=0$；当 $i\neq j$ 时，$\pi_{ij}\geqslant 0$ 表示在 t 时刻处于状态 i 时，在 $t+\Delta t$ 时刻处于状态 j 的转移速率，且 $\pi_{ii}=-\sum\limits_{j=1,j\neq i}^{M}\pi_{ij}\leqslant 0$，其生成的转移速率矩阵为 $\boldsymbol{\Pi}=[\pi_{ij}]_{M\times M}$. 假设 Brown 运动 $\omega(t)$ 分别与随机变量 $\alpha(t,r(t))$ 和 Markov 链 $r(t)$ 相互独立.

方程(3.1) 的初值为 $x(s)=\psi(s)(s\in[-\tau,0])$ 和 $r(0)=r_0\in S$，其中，$\psi\in L^p_{F_0}([-\tau,0];\mathbb{R}^n)$. 若方程(3.1) 的解存在，则此解记为 $x(t;\psi,r_0)(t\in[-\tau,\infty))$，也可简写为 $x(t)$. 对于所有的 $(t,i)\in\mathbb{R}_+\times S$，假设 $f_1(0,t,i)=0$，$f_2(0,t,i)=0$ 和 $g(0,0,t,i)=0$，使得方程(3.1) 存在平凡解 $x(t;\psi,r_0)\equiv 0$.

为保证方程(3.1) 解的存在唯一性，有必要给出以下假设：

假设 3.1(局部 Lipschitz 条件)　对于每个正整数 $k\geqslant 1$，存在三个正标量 $K_k>0$，$H_k>0$ 和 $L_k>0$ 使得

$$|f_1(\boldsymbol{x}_1,t,i)-f_1(\boldsymbol{x}_2,t,i)|^2\leqslant K_k|\boldsymbol{x}_1-\boldsymbol{x}_2|^2 \tag{3.2}$$

$$|f_2(\boldsymbol{y}_1,t,i)-f_2(\boldsymbol{y}_2,t,i)|^2\leqslant H_k|\boldsymbol{y}_1-\boldsymbol{y}_2|^2 \tag{3.3}$$

$$|g(\boldsymbol{x}_1,\boldsymbol{y}_1,t,i)-g(\boldsymbol{x}_2,\boldsymbol{y}_2,t,i)|^2\leqslant L_k(|\boldsymbol{x}_1-\boldsymbol{x}_2|^2+|\boldsymbol{y}_1-\boldsymbol{y}_2|^2) \tag{3.4}$$

对所有的 $(t,i)\in\mathbb{R}_+\times S$ 和 $\boldsymbol{x}_1,\boldsymbol{x}_2,\boldsymbol{y}_1,\boldsymbol{y}_2\in\mathbb{R}^n$ 且 $|\boldsymbol{x}_1|\vee|\boldsymbol{x}_2|\vee|\boldsymbol{y}_1|\vee|\boldsymbol{y}_2|\leqslant k$ 都成立.

假设 3.2(线性增长条件)　存在三个正标量 $\bar{K}>0$，$\bar{H}>0$ 和 $\bar{L}>0$ 使得

$$|f_1(\boldsymbol{x},t,i)|^2\leqslant\bar{K}|\boldsymbol{x}|^2 \tag{3.5}$$

$$|f_2(\boldsymbol{y},t,i)|^2\leqslant\bar{H}|\boldsymbol{y}|^2 \tag{3.6}$$

$$|g(\boldsymbol{x},\boldsymbol{y},t,i)|^2\leqslant\bar{L}(|\boldsymbol{x}|^2+|\boldsymbol{y}|^2) \tag{3.7}$$

对所有的$(t,i,\boldsymbol{x},\boldsymbol{y}) \in \mathbb{R}_+ \times S \times \mathbb{R}^n \times \mathbb{R}^n$都成立.

假设 3.3 存在标量β_{1i},β_{2i}和β_{3i}使得

$$\boldsymbol{x}^{\mathrm{T}}(f_1(\boldsymbol{x},t,i)+\bar{\alpha}_i f_2(\boldsymbol{y},t,i)) \leqslant (\beta_{1i}+\bar{\alpha}_i\beta_{2i}) \mid \boldsymbol{x} \mid^2 + \bar{\alpha}_i\beta_{3i} \mid \boldsymbol{y} \mid^2 \quad (3.8)$$

$$\beta_{3i} \geqslant -\frac{\tau\bar{H}+2\bar{L}}{2\bar{\alpha}_i} \quad (3.9)$$

对所有的$(t,i,\boldsymbol{x},\boldsymbol{y}) \in \mathbb{R}_+ \times S \times \mathbb{R}^n \times \mathbb{R}^n$都成立.

注 3.1 在大多数研究中,通常要求假设 3.3 中的参数β_{3i}是正数或非负数,然而假设 3.3 要求参数β_{3i}满足上述不等式(3.9),即β_{3i}只需具有负的下界.因此,假设 3.3 对参数β_{3i}的取值范围的要求放宽了,这有助于方程(3.1)后续关于稳定性判据和连续性判据的建立.

定义 3.1[44] 对于$p>0$和所有的$(\psi,r_0) \in L^p_{\mathcal{F}_0}([-\tau,0];\mathbb{R}^n) \times S$,如果

$$\lim_{t\to\infty} E\,|x(t;\psi,r_0)|^p = 0$$

那么称方程(3.1)的平凡解是p阶矩渐近稳定的.特别地,当$p=2$时,称方程(3.1)的平凡解是均方渐近稳定的.如果

$$\lim_{t\to\infty} x(t;\psi,r_0) = 0 \text{ a. s.}$$

那么称方程(3.1)的平凡解是几乎处处渐近稳定的.

定义 3.2[95] 对于$p>0$和所有的$(\psi,r_0) \in L^p_{\mathcal{F}_0}([-\tau,0];\mathbb{R}^n) \times S$,如果

$$\lim_{\delta\to 0^+} E\,|x(t+\delta;\psi,r_0)-x(t;\psi,r_0)|^p = 0$$

那么称方程(3.1)的平凡解是p阶矩连续的.特别地,当$p=2$时,称方程(3.1)的平凡解是均方连续的.对于任意的$\varepsilon>0$和所有的$(\psi,r_0) \in L^p_{\mathcal{F}_0}([-\tau,0];\mathbb{R}^n) \times S$,如果

$$\lim_{\delta\to 0^+} P\{|x(t+\delta;\psi,r_0)-x(t;\psi,r_0)| \geqslant \varepsilon\} = 0$$

那么称方程(3.1)的平凡解是依概率连续的.

3.3 时滞相关稳定性分析

本节将给出具有随机发生时变时滞的非线性混杂随机微分方程(3.1)的最大局部解和全局解存在且唯一的充分性条件,以及该全局解为$p(0<p\leqslant 2)$阶矩渐近稳定、几乎处处渐近稳定、$p(p\geqslant 2)$阶矩连续和依概率连续的判别定理.

命题 3.1[44] 设方阵$\boldsymbol{A}=[a_{ij}] \in \mathbb{R}^{n\times n}$为Z−矩阵,即对于所有的$i \neq j$,有

$a_{ij} \leqslant 0$，则以下条件互相等价：

(1)$\boldsymbol{A}$ 是非奇异 M－矩阵.

(2)$\boldsymbol{A}^{-1}$ 存在且它的所有元素均为非负实数.

(3)$\boldsymbol{A}$ 的所有实特征值均为正数.

(4) 存在 $\boldsymbol{x} \in \mathbb{R}^n$ 且 $\boldsymbol{x} \gg 0$，使得 $\boldsymbol{Ax} \gg 0$.

引理 3.1　在假设 3.2 的条件下，对于 $\forall t \in [-\tau, T]$，如果 $x(t;\psi,r_0)$ 是方程(3.1)的解，那么

$$E(\sup_{-\tau \leqslant t \leqslant T} |x(t;\psi,r_0)|^2) \leqslant 5E\|\psi\|^2 \mathrm{e}^{MT} \tag{3.10}$$

其中，$M = 4T(\bar{K} + \tilde{\alpha}\,\bar{H}) + 32\bar{L}$ 和 $\tilde{\alpha} = \max\limits_{i \in S} \bar{\alpha}_i$. 特别地，方程(3.1)的解属于 $M^2([-\tau, T]; \mathbb{R}^n)$.

证　对于每个正整数 $k \geqslant 1$，定义停时 $\hbar_k = \inf\{t \in [0,T]: \|x_t\| \geqslant k\}$，其中，$x_t = \{x(t-\tau(t)): \tau(t) \in [0,\tau]\}$. 对于 $\forall t \in [0,T]$，令 $x_k(t) = x(t \wedge \hbar_k)$. 对方程(3.1)进行积分，不难得到

$$\begin{aligned} x_k(t) = x(0) + \int_0^t [f_1(x_k(s), s, r(s)) + \\ \alpha(s, r(s)) f_2(x_k(s-\tau(s)), s, r(s))] I_{[0,\hbar_k]}(s)\mathrm{d}s + \\ \int_0^t g(x_k(s), x_k(s-\tau(s)), s, r(s)) I_{[0,\hbar_k]}(s)\mathrm{d}\omega(s) \end{aligned} \tag{3.11}$$

应用基本不等式 $|x_1 + x_2 + \cdots + x_n|^2 \leqslant n(|x_1|^2 + |x_2|^2 + \cdots + |x_n|^2)$ 和引理 2.10，由式(3.11)推导出

$$\begin{aligned} |x_k(t)|^2 \leqslant 4\,|x(0)|^2 + 4t\int_0^t |f_1(x_k(s), s, r(s))|^2 \mathrm{d}s + \\ 4t\int_0^t |\alpha(s, r(s))|^2\, |f_2(x_k(s-\tau(s)), s, r(s))|^2 \mathrm{d}s + \\ 4\left|\int_0^t g(x_k(s), x_k(s-\tau(s)), s, r(s)) I_{[0,\hbar_k]}(s)\mathrm{d}\omega(s)\right|^2 \end{aligned}$$

将式(3.5)和式(3.6)代入上述不等式中得到

$$\begin{aligned} |x_k(t)|^2 \leqslant 4\,|x(0)|^2 + 4\bar{K}\,t\int_0^t |x_k(s)|^2 \mathrm{d}s + \\ 4\bar{H}\,t\int_0^t |\alpha(s, r(s))|^2\, |x_k(s-\tau(s))|^2 \mathrm{d}s + \\ 4\left|\int_0^t g(x_k(s), x_k(s-\tau(s)), s, r(s)) I_{[0,\hbar_k]}(s)\mathrm{d}\omega(s)\right|^2 \end{aligned} \tag{3.12}$$

借助引理 2.11，由式(3.12)得到

$$E(\sup_{0 \leqslant s \leqslant t} |x_k(s)|^2) \leqslant 4E\,|x(0)|^2 + 4\bar{K}\,t\int_0^t E\,|x_k(v)|^2 \mathrm{d}v +$$

$$4\tilde{\alpha}\ \bar{H}\ t\int_0^t E\ |x_k(v-\tau(v))|^2\mathrm{d}v+$$

$$16\int_0^t E|g(x_k(v),x_k(v-\tau(v)),v,r(v))|^2\mathrm{d}v$$

将式(3.7)代入上述不等式中,合并同类项推导出

$$E(\sup_{0\leqslant s\leqslant t}|x_k(s)|^2)\leqslant 4E\ |x(0)|^2+(4\bar{K}\ t+16\bar{L})\int_0^t E\ |x_k(v)|^2\mathrm{d}v+$$

$$(4\tilde{\alpha}\ \bar{H}\ t+16\bar{L})\int_0^t E\ \|x_{k,v}\|^2\mathrm{d}v \tag{3.13}$$

其中,$x_{k,v}=\{x_k(v-\tau(v)):\tau(v)\in[0,\tau]\}$ 和 $\|x_{k,v}\|^2=\sup\limits_{v-\tau\leqslant\theta\leqslant v}|x_k(\theta)|^2$.

由于

$$\sup_{-\tau\leqslant s\leqslant t}|x_k(s)|^2\leqslant\ \|\psi\|^2+\sup_{0\leqslant s\leqslant t}|x_k(s)|^2$$

结合式(3.13),不难推导出

$$E(\sup_{-\tau\leqslant s\leqslant t}|x_k(s)|^2)\leqslant E\ \|\psi\|^2+E(\sup_{0\leqslant s\leqslant t}|x_k(s)|^2)$$

$$\leqslant 5E\ \|\psi\|^2+M\int_0^t E(\sup_{-\tau\leqslant\theta\leqslant s}|x_k(\theta)|^2)\mathrm{d}s$$

再利用 Gronwall 不等式,由上述不等式推导出

$$E(\sup_{-\tau\leqslant s\leqslant t}|x_k(s)|^2)\leqslant 5E\ \|\psi\|^2\mathrm{e}^{Mt}$$

因此,当 $k\to\infty$ 时,由上式推导出式(3.10).

定理 3.1 在假设 3.1 和假设 3.2 的条件下,对于 $\forall t\in[-\tau,T]$,方程(3.1)存在唯一解.

证 方程(3.1)解的存在性的证明与文献[44]中定理 3.8 和定理 3.13 的证明相似,在此省略.下面证明方程(3.1)解的唯一性.

记 $x(t)=x(t;\psi,r_0)(t\in[-\tau,\infty))$.假设 $x(t)$ 和 $\bar{x}(t)$ 均为方程(3.1)的解.通过引理 3.1 推断出 $x(t)$ 和 $\bar{x}(t)$ 都属于 $M^2([-\tau,T];\mathbb{R}^n)$.依据方程(3.1)容易计算出

$$x(t)-\bar{x}(t)=\int_0^t(f_1(x(v),v,r(v))-f_1(\bar{x}(v),v,r(v)))\mathrm{d}v+$$

$$\int_0^t\alpha(v,r(v))(f_2(x(v-\tau(v)),v,r(v))-$$

$$f_2(\bar{x}(v-\tau(v)),v,r(v)))\mathrm{d}v+$$

$$\int_0^t(g(x(v),x(v-\tau(v)),v,r(v))-$$

$$g(\bar{x}(v),\bar{x}(v-\tau(v)),v,r(v)))\mathrm{d}\omega(v)$$

应用基本不等式 $|x_1+x_2+\cdots+x_n|^2\leqslant n(|x_1|^2+|x_2|^2+\cdots+|x_n|^2)$ 和引

理 2.10,由上式推导出

$$\begin{aligned}|x(t)-\bar{x}(t)|^2 \leqslant {} & 3t\int_0^t |f_1(x(v),v,r(v))-f_1(\bar{x}(v),v,r(v))|^2\mathrm{d}v+\\ & 3t\int_0^t |\alpha(v,r(v))|^2\,|f_2(x(v-\tau(v)),v,r(v))-\\ & f_2(\bar{x}(v-\tau(v)),v,r(v))|^2\mathrm{d}v+\\ & 3\left|\int_0^t (g(x(v),x(v-\tau(v)),v,r(v))-\right.\\ & \left. g(\bar{x}(v),\bar{x}(v-\tau(v)),v,r(v)))\mathrm{d}\omega(v)\right|^2\end{aligned}$$

将式(3.2) 和式(3.3) 代入上述不等式不难计算出

$$\begin{aligned}|x(t)-\bar{x}(t)|^2 \leqslant {} & 3K_k t\int_0^t |x(v)-\bar{x}(v)|^2\mathrm{d}v+\\ & 3H_k t\int_0^t |\alpha(v,r(v))|^2\,|x(v-\tau(v))-\bar{x}(v-\tau(v))|^2\mathrm{d}v+\\ & 3\left|\int_0^t (g(x(v),x(v-\tau(v)),v,r(v))-\right.\\ & \left. g(\bar{x}(v),\bar{x}(v-\tau(v)),v,r(v)))\mathrm{d}\omega(v)\right|^2\end{aligned} \tag{3.14}$$

利用引理 2.11,由式(3.14) 得到

$$\begin{aligned}E(\sup_{0\leqslant s\leqslant t}|x(s)-\bar{x}(s)|^2) \leqslant {} & 3K_k t\int_0^t E\,|x(v)-\bar{x}(v)|^2\mathrm{d}v+\\ & 3\tilde{\alpha}\,H_k t\int_0^t E\,|x(v-\tau(v))-\bar{x}(v-\tau(v))|^2\mathrm{d}v+\\ & 12\int_0^t E\,|(g(x(v),x(v-\tau(v)),v,r(v))-\\ & g(\bar{x}(v),\bar{x}(v-\tau(v)),v,r(v)))|^2\mathrm{d}v\end{aligned}$$

将假设 3.1 条件中的式(3.4) 代入上述不等式,合并同类项推导出

$$\begin{aligned}& E(\sup_{0\leqslant s\leqslant t}|x(s)-\bar{x}(s)|^2)\\ \leqslant {} & (3K_k t+12L_k)\int_0^t E\,|x(v)-\bar{x}(v)|^2\mathrm{d}v+\\ & (3\tilde{\alpha}\,H_k t+12L_k)\int_0^t E\,\|x_v-\bar{x}_v\|^2\mathrm{d}v\\ \leqslant {} & [3t(K_k+\tilde{\alpha}\,H_k)+24L_k]\int_0^t E(\sup_{0\leqslant\theta\leqslant v}|x(\theta)-\bar{x}(\theta)|^2)\mathrm{d}v\end{aligned} \tag{3.15}$$

利用引理 2.8,当 $k\to\infty$ 时,由式(3.15) 推导出

$$E(\sup_{0\leqslant t\leqslant T}|x(t)-\bar{x}(t)|^2)=0$$

依据以上分析，对于 $\forall t\in[-\tau,T]$，都有 $x(t)=\bar{x}(t)$a.s.. 因此，方程(3.1) 的解具有唯一性.

定理 3.2 在假设 3.1 和假设 3.2 的条件下，对于 $\forall t\in[-\tau,T]$，方程(3.1) 存在唯一的最大局部解.

证 首先，证明方程(3.1) 的最大局部解的存在性.

采用截断法. 对于每个正整数 $k\geqslant 1$ 和 $\boldsymbol{x}\in\mathbb{R}^n$，定义

$$\boldsymbol{x}^{[k]}=\begin{cases}\boldsymbol{x}, & |\boldsymbol{x}|\leqslant k\\ \dfrac{k\boldsymbol{x}}{|\boldsymbol{x}|}, & |\boldsymbol{x}|>k\end{cases}$$

然后依据此定义，给出如下截断函数的表达式

$$f_{1,k}(\boldsymbol{x},t,i)=f_1(\boldsymbol{x}^{[k]},t,i)$$

$$f_{2,k}(\boldsymbol{y},t,i)=f_2(\boldsymbol{y}^{[k]},t,i)$$

$$g_k(\boldsymbol{x},\boldsymbol{y},t,i)=g(\boldsymbol{x}^{[k]},\boldsymbol{y}^{[k]},t,i)$$

显然，上述截断函数 $f_{1,k}(\cdot)$，$f_{2,k}(\cdot)$ 和 $g_k(\cdot)$ 仍然满足假设 3.1 和假设 3.2. 根据定理 3.1，推断出下列随机微分方程存在唯一解 $x_k(t)$，即

$$\begin{aligned}\mathrm{d}x_k(t)=&[f_{1,k}(x_k(t),t,r(t))+\alpha(t,r(t))f_{2,k}(x_k(t-\tau(t)),t,r(t))]\mathrm{d}t+\\&g_k(x_k(t),x_k(t-\tau(t)),t,r(t))\mathrm{d}\omega(t)\end{aligned}\tag{3.16}$$

定义停时 $\tilde{n}_k=\inf\{t\in[0,T]:\|x_{k,t}\|\geqslant k\}$，其中 $x_{k,t}=\{x_k(t-\tau(t)):\tau(t)\in[0,\tau]\}$. 显然，随着 $k\to\infty$，$\tilde{n}_k$ 是递增的，且 $\tilde{n}_\infty=\lim\limits_{k\to\infty}\tilde{n}_k$. 当 $t\in[-\tau,\tilde{n}_k]$ 时，我们有 $x_k(t)=x_{k+1}(t)$. 根据 $x(t)=\psi(t\in[-\tau,0])$ 和 $x(t)=x_k(t)(t\in[\tilde{n}_{k-1},\tilde{n}_k)$，$k\geqslant 1,\tilde{n}_0=0)$，定义 $\{x(t):t\in[-\tau,\tilde{n}_\infty)\}$，进而，我们有 $x(t\wedge\tilde{n}_k)=x_k(t\wedge\tilde{n}_k)$. 因此，对于 $\forall t\in[0,T]$，由式(3.16) 比较容易得到

$$\begin{aligned}x(t\wedge\tilde{n}_k)=&x(0)+\int_0^{t\wedge\tilde{n}_k}[f_{1,k}(x(v),v,r(v))+\\&\alpha(v,r(v))f_{2,k}(x(v-\tau(v)),v,r(v))]\mathrm{d}v+\\&\int_0^{t\wedge\tilde{n}_k}g_k(x(v),x(v-\tau(v)),v,r(v))\mathrm{d}\omega(v)\\=&x(0)+\int_0^{t\wedge\tilde{n}_k}[f_1(x(v),v,r(v))+\\&\alpha(v,r(v))f_2(x(v-\tau(v)),v,r(v))]\mathrm{d}v+\\&\int_0^{t\wedge\tilde{n}_k}g(x(v),x(v-\tau(v)),v,r(v))\mathrm{d}\omega(v)\end{aligned}$$

如果 $\tilde{n}_\infty<T$，那么不难发现

$$\limsup_{t\to T}|x(t)| \geqslant \limsup_{t\to \tilde{n}_\infty}|x(t)| \geqslant \limsup_{k\to\infty}|x(\tilde{n}_k)| = \limsup_{k\to\infty}|x_k(\tilde{n}_k)| = \infty$$

由此可知，$\{x(t): t\in[-\tau,\tilde{n}_\infty)\}$ 是方程(3.1) 的一个最大局部解.

其次，方程(3.1) 的最大局部解的唯一性的证明与文献[55] 中定理 3.15 的证明相似，在此省略.

定理 3.3　在假设 3.1 ~ 3.3 的条件下，如果

$$H(\tau) = (\bar{K} - 4\bar{H})\tau^2 - 6\bar{L}\tau + \min_{i\in S}\{2(\beta_{1i} + \bar{\alpha}_i\beta_{2i}) - 8\bar{\alpha}_i\beta_{3i}\}\tau + 1 \geqslant 0 \tag{3.17}$$

成立，且 $\boldsymbol{A}(\tau) = \mathrm{diag}\{\Lambda_1, \Lambda_2, \cdots, \Lambda_M\} - \boldsymbol{\Pi}$ 是一个非奇异 M－矩阵，其中

$$\Lambda_i = -[(\bar{K} + 2\bar{H})\tau + 6\bar{L} + 2(\beta_{1i} + \bar{\alpha}_i\beta_{2i}) + 4\bar{\alpha}_i\beta_{3i}]$$

那么方程(3.1) 存在唯一的全局解，且满足

$$\int_0^\infty E|x(t)|^2 \mathrm{d}t < \infty \tag{3.18}$$

证　对于所有的 $t\in\mathbb{R}_+$，定义 $\tilde{x}_t = \{x(t+\upsilon): \upsilon\in[-2\tau, 0]\}$，$\tilde{r}_t = \{r(t+\upsilon): \upsilon\in[-2\tau,0]\}$. 为了使 $\tilde{x}_t$ 和 $\tilde{r}_t$ 在区间 $[0,2\tau)$ 上有意义，令 $x(\upsilon) = \psi(-\tau)$ $(\upsilon\in[-2\tau,-\tau))$ 和 $r(\upsilon) = r_0$ $(\upsilon\in[-2\tau,0))$，同时，对于所有的 $(\boldsymbol{x},\boldsymbol{y},\upsilon,i)\in\mathbb{R}^n\times\mathbb{R}^n\times[-2\tau,0)\times S$，令 $f_1(\boldsymbol{x},\upsilon,i) = f_1(\boldsymbol{x},0,i)$，$f_2(\boldsymbol{y},\upsilon,i) = f_2(\boldsymbol{y},0,i)$ 和 $g(\boldsymbol{x},\boldsymbol{y},\upsilon,i) = g(\boldsymbol{x},\boldsymbol{y},0,i)$.

由于 $\boldsymbol{A}(\tau)$ 是一个非奇异 M－矩阵，由命题 3.1 可知，存在一个每一个分量都大于零的向量 $\boldsymbol{q} = [q_1 \quad q_2 \quad \cdots \quad q_M]^{\mathrm{T}} \gg 0$，使得 $\boldsymbol{A}(\tau)\boldsymbol{q} \gg 0$. 设计如下时滞依赖 Lyapunov-Krasovskiĭ 泛函

$$\begin{aligned} V(\tilde{x}_t, t, \tilde{r}_t) = q_{r(t)}\{&|x(t)|^2 + \frac{1}{\tau}\int_{t-\tau}^t\int_s^t [\tau(|f_1(x(v),v,r(v))|^2 + \\ &|f_2(x(v-\tau(v)),v,r(v))|^2) + \\ &|g(x(v),x(v-\tau(v)),v,r(v))|^2]\mathrm{d}v\mathrm{d}s\} \end{aligned} \tag{3.19}$$

记 $r(t) = i$，利用引理 2.2，计算得到

$$\begin{aligned} ELV(\tilde{x}_t, t, i) = q_iE\{&\tau(|f_1(x(t),t,i)|^2 + |f_2(x(t-\tau(t)),t,i)|^2) + \\ &2|g(x(t),x(t-\tau(t)),t,i)|^2 - \frac{1}{\tau}\int_{t-\tau}^t [\tau(|f_1(x(s),s,r(s))|^2 + \\ &|f_2(x(s-\tau(s)),s,r(s))|^2) + \\ &|g(x(s),x(s-\tau(s)),s,r(s))|^2]\mathrm{d}s\} + \\ &2q_iE[x^{\mathrm{T}}(t)(f_1(x(t),t,i) + \\ &\bar{\alpha}_i f_2(x(t-\tau(t)),t,i))] + \end{aligned}$$

$$\sum_{j=1}^{M}\pi_{ij}q_jE\{|x(t)|^2+\frac{1}{\tau}\int_{t-\tau}^{t}\int_{s}^{t}[\tau(|f_1(x(v),v,r(v))|^2+|f_2(x(v-\tau(v)),v,r(v))|^2)+|g(x(v),x(v-\tau(v)),v,r(v))|^2]\mathrm{d}v\mathrm{d}s\}$$

将式(3.5)～(3.8)代入上述不等式中得到

$$ELV(\tilde{x}_t,t,i)\leqslant\Big[q_i(\tau\bar{K}+2\bar{L}+2(\beta_{1i}+\bar{\alpha}_i\beta_{2i}))+\sum_{j=1}^{M}\pi_{ij}q_j\Big]E\ |x(t)|^2+q_i(\tau\bar{H}+2\bar{L}+2\bar{\alpha}_i\beta_{3i})E\ |x(t-\tau(t))|^2-\Big(\frac{q_i}{\tau}-\sum_{j=1}^{M}\pi_{ij}q_j\Big)E\int_{t-\tau}^{t}[\tau(|f_1(x(s),s,r(s))|^2+|f_2(x(s-\tau(s)),s,r(s))|^2)+|g(x(s),x(s-\tau(s)),s,r(s))|^2]\mathrm{d}s \tag{3.20}$$

根据基本不等式$|x_1+x_2|^2\leqslant 2\ |x_1|^2+2\ |x_2|^2$,我们有

$$|x(t-\tau(t))|^2\leqslant 2\ |x(t)-x(t-\tau(t))|^2+2\ |x(t)|^2 \tag{3.21}$$

把式(3.21)代入式(3.20)中得到

$$ELV(\tilde{x}_t,t,i)\leqslant[q_i(\tau\bar{K}+2\tau\bar{H}+6\bar{L}+2(\beta_{1i}+\bar{\alpha}_i\beta_{2i})+4\bar{\alpha}_i\beta_{3i})+\sum_{j=1}^{M}\pi_{ij}q_j]\cdot E\ |x(t)|^2+2q_i(\tau\bar{H}+2\bar{L}+2\bar{\alpha}_i\beta_{3i})E\ |x(t)-x(t-\tau(t))|^2-\Big(\frac{q_i}{\tau}-\sum_{j=1}^{M}\pi_{ij}q_j\Big)E\int_{t-\tau}^{t}[\tau(|f_1(x(s),s,r(s))|^2+|f_2(x(s-\tau(s)),s,r(s))|^2)+|g(x(s),x(s-\tau(s)),s,r(s))|^2]\mathrm{d}s \tag{3.22}$$

根据$\boldsymbol{A}(\tau)\boldsymbol{q}\gg 0$,对于所有的$i\in S$,定义

$$\bar{q}_i=-q_i[\tau\bar{K}+2\tau\bar{H}+6\bar{L}+2(\beta_{1i}+\bar{\alpha}_i\beta_{2i})+4\bar{\alpha}_i\beta_{3i}]-\sum_{j=1}^{M}\pi_{ij}q_j>0 \tag{3.23}$$

把上式代入式(3.22)中,并加入下列零项

$$\int_{t-\tau(t)}^{t}(\tau\ |f_1(x(s),s,r(s))|^2+\bar{\alpha}_{r(s)}\tau\ |f_2(x(s-\tau(s)),s,r(s))|^2+|g(x(s),x(s-\tau(s)),s,r(s))|^2)\mathrm{d}s-\int_{t-\tau(t)}^{t}(\tau\ |f_1(x(s),s,r(s))|^2+\bar{\alpha}_{r(s)}\tau\ |f_2(x(s-\tau(s)),s,r(s))|^2+|g(x(s),x(s-\tau(s)),s,r(s))|^2)\mathrm{d}s$$

计算得到

$$
\begin{aligned}
ELV(\tilde{x}_t,t,i) \leqslant & -\bar{q}_i E\,|x(t)|^2 + 2q_i(\tau\bar{H}+2\bar{L}+2\bar{\alpha}_i\beta_{3i})[E\,|x(t)-x(t-\tau(t))|^2 - \\
& 3E\int_{t-\tau(t)}^{t}(\tau\,|f_1(x(s),s,r(s))|^2 + \\
& \bar{\alpha}_{r(s)}\tau\,|f_2(x(s-\tau(s)),s,r(s))|^2 + \\
& |g(x(s),x(s-\tau(s)),s,r(s))|^2)\mathrm{d}s] + \\
& 6q_i(\tau\bar{H}+2\bar{L}+2\bar{\alpha}_i\beta_{3i})E\int_{t-\tau(t)}^{t}(\tau\,|f_1(x(s),s,r(s))|^2 + \\
& \bar{\alpha}_{r(s)}\tau\,|f_2(x(s-\tau(s)),s,r(s))|^2 + \\
& |g(x(s),x(s-\tau(s)),s,r(s))|^2)\mathrm{d}s - \left(\frac{q_i}{\tau}-\sum_{j=1}^{M}\pi_{ij}q_j\right)\cdot \\
& E\int_{t-\tau(t)}^{t}[\tau(|f_1(x(s),s,r(s))|^2+|f_2(x(s-\tau(s)),s,r(s))|^2) + \\
& |g(x(s),x(s-\tau(s)),s,r(s))|^2]\mathrm{d}s
\end{aligned}
\tag{3.24}
$$

然后，合并同类项，由式(3.24) 推导出

$$
\begin{aligned}
ELV(\tilde{x}_t,t,i) \leqslant & -\bar{q}_i E\,|x(t)|^2 + 2q_i(\tau\bar{H}+2\bar{L}+2\bar{\alpha}_i\beta_{3i})\cdot \\
& [E\,|x(t)-x(t-\tau(t))|^2 - 3E\int_{t-\tau(t)}^{t}(\tau\,|f_1(x(s),s,r(s))|^2 + \\
& \bar{\alpha}_{r(s)}\tau\,|f_2(x(s-\tau(s)),s,r(s))|^2 + \\
& |g(x(s),x(s-\tau(s)),s,r(s))|^2)\mathrm{d}s] + \\
& \left[6q_i(\tau\bar{H}+2\bar{L}+2\bar{\alpha}_i\beta_{3i}) - \left(\frac{q_i}{\tau}-\sum_{j=1}^{M}\pi_{ij}q_j\right)\right]\cdot \\
& E\int_{t-\tau(t)}^{t}[\tau(|f_1(x(s),s,r(s))|^2+|f_2(x(s-\tau(s)),s,r(s))|^2) + \\
& |g(x(s),x(s-\tau(s)),s,r(s))|^2]\mathrm{d}s - 6q_i(\tau\bar{H}+2\bar{L}+2\bar{\alpha}_i\beta_{3i})\cdot \\
& E\int_{t-\tau(t)}^{t}[\tau(1-\bar{\alpha}_{r(s)})\,|f_2(x(s-\tau(s)),s,r(s))|^2]\mathrm{d}s
\end{aligned}
\tag{3.25}
$$

由定理条件中式(3.17) 可知，对于任意的 $i\in S$，我们有

$$
(\bar{K}-4\bar{H})\tau^2 - 6\bar{L}\,\tau + [2(\beta_{1i}+\bar{\alpha}_i\beta_{2i}) - 8\bar{\alpha}_i\beta_{3i}]\tau + 1 \geqslant 0
$$

进一步，有

$$
6(\tau\bar{H}+2\bar{L}+2\bar{\alpha}_i\beta_{3i}) - \frac{1}{\tau} \leqslant \tau\bar{K} + 2\tau\bar{H} + 6\bar{L} + 2(\beta_{1i}+\bar{\alpha}_i\beta_{2i}) + 4\bar{\alpha}_i\beta_{3i}
$$

依据式(3.23)，不难计算出

$$
6q_i(\tau\bar{H}+2\bar{L}+2\bar{\alpha}_i\beta_{3i}) < \frac{q_i}{\tau} - \sum_{j=1}^{M}\pi_{ij}q_j
\tag{3.26}
$$

应用基本不等式$|x_1+x_2+\cdots+x_n|^2\leqslant n(|x_1|^2+|x_2|^2+\cdots+|x_n|^2)$，由方程(3.1)容易推导出

$$\begin{aligned}E\,|x(s)-x(s-\tau(s))|^2\leqslant\ &3E\left|\int_{s-\tau(s)}^{s}f_1(x(v),v,r(v))\mathrm{d}v\right|^2+\\&3E\left|\int_{s-\tau(s)}^{s}\alpha(v,r(v))f_2(x(v-\tau(v)),v,r(v))\mathrm{d}v\right|^2+\\&3E\left|\int_{s-\tau(s)}^{s}g(x(v),x(v-\tau(v)),v,r(v))\mathrm{d}\omega(v)\right|^2\end{aligned}\tag{3.27}$$

利用引理2.10，由式(3.27)可得

$$\begin{aligned}E\,|x(s)-x(s-\tau(s))|^2\leqslant 3E\int_{s-\tau(s)}^{s}(&\tau\,|f_1(x(v),v,r(v))|^2+\\&\bar{\alpha}_{r(v)}\tau\,|f_2(x(v-\tau(v)),v,r(v))|^2+\\&|g(x(v),x(v-\tau(v)),v,r(v))|^2)\mathrm{d}v\end{aligned}\tag{3.28}$$

根据定理3.2，方程(3.1)在区间$[-\tau,\tilde{n}_\infty)$上存在一个唯一的最大局部解，其中$\tilde{n}_\infty$表示爆发时间.如文献[44]的定理3.19所述，我们需要证明$\tilde{n}_\infty=\infty$ a.s..如果此式不成立，那么一定存在一个实数$\varepsilon>0$使得$P(\tilde{n}_\infty<T)>2\varepsilon$.选择一个充分大的正整数$k_0$，使得$\|\psi\|<k_0$，对于每个正整数$k\geqslant k_0$，不失一般性，定义停时$\sigma_k=\inf\{t\geqslant0:|x(t)|\geqslant k\}$.显然，$\sigma_k\to\tilde{n}_\infty$ a.s.，故而我们有

$$P(\sigma_k<T)>\varepsilon\tag{3.29}$$

对于$\forall t\in[0,T]$和$k\geqslant k_0$，结合式(3.9)(3.25)(3.26)和式(3.28)，应用Dynkin公式[73]，不难推导出

$$EV(\tilde{x}_{t\wedge\sigma_k},t\wedge\sigma_k,\tilde{r}_{t\wedge\sigma_k})\leqslant EV(\tilde{x}_0,0,\tilde{r}_0)-\min_{i\in S}\bar{q}_i\int_0^{t\wedge\sigma_k}E\,|x(s)|^2\mathrm{d}s\tag{3.30}$$

显然，我们有

$$EV(\tilde{x}_{T\wedge\sigma_k},T\wedge\sigma_k,\tilde{r}_{T\wedge\sigma_k})\leqslant EV(\tilde{x}_0,0,\tilde{r}_0)$$

进而

$$E(V(\tilde{x}_{\sigma_k},\sigma_k,\tilde{r}_{\sigma_k})I_{\{\sigma_k<T\}})\leqslant EV(\tilde{x}_0,0,\tilde{r}_0)\tag{3.31}$$

定义$\zeta_k=\inf\{V(x,t,i):|x|\geqslant k,k>k_0,t\in[0,T],i\in S\}$，不难发现，随着$k\to\infty$，有$\zeta_k\to\infty$.根据$\lim\limits_{|x|\to\infty}(\min\limits_{i\in S}q_i\,|x|^2)=\infty$和$\min\limits_{i\in S}q_i\,|x|^2\leqslant V(x,t,i)$，得到$\lim\limits_{|x|\to\infty}(\inf\limits_{(t,i)\in\mathbb{R}_+\times S}V(x,t,i))=\infty$.然后，通过式(3.29)和式(3.31)得到

$$EV(\tilde{x}_0,0,\tilde{r}_0)\geqslant\zeta_kP(\sigma_k<T)\geqslant\varepsilon\zeta_k$$

当$k\to\infty$时，发现上式与$EV(\tilde{x}_0,0,\tilde{r}_0)$是有界的相矛盾.因此，我们有$\tilde{n}_\infty=\infty$ a.s.，这意味着方程(3.1)存在唯一的全局解.

结合式(3.30)，令 $k \to \infty$，我们有

$$\min_{i \in S} \bar{q}_i \int_0^t E\,|x(s)|^2 \mathrm{d}s \leqslant EV(\tilde{x}_0, 0, \tilde{r}_0) < \infty$$

令 $t \to \infty$，这意味着定理 3.3 中的式(3.18) 成立.

注 3.2　值得强调的是，定理 3.3 条件中式(3.17) 和非奇异 M－矩阵 $\boldsymbol{A}(\tau)$ 均包含时变时滞的上界，与文献[45] 的结果相比，定理 3.3 的保守性有所降低. 与文献[45] 中构造的 Lyapunov 函数不同，在定理 3.3 的证明过程中构造的 Lyapunov-Krasovskiĭ 泛函(3.19) 包含一个具有时变时滞上界的二重积分项.

定理 3.4　对于 $0 < p \leqslant 2$，如果定理 3.3 的条件成立，那么方程(3.1) 的全局解是 p 阶矩渐近稳定的.

证　根据式(3.30)，显然有 $EV(\tilde{x}_t, t, \tilde{r}_t) \leqslant EV(\tilde{x}_0, 0, \tilde{r}_0)$. 继而，对于 $\forall t \in [0, \infty)$，通过式(3.19) 得到

$$E\,|x(t)|^2 \leqslant w \triangleq \frac{EV(\tilde{x}_0, 0, \tilde{r}_0)}{\min_{i \in S} q_i} \tag{3.32}$$

对于任意的 $0 \leqslant t_1 < t_2 < \infty$，利用引理 2.2 和式(3.32)，计算出

$$\begin{aligned}
& E\,|x(t_2)|^2 - E\,|x(t_1)|^2 \\
\leqslant & \int_{t_1}^{t_2} [2(\beta_{1r(v)} + \bar{\alpha}_{r(v)}\beta_{2r(v)}) E\,|x(v)|^2 + \\
& 2\bar{\alpha}_{r(v)}\beta_{3r(v)} E\,|x(v - \tau(v))|^2] \mathrm{d}v + \\
& \int_{t_1}^{t_2} \bar{L}\, E(|x(v)|^2 + |x(v - \tau(v))|^2) \mathrm{d}v \\
\leqslant & \max_{i \in S} [2(\beta_{1i} + \bar{\alpha}_i \beta_{2i}) + 2\bar{\alpha}_i \beta_{3i} + 2\bar{L}] \max\{w, \|\psi\|^2\}(t_2 - t_1)
\end{aligned}$$

依据以上分析，$E\,|x(t)|^2$ 在区间$[0, \infty)$ 上是一致连续的.

利用引理 2.3，由式(3.18) 推导出

$$\lim_{t \to \infty} E\,|x(t)|^2 = 0 \tag{3.33}$$

利用引理 2.10，由式(3.33) 计算出

$$\lim_{t \to \infty} E\,|x(t)|^p = 0,\ \forall p \in (0, 2]$$

因此，由定义 3.1 可知，方程(3.1) 的全局解是 $p(0 < p \leqslant 2)$ 阶矩渐近稳定的.

定理 3.5　如果定理 3.3 的条件成立，那么方程(3.1) 的全局解是几乎处处渐近稳定的.

证　采用反证法. 由定义 3.1 可知，方程(3.1) 的全局解是几乎处处渐近稳定的，当且仅当下列等式成立

$$\lim_{t \to \infty} |x(t)|^2 = 0 \text{ a.s.} \tag{3.34}$$

与式(3.18) 比较，容易知道

$$\liminf_{t\to\infty}|x(t)|^2=0 \text{ a. s.} \tag{3.35}$$

如果式(3.34) 不成立，那么存在一个充分小的实数 $\epsilon\in(0,\frac{1}{3})$，使得以下不等式成立

$$P(\Theta_1)\geqslant 3\epsilon \tag{3.36}$$

其中，$\Theta_1=\{\limsup_{t\to\infty}|x(t)|^2>2\epsilon\}$.

与式(3.32) 比较，容易得到

$$E\,|x(t\wedge\sigma_k)|^2\leqslant w \tag{3.37}$$

根据 σ_k 的定义，我们有

$$E\,|x(t\wedge\sigma_k)|^2\geqslant E(|x(\sigma_k)|^2 I_{\{\sigma_k\leqslant t\}})\geqslant k^2P(\sigma_k\leqslant t)$$

再结合式(3.37)，可以计算出 $k^2P(\sigma_k\leqslant t)\leqslant w$. 令 $t\to\infty$，并使 k 充分大，则 $P(\sigma_k\leqslant\infty)\leqslant\frac{w}{k^2}\leqslant\epsilon$，这表明

$$P(\Theta_2)\geqslant 1-\epsilon \tag{3.38}$$

其中，$\Theta_2=\{|x(t)|<k,\forall t\geqslant-\tau\}$. 然后由式(3.36) 和式(3.38) 直接计算出

$$P(\Theta_1\cap\Theta_2)\geqslant P(\Theta_1)-P(\Theta_2^c)\geqslant 2\epsilon \tag{3.39}$$

对于所有的 $t\in[-\tau,\infty)$，令 $\xi(t)=x(t\wedge\sigma_k)$，显然，$\xi(t)$ 也是一个有界的 Itô 过程，且它的微分方程表示为

$$\mathrm{d}\xi(t)=(\varphi_1(t)+\alpha(t,r(t))\varphi_2(t))\mathrm{d}t+\phi(t)\mathrm{d}\omega(t) \tag{3.40}$$

其中

$$\varphi_1(t)=f_1(x(t),t,r(t))I_{[0,\sigma_k)}(t)$$
$$\varphi_2(t)=f_2(x(t-\tau(t)),t,r(t))I_{[0,\sigma_k)}(t)$$
$$\phi(t)=g(x(t),x(t-\tau(t)),t,r(t))I_{[0,\sigma_k)}(t)$$

根据假设3.2和不等式 $|x(t)|\vee|x(t-\tau(t))|\leqslant k(t\in\mathbb{R}_+)$，不难发现 $\varphi_1(t)$，$\varphi_2(t)$ 和 $\phi(t)$ 也是有界的过程，其中，$|\varphi_1(t)|\vee|\varphi_2(t)|\vee|\phi(t)|\leqslant\bar{w}$ a. s.，且 $\bar{w}$ 是一个正常数. 另外，由 σ_k 的定义可知，对于所有的 $t\in[-\tau,\infty)$，我们有 $|\xi(t)|\leqslant k$.

定义如下停时序列

$$\eta_1=\inf\{t\geqslant 0:|\xi(t)|^2\geqslant 2\epsilon\}$$
$$\eta_{2j}=\inf\{t\geqslant\eta_{2j-1}:|\xi(t)|^2\leqslant\epsilon\},j=1,2,\cdots$$
$$\eta_{2j+1}=\inf\{t\geqslant\eta_{2j}:|\xi(t)|^2\geqslant 2\epsilon\},j=1,2,\cdots$$

结合 Θ_1 与 Θ_2 的定义，不难发现

$$\Theta_1 \cap \Theta_2 \subset \{\sigma_k = \infty\} \cap \{\bigcap_{j=1}^{\infty} \{\eta_j < \infty\}\} \tag{3.41}$$

对于任意的 $\mu \in \Theta_1 \cap \Theta_2$ 和 $j \geqslant 1$，当 $t \in [\eta_{2j-1}, \eta_{2j}]$ 时，显然有 $|\xi(\eta_{2j-1})|^2 - |\xi(\eta_{2j})|^2 = \epsilon$ 和 $|\xi(t)|^2 \geqslant \epsilon$. 由定理 3.4 可知，$|\boldsymbol{x}|^2$ 在闭球 $\bar{S}_k = \{\boldsymbol{x} \in \mathbb{R}^n: |\boldsymbol{x}| \leqslant k\}$ 上是一致连续的. 因此，存在一个充分小的正标量 $\rho = \rho(\epsilon)$，使得对于任意的 $\boldsymbol{x}_1, \boldsymbol{x}_2 \in \bar{S}_k$，只要满足 $|\boldsymbol{x}_1 - \boldsymbol{x}_2| < \rho$，就有

$$||\boldsymbol{x}_1|^2 - |\boldsymbol{x}_2|^2| < \epsilon \tag{3.42}$$

进一步，我们知道，对于所有的 $\mu \in \Theta_1 \cap \Theta_2$，如果对于任意的 $h \in [0, \kappa]$ 和正标量 κ 使得 $|\xi(\eta_{2j-1} + h) - \xi(\eta_{2j-1})| < \rho$ 成立，那么 $\eta_{2j} - \eta_{2j-1} \geqslant \kappa$.

接下来，选择一个充分小的实数 $\kappa > 0$，使得下列不等式成立

$$3\bar{w}^2\kappa[(\tilde{\alpha} + 1)\kappa + 4] \leqslant \epsilon\rho^2 \tag{3.43}$$

根据式(3.18)，存在一个充分大的整数 $j_0 > 0$，使得下列不等式成立

$$\int_0^{\infty} E|x(t)|^2 \mathrm{d}t < \epsilon^2 \kappa j_0 \tag{3.44}$$

结合式(3.39) 和式(3.41)，存在一个充分大的正实数 ϑ，使得下列不等式成立

$$P(\eta_{2j_0} \leqslant \vartheta) \geqslant 2\epsilon \tag{3.45}$$

特别地，如果 $\eta_{2j_0} \leqslant \vartheta$，那么 $|\xi(\eta_{2j_0})| < k$，进而有 $\eta_{2j_0} < \sigma_k$. 因此，对于所有的 $t \in [0, \eta_{2j_0}]$ 和 $\mu \in \{\eta_{2j_0} \leqslant \vartheta\}$，可以得到 $\xi(t, \mu) = x(t, \mu)$.

根据引理 2.13 和式(3.40)，对于任意的 $1 \leqslant j \leqslant j_0$，不难发现

$$\begin{aligned}
&E(\sup_{0 \leqslant t \leqslant \kappa} |\xi(\eta_{2j-1} \wedge \vartheta + t) - \xi(\eta_{2j-1} \wedge \vartheta)|^2) \\
&\leqslant 3\kappa \int_{\eta_{2j-1} \wedge \vartheta}^{\eta_{2j-1} \wedge \vartheta + \kappa} (E|\varphi_1(s)|^2 + \tilde{\alpha} E|\varphi_2(s)|^2) \mathrm{d}s + 12 \int_{\eta_{2j-1} \wedge \vartheta}^{\eta_{2j-1} \wedge \vartheta + \kappa} E|\phi(s)|^2 \mathrm{d}s \\
&\leqslant 3\bar{w}^2\kappa[(\tilde{\alpha} + 1)\kappa + 4]
\end{aligned}$$

根据式(3.43) 和 Chebyshev 不等式，计算出

$$P(\sup_{0 \leqslant t \leqslant \kappa} |\xi(\eta_{2j-1} \wedge \vartheta + t) - \xi(\eta_{2j-1} \wedge \vartheta)| \geqslant \rho) \leqslant \epsilon \tag{3.46}$$

如果 $\eta_{2j_0} \leqslant \vartheta$，那么 $\eta_{2j-1} \leqslant \vartheta$. 利用式(3.45) 和式(3.46) 推导出

$$\begin{aligned}
&P(\{\eta_{2j_0} \leqslant \vartheta\} \cap \{\sup_{0 \leqslant t \leqslant \kappa} |\xi(\eta_{2j-1} \wedge \vartheta + t) - \xi(\eta_{2j-1} \wedge \vartheta)| < \rho\}) \\
&= P(\eta_{2j_0} \leqslant \vartheta) - P(\{\eta_{2j_0} \leqslant \vartheta\} \cap \{\sup_{0 \leqslant t \leqslant \kappa} |\xi(\eta_{2j-1} \wedge \vartheta + t) - \xi(\eta_{2j-1} \wedge \vartheta)| \geqslant \rho\}) \\
&\geqslant P(\eta_{2j_0} \leqslant \vartheta) - P(\sup_{0 \leqslant t \leqslant \kappa} |\xi(\eta_{2j-1} + t) - \xi(\eta_{2j-1})| \geqslant \rho) \geqslant \epsilon
\end{aligned} \tag{3.47}$$

根据式(3.47)，比较容易得到

$$P(\{\eta_{2j_0} \leqslant \vartheta\} \cap \{\eta_{2j} - \eta_{2j-1} \geqslant \kappa\}) \geqslant \epsilon \tag{3.48}$$

利用式(3.48)，不难计算出

$$\int_0^{\infty} E\,|x(t)|^2\mathrm{d}t \geqslant \sum_{j=1}^{j_0} E\left(I_{\{\eta_{2j_0}\leqslant\vartheta\}}\int_{\eta_{2j-1}}^{\eta_{2j}}|\xi(t)|^2\mathrm{d}t\right)$$
$$\geqslant \epsilon\sum_{j=1}^{j_0} E\left(I_{\{\eta_{2j_0}\leqslant\vartheta\}}(\eta_{2j}-\eta_{2j-1})\right)$$
$$\geqslant \epsilon\kappa\sum_{j=1}^{j_0} P(\{\eta_{2j_0}\leqslant\vartheta\}\cap\{\eta_{2j}-\eta_{2j-1}\geqslant\kappa\})\geqslant\epsilon^2\kappa j_0$$

直观地看出，上式与式(3.44)相互矛盾.因此，式(3.34)必然成立.基于以上分析，由定义3.1可知，方程(3.1)的全局解是几乎处处渐近稳定的.

定理3.6 对于 $p\geqslant 2$，如果定理3.3的条件成立，那么方程(3.1)的全局解是 p 阶矩连续的.

证 借助基本不等式 $|x_1+x_2+\cdots+x_n|^2\leqslant n(|x_1|^2+|x_2|^2+\cdots+|x_n|^2)$，存在一个实数 $\delta>0$，使得对于任意的 $t\in\mathbb{R}_+$，下列不等式成立

$$E\,|x(t+\delta)-x(t)|^p\leqslant 3^{p-1}E\left|\int_t^{t+\delta}f_1(x(s),s,r(s))\mathrm{d}s\right|^p+$$
$$3^{p-1}E\left|\int_t^{t+\delta}f_2(x(s-\tau(s)),s,r(s))\mathrm{d}s\right|^p+$$
$$3^{p-1}E\left|\int_t^{t+\delta}g(x(s),x(s-\tau(s)),s,r(s))\mathrm{d}\omega(s)\right|^p \tag{3.49}$$

利用引理2.10和文献[44]中的定理3.11，由式(3.49)推导出

$$E\,|x(t+\delta)-x(t)|^p\leqslant(3\delta)^{p-1}E\int_t^{t+\delta}|f_1(x(s),s,r(s))|^p\mathrm{d}s+$$
$$\widetilde{\alpha}(3\delta)^{p-1}E\int_t^{t+\delta}|f_2(x(s-\tau(s)),s,r(s))|^p\mathrm{d}s+$$
$$3^{p-1}\delta^{\frac{p-2}{2}}\left[\frac{p(p-1)}{2}\right]^{\frac{p}{2}}\cdot$$
$$E\int_t^{t+\delta}|g(x(s),x(s-\tau(s)),s,r(s))|^p\mathrm{d}s \tag{3.50}$$

将式(3.5)～(3.7)代入式(3.50)中计算得到

$$E\,|x(t+\delta)-x(t)|^p\leqslant(3\delta)^{p-1}\bar{K}^{\frac{p}{2}}\int_t^{t+\delta}E(|x(s)|^2)^{\frac{p}{2}}\mathrm{d}s+$$
$$\widetilde{\alpha}(3\delta)^{p-1}\bar{H}^{\frac{p}{2}}\int_t^{t+\delta}E(|x(s-\tau(s))|^2)^{\frac{p}{2}}\mathrm{d}s+$$
$$3^{p-1}\delta^{\frac{p-2}{2}}\left[\frac{p(p-1)\bar{L}}{2}\right]^{\frac{p}{2}}\cdot$$

$$\int_t^{t+\delta} E\left(|x(s)|^2+|x(s-\tau(s))|^2\right)^{\frac{p}{2}}\mathrm{d}s \quad (3.51)$$

将式(3.32)代入式(3.51)中计算出

$$E|x(t+\delta)-x(t)|^p$$
$$\leqslant 3^{p-1}(\max\{w,\|\psi\|^2\})^{\frac{p}{2}}[(\bar{K}^{\frac{p}{2}}+\tilde{\alpha}\bar{H}^{\frac{p}{2}})\delta^p+(p(p-1)\bar{L})^{\frac{p}{2}}\delta^{\frac{p}{2}}]$$

令 $\delta\to 0^+$，由上式推导出

$$\lim_{\delta\to 0^+} E|x(t+\delta)-x(t)|^p=0,\ \forall p\geqslant 2$$

因此，由定义 3.2 可知，方程(3.1)的全局解是 $p(p\geqslant 2)$ 阶矩连续的.

定理 3.7　如果定理 3.3 的条件成立，那么方程(3.1)的全局解是依概率连续的.

证　由定理 3.6 可知，当 $p=2$ 时，方程(3.1)的全局解是均方连续的，即

$$\lim_{\delta\to 0^+} E|x(t+\delta)-x(t)|^2=0 \quad (3.52)$$

利用引理 2.6，对于 $\forall\varepsilon>0$，不难推导出

$$P(|x(t+\delta)-x(t)|\geqslant\varepsilon)\leqslant\frac{E|x(t+\delta)-x(t)|^2}{\varepsilon^2}$$

再结合式(3.52)，显然有

$$\lim_{\delta\to 0^+} P\{|x(t+\delta)-x(t)|\geqslant\varepsilon\}=0$$

因此，由定义 3.2 可知，方程(3.1)的全局解是依概率连续的.

注 3.3　本章主要是将文献[23]的研究成果和方法扩展应用到具有随机发生时变时滞的非线性混杂随机微分方程中，除文献[23]探讨的渐近稳定性外，本章还讨论了全局解的 $p(p\geqslant 2)$ 阶矩连续性和依概率连续性.

3.4　数值计算与模拟仿真

本节给出两个数值算例来验证本章获得的时滞相关稳定性判据的可行性.

算例 3.1　考虑如下具有随机发生时变时滞和部分未知转移速率的二维非线性混杂随机微分方程

$$\mathrm{d}x(t)=(f_1(x(t),t,r(t))+\alpha(t,r(t))f_2(x(t-\tau(t)),t,r(t)))\mathrm{d}t+$$
$$g(x(t),x(t-\tau(t)),t,r(t))\mathrm{d}\omega(t) \quad (3.53)$$

其中，$\omega(t)$ 表示一个一维 Brown 运动，$r(t)$ 表示一个在 $S=\{1,2\}$ 上取值的右连续 Markov 链，其对应的转移速率矩阵如下

$$\boldsymbol{\Pi}=\begin{bmatrix}-1 & 1\\ \gamma & -\gamma\end{bmatrix}$$

其中，$\gamma>0$ 为未知的实数. 时变时滞为 $\tau(t)=0.05|\cos t|$，且 $\tau=0.05$. $\alpha(t, r(t))$ 是一簇服从 Bernoulli 分布的随机变量序列，其对应的概率如下

$$P\{\alpha(t,1)=1\}=\bar{\alpha}_1=0.8, P\{\alpha(t,1)=0\}=0.2$$

$$P\{\alpha(t,2)=1\}=\bar{\alpha}_2=0.6, P\{\alpha(t,2)=0\}=0.4$$

函数为

$$f_1(x(t),t,r(t))=\begin{cases}\begin{bmatrix}-2 & \frac{\sqrt{2}}{2}\\ -\frac{\sqrt{2}}{2} & -2\end{bmatrix}x(t), & r(t)=1\\ \begin{bmatrix}-1 & 0\\ 0 & -1\end{bmatrix}x(t), & r(t)=2\end{cases}$$

$$f_2(x(t-\tau(t)),t,r(t))=\begin{cases}0.6x(t-\tau(t)), & r(t)=1\\ 0.5x(t-\tau(t)), & r(t)=2\end{cases}$$

$$g(x(t),x(t-\tau(t)),t,r(t))=\begin{cases}0.3x(t)+0.3x(t-\tau(t)), & r(t)=1\\ 0.2x(t)+0.3x(t-\tau(t)), & r(t)=2\end{cases}$$

当令假设 3.1 ～ 3.3 中的参数为 $\bar{K}=4.5$，$\bar{H}=0.36$，$\bar{L}=0.18$，$\beta_{11}=-2$，$\beta_{12}=-1$，$\beta_{21}=0.3$，$\beta_{22}=0.25$，$\beta_{31}=0.3>-0.2363$ 和 $\beta_{32}=0.25>-0.315$ 时，以上函数均满足假设 3.1 ～ 3.3 的条件.

依据定理 3.3，计算出

$$H(\tau)=0.6817>0, \Lambda_1=1.219, \Lambda_2=0.241, \boldsymbol{A}(\tau)=\begin{bmatrix}2.219 & -1\\ -\gamma & \gamma+0.241\end{bmatrix}$$

由命题3.1可知，$\boldsymbol{A}(\tau)$ 是非奇异 M－矩阵，当且仅当 $2.219(\gamma+0.241)-\gamma>0$ 成立，即 $\gamma>0$. 根据定理 3.3 ～ 3.7，不难发现方程(3.53) 的全局解是 $p(0<p\leqslant 2)$ 阶矩渐近稳定的、几乎处处渐近稳定的、$p(p\geqslant 2)$ 阶矩连续的和依概率连续的. 同时，这也说明本章提出的时滞相关稳定性判据适用于 Markov 链转移速率部分未知的情况. 设方程 (3.53) 的初值为 $x(t)=[3\quad -1]^{\mathrm{T}}(t\in[-0.05,0])$ 和 $r_0=2$. 基于以上参数，设置转移速率矩阵中的参数 $\gamma=5$ 和程序运行区间为[0,10]，相应仿真结果如图 3.1 和 3.2 所示.

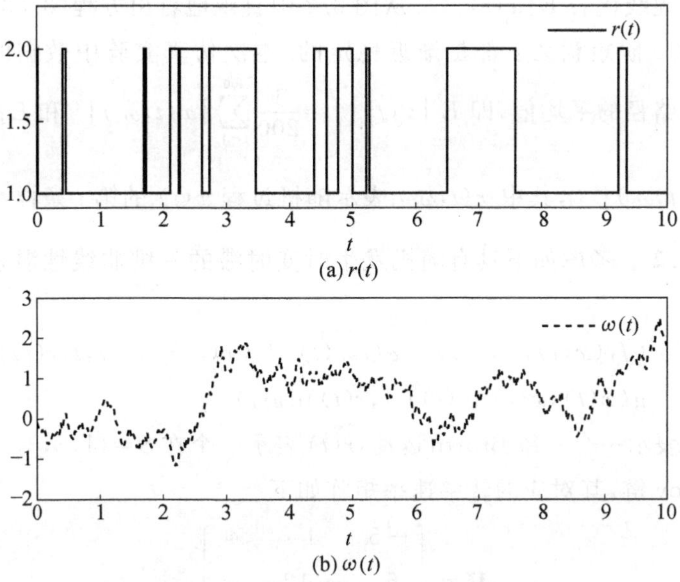

图 3.1　方程(3.53) 中 $r(t)$ 和 $\omega(t)$

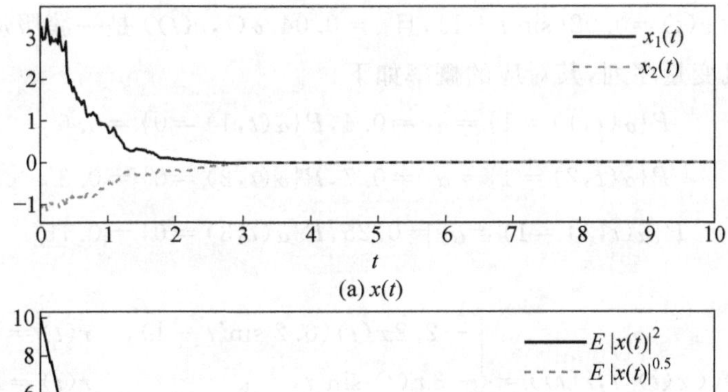

图 3.2　方程(3.53) 中 $x(t)$，$E\ |x(t)|^2$ 和 $E|x(t)|^{0.5}$

图 3.1 描绘了方程(3.53) 中 Markov 链 $r(t)$ 和 Brown 运动 $\omega(t)$ 的样本路径，实线表示 Markov 链 $r(t)$，虚线表示 Brown 运动 $\omega(t)$. 图 3.2(a) 描绘了方程(3.53) 中 $x(t)$ 的样本路径，实线代表 $x(t)$ 的第一个分量，虚线代表 $x(t)$ 的第二个分量，图 3.2(b) 展示了 $E\ |x(t)|^2$ 和 $E|x(t)|^{0.5}$ 的轨迹曲线，实线代表

$E|x(t)|^2$、虚线代表 $E|x(t)|^{0.5}$. 从图 3.2 中直观地看出方程(3.53)的全局解在均方和 0.5 阶矩意义下都是渐近稳定的. 本次仿真实验中数据的期望值为 200 条样本路径的平均值,即 $E|x(t)|^2=\frac{1}{200}\sum_{i=1}^{200}|x(t,\omega_i)|^2$ 和 $E|x(t)|^{0.5}=\frac{1}{200}\sum_{i=1}^{200}|x(t,\omega_i)|^{0.5}$,其中 $x(t,\omega_i)$ 表示随机过程 $x(t)$ 的第 i 条样本路径.

算例 3.2 考虑如下具有随机发生时变时滞的一维非线性混杂随机微分方程

$$\begin{aligned}\mathrm{d}x(t)=&(f_1(x(t),t,r(t))+\alpha(t,r(t))f_2(x(t-\tau(t)),t,r(t)))\mathrm{d}t+\\&g(x(t),x(t-\tau(t)),t,r(t))\mathrm{d}\omega(t)\end{aligned}\tag{3.54}$$

其中,$\omega(t)$ 表示一个一维 Brown 运动,$r(t)$ 表示一个在 $S=\{1,2,3\}$ 上取值的右连续 Markov 链,其对应的转移速率矩阵如下

$$\boldsymbol{\Pi}=\begin{bmatrix}-5 & 1 & 4\\ 6 & -12 & 6\\ 5 & 3 & -8\end{bmatrix}$$

时变时滞为 $\tau(t)=0.02(\sin t+1)$,且 $\tau=0.04$. $\alpha(t,r(t))$ 是一簇服从 Bernoulli 分布的随机变量序列,其对应的概率如下

$$P\{\alpha(t,1)=1\}=\bar{\alpha}_1=0.4,P\{\alpha(t,1)=0\}=0.6$$

$$P\{\alpha(t,2)=1\}=\bar{\alpha}_2=0.7,P\{\alpha(t,2)=0\}=0.3$$

$$P\{\alpha(t,3)=1\}=\bar{\alpha}_3=0.25,P\{\alpha(t,3)=0\}=0.75$$

函数

$$f_1(x(t),t,r(t))=\begin{cases}-2.2x(t)(0.2\sin^2 t+1), & r(t)=1\\ -3x(t)\sin^2 t, & r(t)=2\\ -2.5x(t)(\sin^2 t+0.2), & r(t)=3\end{cases}$$

$$f_2(x(t-\tau(t)),t,r(t))=\begin{cases}\frac{\sqrt{3}}{30}x(t-\tau(t)), & r(t)=1\\ \frac{\sqrt{3}}{24}x(t-\tau(t)), & r(t)=2\\ \frac{\sqrt{3}}{20}x(t-\tau(t)), & r(t)=3\end{cases}$$

$$g(x(t),x(t-\tau(t)),t,r(t))=\begin{cases}0.2x(t)+0.15x(t-\tau(t)), & r(t)=1\\ 0.3x(t)+0.16x(t-\tau(t)), & r(t)=2\\ 0.24x(t)+0.3x(t-\tau(t)), & r(t)=3\end{cases}$$

当令假设 3.1～3.3 中的参数为 $\bar{K}=9,\bar{H}=0.0075,\bar{L}=0.18,\beta_{11}=-2.2,\beta_{12}=0,\beta_{13}=-0.5,\beta_{21}=\frac{\sqrt{3}}{60},\beta_{22}=\frac{\sqrt{3}}{48},\beta_{23}=\frac{\sqrt{3}}{40},\beta_{31}=\frac{\sqrt{3}}{60}>-0.4504,\beta_{32}=\frac{\sqrt{3}}{48}>-0.2574$ 和 $\beta_{33}=\frac{\sqrt{3}}{40}>-0.7206$ 时，以上函数均满足假设 3.1～3.3 的条件.

依据定理 3.3，计算出

$$H(\tau)=0.7924>0,\Lambda_1=2.8901,\Lambda_2=-1.5922,\Lambda_3=-0.5056$$

$$\boldsymbol{A}(\tau)=\begin{bmatrix}7.8901 & -1 & -4\\ -6 & 10.4078 & -6\\ -5 & -3 & 7.4944\end{bmatrix},\boldsymbol{A}^{-1}(\tau)=\begin{bmatrix}0.5072 & 0.1648 & 0.4027\\ 0.6337 & 0.3308 & 0.6031\\ 0.5921 & 0.2424 & 0.6435\end{bmatrix}$$

显然，$\boldsymbol{A}(\tau)$ 是非奇异 M—矩阵. 根据定理 3.3～3.7，不难发现方程(3.54) 的全局解是 $p(0<p\leqslant 2)$ 阶矩渐近稳定的、几乎处处渐近稳定的、$p(p\geqslant 2)$ 阶矩连续的和依概率连续的. 设方程(3.54) 的初值为 $x(t)=0.5(t\in[-0.04,0])$ 和 $r_0=3$. 基于以上参数，设定程序运行区间为[0,10]，相应仿真结果如图 3.3 和 3.4 所示.

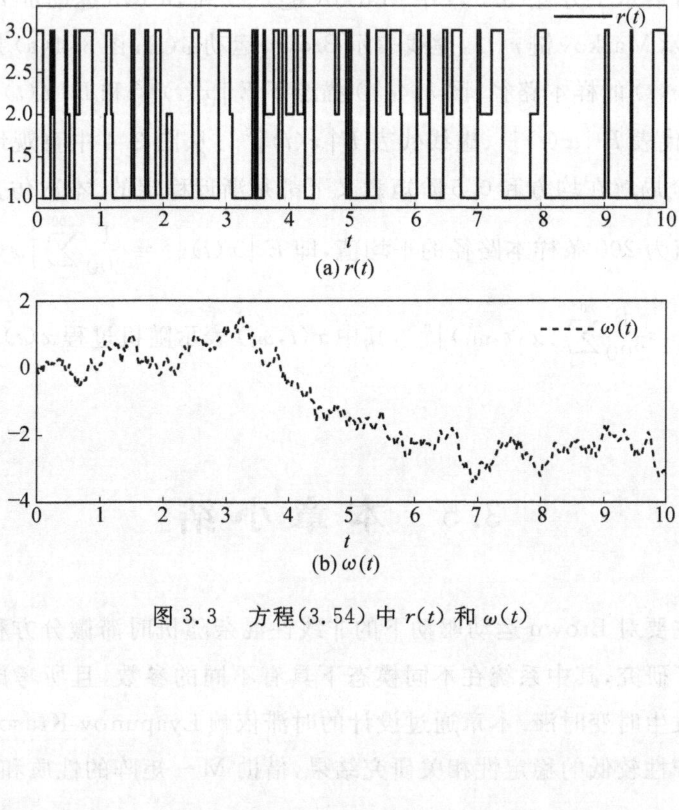

图 3.3　方程(3.54) 中 $r(t)$ 和 $\omega(t)$

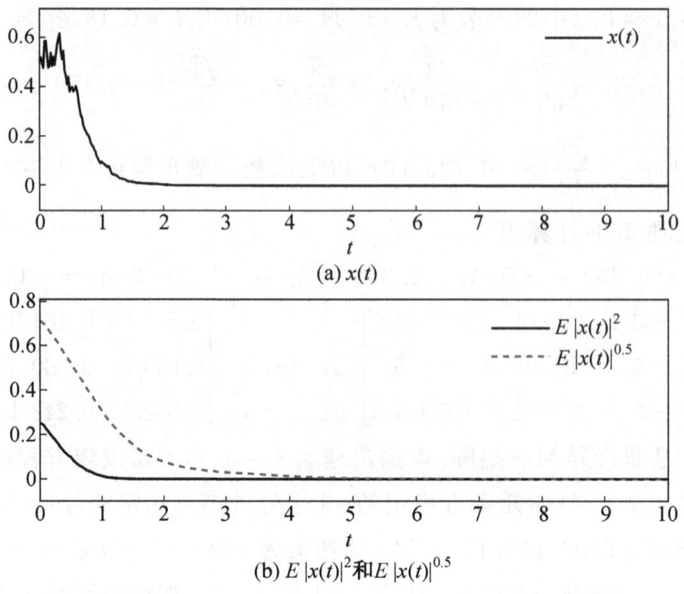

图 3.4　方程(3.54) 中 $x(t)$,$E\ |x(t)|^2$ 和 $E|x(t)|^{0.5}$

图 3.3 展示了方程(3.54) 中 Markov 链 $r(t)$ 和 Brown 运动 $\omega(t)$ 的样本路径,实线表示 Markov 链 $r(t)$,虚线表示 Brown 运动 $\omega(t)$. 图 3.4(a) 描绘了方程(3.54) 中 $x(t)$ 的样本路径,图 3.4(b) 描绘了 $E\ |x(t)|^2$ 和 $E|x(t)|^{0.5}$ 的轨迹曲线,实线代表 $E\ |x(t)|^2$、虚线代表 $E|x(t)|^{0.5}$. 从图 3.4 中直观地看出方程(3.54) 的全局解在均方和 0.5 阶矩意义下都是渐近稳定的. 本次仿真实验中数据的期望值为 200 条样本路径的平均值,即 $E\ |x(t)|^2=\frac{1}{200}\sum_{i=1}^{200}|x(t,\omega_i)|^2$ 和 $E|x(t)|^{0.5}=\frac{1}{200}\sum_{i=1}^{200}|x(t,\omega_i)|^{0.5}$,其中 $x(t,\omega_i)$ 表示随机过程 $x(t)$ 的第 i 条样本路径.

3.5　本章小结

本章主要对 Brown 运动驱动下的非线性混杂随机时滞微分方程的稳定性问题进行了研究,其中系统在不同模态下具有不同的参数,且所考虑的状态时滞为随机发生时变时滞. 本章通过设计的时滞依赖 Lyapunov-Krasovskiĭ 泛函,得到了保守性较低的稳定性相关研究结果,借助 M－矩阵的性质和广义 Itô 公式，给出了最大局部解和全局解存在且唯一的时滞相关充分性条件，以及平凡解 $p(0 < p \leqslant 2)$ 阶矩渐近稳定、几乎处处渐近稳定、$p(p \geqslant 2)$ 阶矩连续和依概率连续的时滞相关判别定理. 最后，本章利用两个数值算例和相应的模拟仿真说明了所得理论结果的可行性，同时也说明了所提出的时滞相关稳定性判据适用于 Markov 链的转移速率部分未知的情况.

具有不同模态结构的非线性混杂随机时滞微分方程的稳定性

第4章

4.1 引　　言

关于非线性混杂随机时滞微分方程稳定性的研究，现有结果主要集中于不同模态具有不同参数的情形，即系统方程的非线性结构不会因 Markov 链的状态切换而变化，对不同模态具有不同结构情形的研究近期才引起学者们的关注. 本章聚焦不同模态、不同结构的非线性混杂随机时滞微分方程，仍然考虑 Brown 运动驱动和有界时变时滞情形；利用随机系统理论和时滞系统稳定性理论，证明方程全局解的存在唯一性，充分利用不同模态下非线性函数的结构变化，构造包含高阶非线性项的 Lyapunov-Krasovskiĭ 泛函，建立系统渐近稳定和指数稳定的时滞相关判别条件，减少方程平凡解稳定性判别条件的保守性. 最后本章利用数值仿真对所得研究结果进行验证.

4.2 具有时变时滞的非线性混杂随机微分方程

考虑如下非线性混杂随机时滞微分方程

$$
\begin{aligned}
\mathrm{d}x(t)=f(x(t),x(t-\tau(t)),t,r(t))\mathrm{d}t+g(x(t),\\
x(t-\tau(t)),t,r(t))\mathrm{d}\omega(t)
\end{aligned}
\tag{4.1}
$$

其中，$x(t)$ 表示取值于 $\mathbb{R}^n$ 的随机过程，$\tau(t)\in[0,\tau]$ 表示时变时滞，满足 $\dot{\tau}(t)\leqslant\bar{\tau}<1$ 且 $\tau>0$ 和 $\bar{\tau}$ 是两个已知的常数，$f:\mathbb{R}^n\times\mathbb{R}^n\times\mathbb{R}_+\times S\to\mathbb{R}^n$ 和 $g:\mathbb{R}^n\times\mathbb{R}^n\times\mathbb{R}_+\times S\to\mathbb{R}^{n\times m}$ 都是 Borel 可测函数，$\omega(t)\in\mathbb{R}^m$ 表示定义在完备概率空间 $(\Omega,F,\{F_t\}_{t\geqslant0},P)$ 上 F_t－可测的 Brown 运动. $\{r(t),t\geqslant0\}$ 为一个在有限状态空间 $S=\{1,2,\cdots,M\}$ 上取值的右连续 Markov 链，其转移概率如下

$$P\{r(t+\Delta t)=j\mid r(t)=i\}=\begin{cases}\pi_{ij}\Delta t+o(\Delta t), & i\neq j\\ 1+\pi_{ij}\Delta t+o(\Delta t), & i=j\end{cases}$$

其中，$\Delta t>0$，$\lim\limits_{\Delta t\to0^+}\dfrac{o(\Delta t)}{\Delta t}=0$；当 $i\neq j$ 时，$\pi_{ij}\geqslant0$ 表示在 t 时刻处于状态 i 时，在 $t+\Delta t$ 时刻处于状态 j 的转移速率，且 $\pi_{ii}=-\sum\limits_{j=1,j\neq i}^{M}\pi_{ij}\leqslant0$，其生成的转移速率矩阵为 $\boldsymbol{\Pi}=[\pi_{ij}]_{M\times M}$. 假设 Brown 运动 $\omega(t)$ 和 Markov 链 $r(t)$ 彼此相互独立.

方程(4.1)的初值为 $x(s)=\psi(s)(s\in[-\tau,0])$ 和 $r(0)=r_0\in S$，其中，$\psi\in L_{F_0}^{2q}([-\tau,0];\mathbb{R}^n)$，且 $q>1$. 若方程(4.1)的解存在，则此解记为 $x(t;\psi,r_0)$ $(t\in[-\tau,\infty))$，也可简写为 $x(t)$. 对于所有的 $(t,i)\in\mathbb{R}_+\times S$，假设 $f(0,0,t,i)=0$ 和 $g(0,0,t,i)=0$，使得方程(4.1)存在平凡解 $x(t;\psi,r_0)\equiv0$.

为保证方程(4.1)解的存在唯一性，有必要给出以下假设：

假设 4.1(局部 Lipschitz 条件)　对于每个正整数 $k\geqslant1$，存在一个标量 $K_k>0$ 使得

$$\begin{aligned}&|f(\boldsymbol{x}_1,\boldsymbol{y}_1,t,i)-f(\boldsymbol{x}_2,\boldsymbol{y}_2,t,i)|^2\vee|g(\boldsymbol{x}_1,\boldsymbol{y}_1,t,i)-g(\boldsymbol{x}_2,\boldsymbol{y}_2,t,i)|^2\\&\leqslant K_k(|\boldsymbol{x}_1-\boldsymbol{x}_2|^2+|\boldsymbol{y}_1-\boldsymbol{y}_2|^2)\end{aligned}$$

对所有的 $(t,i)\in\mathbb{R}_+\times S$ 和 $\boldsymbol{x}_1,\boldsymbol{x}_2,\boldsymbol{y}_1,\boldsymbol{y}_2\in\mathbb{R}^n$ 且 $|\boldsymbol{x}_1|\vee|\boldsymbol{x}_2|\vee|\boldsymbol{y}_1|\vee|\boldsymbol{y}_2|\leqslant k$ 都成立.

假设 4.2　将 Markov 链 $r(t)$ 的状态空间 $S=\{1,2,\cdots,M\}$ 分解为两个子空间 $S_1=\{1,2,\cdots,M_1\}$ 和 $S_2=\{M_1+1,M_1+2,\cdots,M\}$，且 $1\leqslant M_1<M$，对所有的 $(t,\boldsymbol{x},\boldsymbol{y})\in\mathbb{R}_+\times\mathbb{R}^n\times\mathbb{R}^n$，存在一个正常数 $q>1$ 使得以下两种情况均成立：

(1) 对于每个 $i\in S_1$，存在标量 $L_{i1}>0$，$\alpha_{i1}>0$ 和 $\alpha_{i2}\geqslant0$ 使得下式成立

$$|f(\boldsymbol{x},\boldsymbol{y},t,i)|\vee|g(\boldsymbol{x},\boldsymbol{y},t,i)|\leqslant L_{i1}(|\boldsymbol{x}|+|\boldsymbol{y}|)\tag{4.2}$$

$$\boldsymbol{x}^{\mathrm{T}}f(\boldsymbol{x},\boldsymbol{y},t,i)+\frac{q}{2}|g(\boldsymbol{x},\boldsymbol{y},t,i)|^2\leqslant\alpha_{i1}|\boldsymbol{x}|^2+\alpha_{i2}|\boldsymbol{y}|^2\tag{4.3}$$

(2) 对于每个 $i\in S_2$，存在标量 $L_{i2}>0$，$\bar{\alpha}_{i1}>0$，$\alpha_{i2}\geqslant0$，$\alpha_{i3}>0$ 和 $\alpha_{i4}\geqslant0$ 使得下式成立

$$|f(\boldsymbol{x},\boldsymbol{y},t,i)| \vee |g(\boldsymbol{x},\boldsymbol{y},t,i)| \leqslant L_{i2}(|\boldsymbol{x}|+|\boldsymbol{y}|+|\boldsymbol{x}|^{q}+|\boldsymbol{y}|^{q}) \tag{4.4}$$

$$\boldsymbol{x}^{\mathrm{T}} f(\boldsymbol{x},\boldsymbol{y},t,i)+\frac{q}{2}|g(\boldsymbol{x},\boldsymbol{y},t,i)|^{2} \leqslant -\bar{\alpha}_{i1}|\boldsymbol{x}|^{2}+\alpha_{i2}|\boldsymbol{y}|^{2}-\alpha_{i3}|\boldsymbol{x}|^{q+1}+\alpha_{i4}|\boldsymbol{y}|^{q+1} \tag{4.5}$$

注 4.1 由假设 4.2 可知，Markov 链的状态空间 S 被分解为两个不同的状态子空间 S_1 和 S_2，且在 S_1 和 S_2 下方程(4.1) 具有不同的非线性结构，这是方程(4.1) 具有不同模态结构的体现.

定义 4.1[44] 对于 $p>0$ 和所有的$(\psi,r_0)\in L_{\mathcal{F}_0}^{p}([-\tau,0];\mathbb{R}^n)\times S$，如果存在一个实数 $w>0$ 使得

$$\limsup_{t\to\infty} E\,|x(t;\psi,r_0)|^{p} \leqslant w$$

成立，那么称方程(4.1) 的解是 p 阶矩渐近有界的. 特别地，当 $p=2$ 时，称方程(4.1) 的解是均方渐近有界的.

定义 4.2[44] 对于 $p>0$ 和所有的$(\psi,r_0)\in L_{\mathcal{F}_0}^{p}([-\tau,0];\mathbb{R}^n)\times S$，如果

$$\limsup_{t\to\infty}\frac{1}{t}\log(E\,|x(t;\psi,r_0)|^{p})<0$$

那么称方程(4.1) 的平凡解是 p 阶矩指数稳定的. 特别地，当 $p=2$ 时，称方程(4.1) 的平凡解是均方指数稳定的.

4.3 时滞相关稳定性分析

本节将给出具有时变时滞的非线性混杂随机微分方程(4.1) 的全局解存在且唯一的充分性条件，以及该全局解为 p 阶矩渐近有界、p 阶矩指数稳定、p 阶矩渐近稳定和几乎处处渐近稳定的判别准则.

定理 4.1 在假设 4.1 和假设 4.2 的条件下，如果存在标量 $\rho_i>0$ 和 $\beta_i>0(i\in S)$ 使得下列不等式成立

$$a_1=(\min_{i\in S_1} a_{1i}) \wedge (\min_{i\in S_2} \bar{a}_{1i})>0 \tag{4.6}$$

$$a_2=(\max_{i\in S_1} a_{2i}) \vee (\max_{i\in S_2} \bar{a}_{2i})>0 \tag{4.7}$$

$$a_3=(\min_{i\in S_1} a_{3i}) \wedge (\min_{i\in S_2} \bar{a}_{3i})>0 \tag{4.8}$$

$$a_4=(\max_{i\in S_1} a_{4i}) \vee (\max_{i\in S_2} \bar{a}_{4i})>0 \tag{4.9}$$

$$a_5=\min_{i\in S_2}\bar{a}_{5i}>0,a_6=\max_{i\in S_2}\bar{a}_{6i}>0 \tag{4.10}$$

$$H(i)<0,\forall i\in S \tag{4.11}$$

$$\min\left\{a_1-\frac{a_2}{1-\bar{\tau}},a_3-\frac{a_4}{1-\bar{\tau}},a_5-\frac{a_6}{1-\bar{\tau}}\right\}>0 \tag{4.12}$$

其中

$$a_{1i}=-(\sum_{j=1}^{M}\pi_{ij}\rho_j+2\rho_i\alpha_{i1}+4\rho_i\alpha_{i2}+2\rho_iL_{i1}^2(\tau+1)),\forall i\in S_1$$

$$\bar{a}_{1i}=-(\sum_{j=1}^{M}\pi_{ij}\rho_j-2\rho_i\bar{\alpha}_{i1}+4\rho_i\alpha_{i2}+4\rho_iL_{i2}^2(\tau+1)),\forall i\in S_2$$

$$a_{2i}=2\rho_iL_{i1}^2(\tau+1),\forall i\in S_1,\ \bar{a}_{2i}=4\rho_iL_{i2}^2(\tau+1),\forall i\in S_2$$

$$a_{3i}=-(\sum_{j=1}^{M}\pi_{ij}\beta_j+(q+1)\beta_i\alpha_{i1}+(q-1)\beta_i\alpha_{i2}),\forall i\in S_1$$

$$\bar{a}_{3i}=-(\sum_{j=1}^{M}\pi_{ij}\beta_j-2\rho_i\alpha_{i3}-(q+1)\beta_i\bar{\alpha}_{i1}+(q-1)\beta_i\alpha_{i2}),\forall i\in S_2$$

$$a_{4i}=2\beta_i\alpha_{i2},\forall i\in S_1,\ \bar{a}_{4i}=2\beta_i\alpha_{i4}+2\beta_i\alpha_{i2},\forall i\in S_2$$

$$\bar{a}_{5i}=(q+1)\beta_i\alpha_{i3}-\left[\frac{(q^2-1)\beta_i\alpha_{i4}}{2q}\right]-4\rho_iL_{i2}^2(\tau+1),\forall i\in S_2$$

$$\bar{a}_{6i}=\left[\frac{(q+1)^2\beta_i\alpha_{i4}}{2q}\right]+4\rho_iL_{i2}^2(\tau+1),\forall i\in S_2$$

$$H(i)=\sum_{j=1}^{M}\pi_{ij}\rho_j-\frac{\rho_i}{\tau}+8\rho_i\alpha_{i2},\forall i\in S$$

那么关于方程(4.1)，有如下结论成立：

(1) 方程(4.1) 在区间$[-\tau,\infty)$ 上存在唯一的全局解.

(2) 方程(4.1) 的全局解满足

$$\int_0^\infty E\,|x(t)|^p\mathrm{d}t<\infty,\forall p\in[2,q+1] \tag{4.13}$$

(3) 方程(4.1) 的全局解满足

$$\limsup_{t\to\infty}E\,|x(t)|^p\leqslant w,\forall p\in(0,q+1] \tag{4.14}$$

其中，w 是一个与方程(4.1) 的初值无关的正常数，换言之，方程(4.1) 的全局解是 p 阶矩渐近有界的.

证　对于所有的 $t\in\mathbb{R}_+$，定义 $\tilde{x}_t=\{x(t+v):v\in[-2\tau,0]\}$，$\tilde{r}_t=\{r(t+v):v\in[-2\tau,0]\}$. 为了使 $\tilde{x}_t$ 和 $\tilde{r}_t$ 在区间$[0,2\tau)$ 上有意义，令 $x(v)=\psi(-\tau)$ $(v\in[-2\tau,-\tau))$ 和 $r(v)=r_0\,(v\in[-2\tau,0))$，同时，对于所有的$(\boldsymbol{x},\boldsymbol{y},v,i)\in\mathbb{R}^n\times\mathbb{R}^n\times[-2\tau,0)\times S$，令 $f(\boldsymbol{x},\boldsymbol{y},v,i)=f(\boldsymbol{x},\boldsymbol{y},0,i)$ 和 $g(\boldsymbol{x},\boldsymbol{y},v,i)=g(\boldsymbol{x},\boldsymbol{y},$

$0,i)$. 记 $x(t)=x(t;\psi,r_0)(t\in[-\tau,\infty))$.

设计如下时滞依赖 Lyapunov-Krasovskiĭ 泛函

$$V(\tilde{x}_t,t,\tilde{r}_t)=\rho_{r(t)}\left(|x(t)|^2+\frac{1}{\tau}\int_{t-\tau}^{t}\int_{s}^{t}F(v)\mathrm{d}v\mathrm{d}s\right)+\beta_{r(t)}|x(t)|^{q+1} \tag{4.15}$$

其中，$F(v)=\tau\ |f(x(v),x(v-\tau(v)),v,r(v))|^2+|g(x(v),x(v-\tau(v)),v,r(v))|^2$，$\rho_{r(t)}>0$ 和 $\beta_{r(t)}>0(r(t)\in S)$.

记 $r(t)=i$，对于 $i\in S_1$，应用引理 2.2，不难计算出

$$\begin{aligned}LV(\tilde{x}_t,t,i)=&\ \rho_i(F(t)-\frac{1}{\tau}\int_{t-\tau(t)}^{t}F(s)\mathrm{d}s)+\sum_{j=1}^{M}\pi_{ij}(\rho_j\ |x(t)|^2+\beta_j|x(t)|^{q+1}+\\&\frac{\rho_j}{\tau}\int_{t-\tau(t)}^{t}\int_{s}^{t}F(v)\mathrm{d}v\mathrm{d}s)+2\rho_i(x^{\mathrm{T}}(t)f(x(t),x(t-\tau(t)),t,i)+\\&\frac{1}{2}\ |g(x(t),x(t-\tau(t)),t,i)|^2)+(q+1)\beta_i|x(t)|^{q-1}\cdot\\&(x^{\mathrm{T}}(t)f(x(t),x(t-\tau(t)),t,i)+\\&\frac{q}{2}\ |g(x(t),x(t-\tau(t)),t,i)|^2)\end{aligned} \tag{4.16}$$

应用引理 2.12，由式(4.2)(4.3) 和式(4.16) 推导出

$$\begin{aligned}LV(\tilde{x}_t,t,i)\leqslant&(\sum_{j=1}^{M}\pi_{ij}\rho_j+2\rho_i\alpha_{i1}+2\rho_iL_{i1}^2(\tau+1))\ |x(t)|^2+\\&(2\rho_i\alpha_{i2}+2\rho_iL_{i1}^2(\tau+1))\ |x(t-\tau(t))|^2+\\&(\sum_{j=1}^{M}\pi_{ij}\beta_j+(q+1)\beta_i\alpha_{i1}+(q-1)\beta_i\alpha_{i2})\,|x(t)|^{q+1}+\\&2\beta_i\alpha_{i2}\,|x(t-\tau(t))|^{q+1}+(\sum_{j=1}^{M}\pi_{ij}\rho_j-\frac{\rho_i}{\tau})\int_{t-\tau(t)}^{t}F(s)\mathrm{d}s\end{aligned} \tag{4.17}$$

根据基本不等式 $|x_1+x_2|^2\leqslant 2\ |x_1|^2+2\ |x_2|^2$，我们有

$$|x(t-\tau(t))|^2\leqslant 2\ |x(t)-x(t-\tau(t))|^2+2\ |x(t)|^2$$

把上述不等式代入式(4.17) 中计算出

$$\begin{aligned}LV(\tilde{x}_t,t,i)\leqslant&-a_{1i}\ |x(t)|^2+a_{2i}\ |x(t-\tau(t))|^2-\\&a_{3i}\,|x(t)|^{q+1}+a_{4i}\,|x(t-\tau(t))|^{q+1}+\\&4\rho_i\alpha_{i2}(|x(t)-x(t-\tau(t))|^2-\\&2\int_{t-\tau(t)}^{t}F(s)\mathrm{d}s)+H(i)\int_{t-\tau(t)}^{t}F(s)\mathrm{d}s\end{aligned} \tag{4.18}$$

相似地，对于 $i\in S_2$，推导出

$$LV(\tilde{x}_t,t,i)\leqslant -\bar{a}_{1i}\,|x(t)|^2+\bar{a}_{2i}\,|x(t-\tau(t))|^2-\bar{a}_{3i}\,|x(t)|^{q+1}+\bar{a}_{4i}\,|x(t-\tau(t))|^{q+1}-\bar{a}_{5i}\,|x(t)|^{2q}+\bar{a}_{6i}\,|x(t-\tau(t))|^{2q}+4\rho_i\alpha_{i2}\Big(|x(t)-x(t-\tau(t))|^2-2\int_{t-\tau(t)}^{t}F(s)\mathrm{d}s\Big)+H(i)\int_{t-\tau(t)}^{t}F(s)\mathrm{d}s \tag{4.19}$$

如文献[44]中的定理 3.15 所述，在假设 4.1 的条件下，方程(4.1)在区间$[-\tau,\sigma_\infty)$上存在唯一的最大局部解，其中 σ_∞ 表示爆发时间. 现在，我们需要证明$\sigma_\infty=\infty$ a. s. 来说明方程(4.1)存在唯一的全局解. 选择一个充分大的正整数k_0，使得 $\|\psi\|<k_0$，对于每个正整数 $k\geqslant k_0$，不失一般性，定义停时 $\gamma_k=\inf\{t\geqslant 0:|x(t)|\geqslant k\}$，且 $\inf\varnothing=\infty$. 显然，随着 $k\to\infty$，γ_k 是递增的，同时，$\gamma_\infty=\lim\limits_{k\to\infty}\gamma_k\leqslant\sigma_\infty$ a. s.. 因此我们只需要证明 $\gamma_\infty=\infty$ a. s. 就可以说明方程(4.1)在区间$[-\tau,\infty)$上存在唯一的全局解.

利用 Dynkin 公式，我们有

$$EV(\tilde{x}_{t\wedge\gamma_k},t\wedge\gamma_k,\tilde{r}_{t\wedge\gamma_k})=EV(\tilde{x}_0,0,\tilde{r}_0)+E\int_0^{t\wedge\gamma_k}LV(\tilde{x}_s,s,\tilde{r}_s)\mathrm{d}s \tag{4.20}$$

应用基本不等式$|x_1+x_2|^2\leqslant 2\,|x_1|^2+2\,|x_2|^2$，由方程(4.1)推导出

$$\begin{aligned}E\,|x(t)-x(t-\tau(t))|^2&\leqslant 2E\left|\int_{t-\tau(t)}^{t}f(x(s),x(s-\tau(s)),s,r(s))\mathrm{d}s\right|^2+2E\left|\int_{t-\tau(t)}^{t}g(x(s),x(s-\tau(s)),s,r(s))\mathrm{d}\omega(s)\right|^2\\&\leqslant 2E\int_{t-\tau(t)}^{t}F(s)\mathrm{d}s\end{aligned} \tag{4.21}$$

考虑时滞的相关信息，我们有

$$\int_0^t|x(s-\tau(s))|^{2q}\mathrm{d}s\leqslant\frac{1}{1-\bar{\tau}}\int_{-\tau}^{0}|\psi(s)|^{2q}\mathrm{d}s+\frac{1}{1-\bar{\tau}}\int_0^t|x(s)|^{2q}\mathrm{d}s \tag{4.22}$$

结合定理条件中式(4.6)～(4.12)和式(4.18)～(4.22)，计算出

$$EV(\tilde{x}_{t\wedge\gamma_k},t\wedge\gamma_k,\tilde{r}_{t\wedge\gamma_k})\leqslant EV(\tilde{x}_0,0,\tilde{r}_0)+E\int_0^{t\wedge\gamma_k}\big(-a_1\,|x(s)|^2+a_2\,|x(s-\tau(s))|^2-a_3\,|x(s)|^{q+1}+a_4\,|x(s-\tau(s))|^{q+1}\big)\mathrm{d}s+E\int_{-\tau}^{0}\frac{a_6}{1-\bar{\tau}}|\psi(s)|^{2q}\mathrm{d}s \tag{4.23}$$

根据

$$\int_0^t |x(s-\tau(s))|^2 ds \leqslant \frac{1}{1-\bar{\tau}}\int_{-\tau}^0 |\psi(s)|^2 ds + \frac{1}{1-\bar{\tau}}\int_0^t |x(s)|^2 ds$$

$$\int_0^t |x(s-\tau(s))|^{q+1} ds \leqslant \frac{1}{1-\bar{\tau}}\int_{-\tau}^0 |\psi(s)|^{q+1} ds + \frac{1}{1-\bar{\tau}}\int_0^t |x(s)|^{q+1} ds$$

再结合式(4.23)，推导出

$$EV(\tilde{x}_{t\wedge\gamma_k}, t\wedge\gamma_k, \tilde{r}_{t\wedge\gamma_k}) \leqslant b_1 - \left(a_1 - \frac{a_2}{1-\bar{\tau}}\right)E\int_0^{t\wedge\gamma_k} |x(s)|^2 ds - \left(a_3 - \frac{a_4}{1-\bar{\tau}}\right)E\int_0^{t\wedge\gamma_k} |x(s)|^{q+1} ds \quad (4.24)$$

其中，$b_1 = EV(\tilde{x}_0, 0, \tilde{r}_0) + \frac{1}{1-\bar{\tau}}E\int_{-\tau}^0 (a_2|\psi(s)|^2 + a_4|\psi(s)|^{q+1} + a_6|\psi(s)|^{2q})ds.$

对于任意的 $p\in[2,q+1]$，我们有

$$|x(t)|^p \leqslant |x(t)|^2 + |x(t)|^{q+1} \quad (4.25)$$

定义 $b_2 = (\min_{i\in S}\rho_i) \wedge (\min_{i\in S}\beta_i)$，根据定理条件中式(4.12)(4.15)(4.24)和(4.25)，不难计算出

$$b_2 E|x(t\wedge\gamma_k)|^p \leqslant b_1, \forall p\in[2,q+1] \quad (4.26)$$

这表明 $b_2 k^p P\{\gamma_k \leqslant t\} \leqslant b_1$. 令 $k\to\infty$，我们有 $P\{\gamma_\infty \leqslant t\}=0$，这说明 $\gamma_\infty > t$ a.s.. 再令 $t\to\infty$，我们有 $\gamma_\infty=\infty$ a.s.. 因此，方程(4.1)存在唯一的全局解.

定义 $\tilde{a} = \left(a_1 - \frac{a_2}{1-\bar{\tau}}\right) \wedge \left(a_3 - \frac{a_4}{1-\bar{\tau}}\right)$，由定理条件中式(4.12)(4.24)得到

$$E\int_0^{t\wedge\gamma_k} (|x(s)|^2 + |x(s)|^{q+1})ds \leqslant \frac{b_1}{\tilde{a}}$$

把式(4.25)代入上述不等式中计算出

$$E\int_0^{t\wedge\gamma_k} |x(s)|^p ds \leqslant \frac{b_1}{\tilde{a}}, \forall p\in[2,q+1] \quad (4.27)$$

令 $k\to\infty$，利用 Fatou 引理[76] 和 Fubini 定理[76]，由式(4.27)推导出

$$\int_0^t E|x(s)|^p ds \leqslant \frac{b_1}{\tilde{a}}, \forall p\in[2,q+1]$$

再令 $t\to\infty$，我们有

$$\int_0^\infty E|x(s)|^p ds \leqslant \frac{b_1}{\tilde{a}} < \infty, \forall p\in[2,q+1]$$

这表明定理 4.1 的第二个结论成立.

对于 $\forall\kappa\geqslant 0$，定义以下两个函数

$$G_1(\kappa)=\kappa b_3-a_1+\frac{a_2\mathrm{e}^{\kappa\tau}}{1-\bar{\tau}},G_2(\kappa)=\kappa b_3-a_3+\frac{a_4\mathrm{e}^{\kappa\tau}}{1-\bar{\tau}}$$

其中，$b_3=(\max\limits_{i\in S}\rho_i)\vee(\max\limits_{i\in S}\beta_i)$. 根据定理条件中式(4.12)，不难发现函数 $G_1(\kappa)$ 和 $G_2(\kappa)$ 关于 κ 都是严格递增的，且 $G_1(0)=\frac{a_2}{1-\bar{\tau}}-a_1<0,G_2(0)=\frac{a_4}{1-\bar{\tau}}-a_3<0$，$\lim\limits_{\kappa\to+\infty}G_1(\kappa)=+\infty$ 和 $\lim\limits_{\kappa\to+\infty}G_2(\kappa)=+\infty$. 由零点定理可知，存在唯一的正根 κ_1^* 和 κ_2^* 使得 $G_1(\kappa_1^*)=0$ 和 $G_2(\kappa_2^*)=0$. 因此，对于 $\forall\kappa_0\in(0,\kappa_2^*)$，都有 $G_2(\kappa_0)<0$. 定义函数

$$G(u)=G_1(\kappa_0)u^2+G_2(\kappa_0)u^{q+1}\tag{4.28}$$

由于 $q+1>2$，我们有 $b_4=\sup\limits_{u\geqslant 0}G(u)<\infty$.

由定理条件中式(4.12)可知，对于任意的 $i\in S_2$，存在一个充分小的实数 $\kappa_0>0$ 使得 $a_5-\frac{a_6\mathrm{e}^{\kappa_0\tau}}{1-\bar{\tau}}\geqslant 0$ 成立. 进而，根据式(4.22)，计算出

$$\begin{aligned}&-a_5E\int_0^t\mathrm{e}^{\kappa_0 s}|x(s)|^{2q}\mathrm{d}s+a_6E\int_0^t\mathrm{e}^{\kappa_0 s}|x(s-\tau(s))|^{2q}\mathrm{d}s\\&\leqslant\frac{a_6\tau\mathrm{e}^{\kappa_0\tau}}{1-\bar{\tau}}E\|\psi\|^{2q}-\left(a_5-\frac{a_6\mathrm{e}^{\kappa_0\tau}}{1-\bar{\tau}}\right)E\int_0^t\mathrm{e}^{\kappa_0 s}|x(s)|^{2q}\mathrm{d}s\\&\leqslant a_6\tau\mathrm{e}^{\kappa_0\tau}E\|\psi\|^{2q}\end{aligned}\tag{4.29}$$

利用 Dynkin 公式，我们有

$$\mathrm{e}^{\kappa_0 t}EV(\tilde{x}_t,t,\tilde{r}_t)=EV(\tilde{x}_0,0,\tilde{r}_0)+E\int_0^t\mathrm{e}^{\kappa_0 s}(\kappa_0V(\tilde{x}_s,s,\tilde{r}_s)+LV(\tilde{x}_s,s,\tilde{r}_s))\mathrm{d}s$$

再结合定理条件中式(4.6)～(4.10)，式(4.15)，式(4.18)～(4.23)和式(4.29)，得到

$$\begin{aligned}\mathrm{e}^{\kappa_0 t}EV(\tilde{x}_t,t,\tilde{r}_t)\leqslant{}&EV(\tilde{x}_0,0,\tilde{r}_0)+E\int_0^t\kappa_0b_3\mathrm{e}^{\kappa_0 s}(|x(s)|^2+|x(s)|^{q+1})\mathrm{d}s+\\&E\int_0^t\int_{t-\tau}^t\kappa_0b_5\mathrm{e}^{\kappa_0 s}F(v)\mathrm{d}v\mathrm{d}s+E\int_0^t\mathrm{e}^{\kappa_0 s}(-a_1|x(s)|^2+\\&a_2|x(s-\tau(s))|^2-a_3|x(s)|^{q+1}+\\&a_4|x(s-\tau(s))|^{q+1})\mathrm{d}s+\\&E\int_0^t\int_{t-\tau}^t\mathrm{e}^{\kappa_0 s}H(r(s))F(v)\mathrm{d}v\mathrm{d}s+\frac{a_6\tau\mathrm{e}^{\kappa_0\tau}}{1-\bar{\tau}}E\|\psi\|^{2q}\end{aligned}\tag{4.30}$$

其中，$b_5=\max\limits_{i\in S}\rho_i$. 此外，考虑时滞的相关信息，得到

$$E\int_{0}^{t}\mathrm{e}^{\kappa_0 s}\ |x(s-\tau(s))|^2\mathrm{d}s\leqslant\frac{\tau\mathrm{e}^{\kappa_0\tau}}{1-\bar{\tau}}E\ \|\psi\|^2+\frac{\mathrm{e}^{\kappa_0\tau}}{1-\bar{\tau}}E\int_{0}^{t}\mathrm{e}^{\kappa_0 s}\ |x(s)|^2\mathrm{d}s \tag{4.31}$$

$$E\int_{0}^{t}\mathrm{e}^{\kappa_0 s}|x(s-\tau(s))|^{q+1}\mathrm{d}s\leqslant\frac{\tau\mathrm{e}^{\kappa_0\tau}}{1-\bar{\tau}}E\|\psi\|^{q+1}+\frac{\mathrm{e}^{\kappa_0\tau}}{1-\bar{\tau}}E\int_{0}^{t}\mathrm{e}^{\kappa_0 s}|x(s)|^{q+1}\mathrm{d}s \tag{4.32}$$

由定理条件中式(4.11)可知,对于任意的$i\in S$,存在一个充分小的实数$\kappa_0>0$使得$H(i)+\kappa_0 b_5\leqslant 0$成立. 对于任意的$p\in[2,q+1]$,把式(4.31)和式(4.32)代入式(4.30)中得到

$$b_2\mathrm{e}^{\kappa_0 t}E\ |x(t)|^p\leqslant b_6+E\int_{0}^{t}\mathrm{e}^{\kappa_0 s}G(|x(s)|)\mathrm{d}s\leqslant b_6+\frac{b_4\mathrm{e}^{\kappa_0 t}}{\kappa_0} \tag{4.33}$$

其中,$b_6=EV(\tilde{x}_0,0,\tilde{r}_0)+\left(\frac{\tau\mathrm{e}^{\kappa_0\tau}}{1-\bar{\tau}}\right)(a_2E\ \|\psi\|^2+a_4E\|\psi\|^{q+1}+a_6E\|\psi\|^{2q})$.

令$t\to\infty$,由式(4.33)推导出

$$\limsup_{t\to\infty}E\ |x(t)|^p\leqslant\frac{b_4}{\kappa_0 b_2},\ \forall p\in[2,q+1] \tag{4.34}$$

利用引理2.10,我们有

$$E\ |x(t)|^p\leqslant(E\ |x(t)|^2)^{\frac{p}{2}}\leqslant\left(\frac{2b_6}{b_2}\right)^{\frac{p}{2}}\mathrm{e}^{-\frac{p\kappa_0}{2}t}+\left(\frac{2b_4}{\kappa_0 b_2}\right)^{\frac{p}{2}},\ \forall p\in(0,2)$$

令$t\to\infty$,显然有

$$\limsup_{t\to\infty}E\ |x(t)|^p\leqslant\left(\frac{2b_4}{\kappa_0 b_2}\right)^{\frac{p}{2}},\ \forall p\in(0,2) \tag{4.35}$$

因此,由式(4.34)和式(4.35)可知,方程(4.1)的全局解是$p(p\in(0,q+1])$阶矩渐近有界的.

注4.2 值得强调的是,定理4.1的条件包含时变时滞的上界及其导数上界,与文献[53]和[54]的结果相比,定理4.1的保守性有所降低. 与文献[53]和[54]中选取的Lyapunov函数不同,上述定理所构造的Lyapunov-Krasovskiĭ泛函(4.15)包含一个具有非线性函数最高阶的项$|x(t)|^{q+1}$,这可以有效地解决推导过程中由于非线性结构在不同模态下的差异带来的困难.

定理4.2 如果定理4.1的条件成立,那么存在一个充分小的实数$\bar{\kappa}>0$使得方程(4.1)的全局解满足

$$\limsup_{t\to\infty}\frac{1}{t}\log(E\ |x(t)|^p)\leqslant-\frac{p\bar{\kappa}}{2},\ \forall p\in(0,q+1] \tag{4.36}$$

其中,$\bar{\kappa}=\min\{\kappa_1^*,\kappa_2^*,\kappa_3^*,\kappa_4^*\}$,$\kappa_1^*$,$\kappa_2^*$,$\kappa_3^*$和$\kappa_4^*$分别是等式$G_1(\kappa)=0$,$G_2(\kappa)=$

0,$G_3(\kappa)=0$ 和 $G_4(\kappa)=0$ 的唯一的正根,$G_1(\kappa)$,$G_2(\kappa)$,$G_3(\kappa)$ 和 $G_4(\kappa)$ 的具体表达式为

$$G_1(\kappa)=\kappa b_3-a_1+\frac{a_2\mathrm{e}^{\kappa\tau}}{1-\bar{\tau}} \tag{4.37}$$

$$G_2(\kappa)=\kappa b_3-a_3+\frac{a_4\mathrm{e}^{\kappa\tau}}{1-\bar{\tau}} \tag{4.38}$$

$$G_3(\kappa)=-a_5+\frac{a_6\mathrm{e}^{\kappa\tau}}{1-\bar{\tau}} \tag{4.39}$$

$$G_4(\kappa)=\max_{i\in S}H(i)+\kappa b_5 \tag{4.40}$$

$$b_3=(\max_{i\in S}\rho_i)\vee(\max_{i\in S}\beta_i),b_5=\max_{i\in S}\rho_i \tag{4.41}$$

且其他参数如定理 4.1 所示. 换言之,方程(4.1) 的全局解是 p 阶矩指数稳定的.

证　由式(4.37) ~ (4.41) 可知,$G_l(0)<0$,且$\dfrac{\mathrm{d}G_l(\kappa)}{\mathrm{d}t}>0(l=1,2,3,4)$,因此,等式 $G_l(\kappa)=0(l=1,2,3,4)$ 分别存在唯一的正根. 应用与式(4.33) 类似的推导过程,我们有

$$b_2\mathrm{e}^{\bar{\kappa}t}E\,|x(t)|^p\leqslant b_7,\forall p\in[0,q+1] \tag{4.42}$$

其中,$b_7=EV(\tilde{x}_0,0,\tilde{r}_0)+\left(\dfrac{\tau\mathrm{e}^{\bar{\kappa}\tau}}{1-\bar{\tau}}\right)(a_2E\,\|\psi\|^2+a_4E\,\|\psi\|^{q+1}+a_6E\,\|\psi\|^{2q})$.

令 $t\to\infty$,根据式(4.42),不难得到

$$\lim_{t\to\infty}\sup\frac{1}{t}\log(E\,|x(t)|^p)\leqslant-\bar{\kappa},\forall p\in[2,q+1] \tag{4.43}$$

利用引理 2.10,推导出

$$E\,|x(t)|^p\leqslant(E\,|x(t)|^2)^{\frac{p}{2}}\leqslant\left(\frac{b_7}{b_2}\right)^{\frac{p}{2}}\mathrm{e}^{-\frac{p\bar{\kappa}}{2}t},\forall p\in(0,2)$$

再令 $t\to\infty$,由上式推导出

$$\lim_{t\to\infty}\sup\frac{1}{t}\log(E\,|x(t)|^p)\leqslant-\frac{p\bar{\kappa}}{2},\forall p\in(0,2) \tag{4.44}$$

基于以上分析,由式(4.43) 和式(4.44) 可知,方程(4.1) 的全局解是 $p(p\in(0,q+1])$ 阶矩指数稳定的.

注 4.3　对于任意的 $p\in(0,q+1]$ 且 $q>1$,定理 4.1 和定理 4.2 推导出了保证方程(4.1) 的全局解 p 阶矩渐近有界和 p 阶矩指数稳定的充分性判据. 而文献[74] 中给出的定理 4.5 和定理 5.4 只考虑了 $p\geqslant2$ 的情况. 由于 $q+1>2$,因此定理 4.2 给出的 p 比文献[74] 中的范围大. 另外,由于构造了时滞依赖

Lyapunov-Krasovskiĭ 泛函,因此获得的时滞相关稳定性判据的保守性也有所降低.

定理 4.3 对于 $0 < p \leqslant 2$ 和所有的 $i \in S_1$,令假设 4.2 中的 $\alpha_{i1} < 0$,如果定理 4.1 的条件成立,那么方程(4.1) 的全局解是 p 阶矩渐近稳定的.

证 对于所有的 $i \in S_1$,设 $\alpha_{i1} < 0$,则根据假设 4.2,对于所有的 $i \in S$,推导出

$$x^{\mathrm{T}}(t) f(x(t), x(t-\tau(t)), t, i) + \frac{q}{2} \left| g(x(t), x(t-\tau(t)), t, i) \right|^2$$

$$\leqslant \bar{\alpha}_2 \left| x(t-\tau(t)) \right|^2 + \bar{\alpha}_4 \left| x(t-\tau(t)) \right|^{q+1} \tag{4.45}$$

其中,$\bar{\alpha}_2 = \max\limits_{i \in S} \alpha_{i2}$ 和 $\bar{\alpha}_4 = \max\limits_{i \in S_2} \alpha_{i4}$.

对于 $\forall t \geqslant 0$,由式(4.26) 计算出

$$E \left| x(t) \right|^p \leqslant \frac{b_1}{b_2}, \forall p \in [2, q+1]$$

对于 $\forall t \geqslant 0$,我们有

$$E \left| x(t-\tau(t)) \right|^2 \leqslant \max\left\{ E \| \psi \|^2, \frac{b_1}{b_2} \right\} \tag{4.46}$$

$$E \left| x(t-\tau(t)) \right|^{q+1} \leqslant \max\left\{ E \| \psi \|^{q+1}, \frac{b_1}{b_2} \right\} \tag{4.47}$$

对于任意的 $0 \leqslant t_1 < t_2 < \infty$,利用引理 2.2,得到

$$E \left| x(t_2) \right|^2 - E \left| x(t_1) \right|^2 = 2E \int_{t_1}^{t_2} \Big(x^{\mathrm{T}}(s) f(x(s), x(s-\tau(s)), s, r(s)) + \frac{1}{2} \left| g(x(s), x(s-\tau(s)), s, r(s)) \right|^2 \Big) \mathrm{d}s$$

将式(4.45) ~ (4.47) 代入上述不等式计算出

$$\begin{aligned} E \left| x(t_2) \right|^2 - E \left| x(t_1) \right|^2 &\leqslant 2E \int_{t_1}^{t_2} \left(\bar{\alpha}_2 \left| x(s-\tau(s)) \right|^2 + \bar{\alpha}_4 \left| x(s-\tau(s)) \right|^{q+1} \right) \mathrm{d}s \\ &\leqslant (2\bar{\alpha}_2 + 2\bar{\alpha}_4) \max\left\{ E \| \psi \|^2, E \| \psi \|^{q+1}, \frac{b_1}{b_2} \right\} (t_2 - t_1) \end{aligned}$$

依据以上分析,$E \left| x(t) \right|^2$ 在区间 $t \in [0, \infty)$ 上是一致连续的.

利用引理 2.3,由式(4.13) 推导出

$$\lim_{t \to \infty} E \left| x(t) \right|^2 = 0$$

利用引理 2.10,计算出

$$\lim_{t \to \infty} E \left| x(t) \right|^p = 0, \forall p \in (0, 2)$$

因此,由定义 3.1 可知,方程(4.1) 的全局解是 $p(0 < p \leqslant 2)$ 阶矩渐近稳定的.

定理 4.4　如果定理 4.1 和定理 4.3 的条件成立，那么方程(4.1)的全局解是几乎处处渐近稳定的.

证　证明过程与文献[44]中的定理 3.15 相似，故略去.

如果系统(4.1)中的时滞为常值，那么得到如下的定常时滞非线性混杂随机微分方程

$$dx(t)=f(x(t),x(t-\tau),t,r(t))dt+g(x(t),x(t-\tau),t,r(t))d\omega(t) \tag{4.48}$$

其中，τ 表示定常时滞，是一个已知的正常数，并且由前文的定理给出下面的推论 4.1 ~ 4.4.

推论 4.1　在假设 4.1 和假设 4.2 的条件下，如果存在标量 $\rho_i>0$ 和 $\beta_i>0(i\in S)$ 使得下列不等式成立

$$a_1=(\min_{i\in S_1}a_{1i})\wedge(\min_{i\in S_2}\bar{a}_{1i})>0 \tag{4.49}$$

$$a_2=(\max_{i\in S_1}a_{2i})\vee(\max_{i\in S_2}\bar{a}_{2i})>0 \tag{4.50}$$

$$a_3=(\min_{i\in S_1}a_{3i})\wedge(\min_{i\in S_2}\bar{a}_{3i})>0 \tag{4.51}$$

$$a_4=(\max_{i\in S_1}a_{4i})\vee(\max_{i\in S_2}\bar{a}_{4i})>0 \tag{4.52}$$

$$a_5=\min_{i\in S_2}\bar{a}_{5i}>0,a_6=\max_{i\in S_2}\bar{a}_{6i}>0 \tag{4.53}$$

$$H(i)<0,\forall i\in S \tag{4.54}$$

$$\min\{a_1-a_2,a_3-a_4,a_5-a_6\}>0 \tag{4.55}$$

其中，其他参数均如定理 4.1 中所示，那么关于方程(4.48)，有如下结论成立：

(1) 方程(4.48)在区间$[-\tau,\infty)$上存在唯一的全局解.

(2) 方程(4.48)的全局解满足

$$\int_0^{\infty}E|x(t)|^p dt<\infty,\forall p\in[2,q+1]$$

(3) 方程(4.48)的全局解满足

$$\limsup_{t\to\infty}E|x(t)|^p\leqslant w,\forall p\in(0,q+1]$$

其中，w 是一个与方程(4.48)的初值无关的正常数，换言之，方程(4.48)的全局解是 p 阶矩渐近有界的.

推论 4.2　如果推论 4.1 的条件成立，那么存在一个充分小的正标量 $\bar{\kappa}$ 使得方程(3.48)的全局解满足

$$\limsup_{t\to\infty}\frac{1}{t}\log(E|x(t)|^p)\leqslant-\frac{p\bar{\kappa}}{2},\forall p\in(0,q+1]$$

其中，$\bar{\kappa}=\min\{\kappa_1^*,\kappa_2^*,\kappa_3^*,\kappa_4^*\}$，$\kappa_1^*,\kappa_2^*,\kappa_3^*$ 和 κ_4^* 分别是等式 $G_1(\kappa)=0,G_2(\kappa)=$

$0, G_3(\kappa)=0$ 和 $G_4(\kappa)=0$ 的唯一的正根，$G_1(\kappa), G_2(\kappa), G_3(\kappa)$ 和 $G_4(\kappa)$ 的具体表达式分别为

$$G_1(\kappa)=\kappa b_3-a_1+a_2 e^{\kappa\tau}$$
$$G_2(\kappa)=\kappa b_3-a_3+a_4 e^{\kappa\tau}$$
$$G_3(\kappa)=-a_5+a_6 e^{\kappa\tau}$$
$$G_4(\kappa)=\max_{i\in S} H(i)+\kappa b_5$$

且其他参数如定理 4.1、定理 4.2 和推论 4.1 所示. 换言之，方程(4.48) 的全局解是 p 阶矩指数稳定的.

推论 4.3 对于 $0<p\leqslant 2$ 和所有的 $i\in S_1$，令假设 4.2 中的 $\alpha_{i1}<0$，如果推论 4.1 的条件成立，那么方程(4.48) 的全局解是 p 阶矩渐近稳定的.

推论 4.4 如果推论 4.1 和推论 4.3 的条件成立，那么方程(4.48) 的全局解是几乎处处渐近稳定的.

4.4 数值计算与模拟仿真

本节给出两个数值算例来验证本章获得的时滞相关稳定性判据的可行性和优越性.

算例 4.1 考虑如下具有时变时滞的不同模态下不同结构的一维非线性混杂随机微分方程

$$dx(t)=f(x(t),t,r(t))dt+g(x(t-\tau(t)),t,r(t))d\omega(t) \tag{4.56}$$

其中，$\omega(t)$ 表示一个一维 Brown 运动，$r(t)$ 表示一个在 $S=\{1,2\}$ 上取值的右连续 Markov 链，其对应的转移速率矩阵如下

$$\boldsymbol{\Pi}=\begin{bmatrix}-10 & 10\\ 2 & -2\end{bmatrix}$$

时变时滞为 $\tau(t)=0.05(\sin(2t)+1)$，且 $\tau=0.1$ 和 $\bar{\tau}=0.1$，非线性函数为

$$f(x(t),t,r(t))=\begin{cases}-0.3x(t), & r(t)=1\\ -0.2x(t)-0.2x^3(t), & r(t)=2\end{cases}$$

$$g(x(t-\tau(t)),t,r(t))=\begin{cases}0.2x(t-\tau(t)), & r(t)=1\\ 0.1x^2(t-\tau(t)), & r(t)=2\end{cases}$$

显然，上述非线性函数满足假设 4.1. 令 $S_1=\{1\}$ 和 $S_2=\{2\}$，非线性函数 $f(x(t),t,r(t))$ 和 $g(x(t-\tau(t)),t,r(t))$ 在不同的状态子空间 S_1 和 S_2 下具有不同的结构，当取 $q=3$ 时，我们有

$$|f(x(t),t,1)|\vee|g(x(t-\tau(t)),t,1)|\leqslant 0.3(|x(t)|+|x(t-\tau(t))|)$$

$$
\begin{aligned}
& |f(x(t),t,2)| \vee |g(x(t-\tau(t)),t,2)| \\
\leqslant\ & 0.2(|x(t)|+|x(t-\tau(t))|+|x(t)|^3+|x(t-\tau(t))|^3) \\
& x^{\mathrm{T}}(t)f(x(t),t,1)+1.5\,|g(x(t-\tau(t)),t,1)|^2 \\
\leqslant\ & -0.3\,|x(t)|^2+0.06\,|x(t-\tau(t))|^2 \\
& x^{\mathrm{T}}(t)f(x(t),t,2)+1.5\,|g(x(t-\tau(t)),t,2)|^2 \\
\leqslant\ & -0.2\,|x(t)|^2-0.2\,|x(t)|^4+0.015\,|x(t-\tau(t))|^4
\end{aligned}
$$

当选取假设 4.2 中的参数为 $L_{11}=0.3, L_{22}=0.2, \alpha_{11}=-0.3, \alpha_{12}=0.06, \bar{\alpha}_{21}=0.2, \alpha_{22}=0, \alpha_{23}=0.2$ 和 $\alpha_{24}=0.015$ 时，上述非线性函数均满足假设 4.2 的条件.

依据定理 4.1，计算出

$$
\begin{gathered}
\rho_1=0.796, \rho_2=0.787\,5, \beta_1=3.416\,6, \beta_2=3.400\,4 \\
a_1=0.159\,4, a_2=0.157\,6, a_3=3.002\,9, a_4=0.41 \\
a_5=2.513\,7, a_6=0.274\,6, H(1)=-7.662\,6, H(2)=-7.858\,2
\end{gathered}
$$

由此可知，定理 4.1 中的式(4.6) ~ (4.12) 均成立. 由定理 4.1 可知，方程(4.56) 的全局解是 $p(p\in(0,4])$ 阶矩渐近有界的. 由定理 4.2 ~ 4.4 可知，方程(4.56) 的全局解是 $p(p\in(0,4])$ 阶矩指数稳定的、$p(p\in(0,2])$ 阶矩渐近稳定的和几乎处处渐近稳定的. 设方程(4.56) 的初值为 $x(t)=0.3(t\in[-0.1,0])$ 和 $r_0=2$. 基于以上参数，设定程序运行区间为[0,50]，相应仿真结果如图 4.1 ~ 4.3 所示.

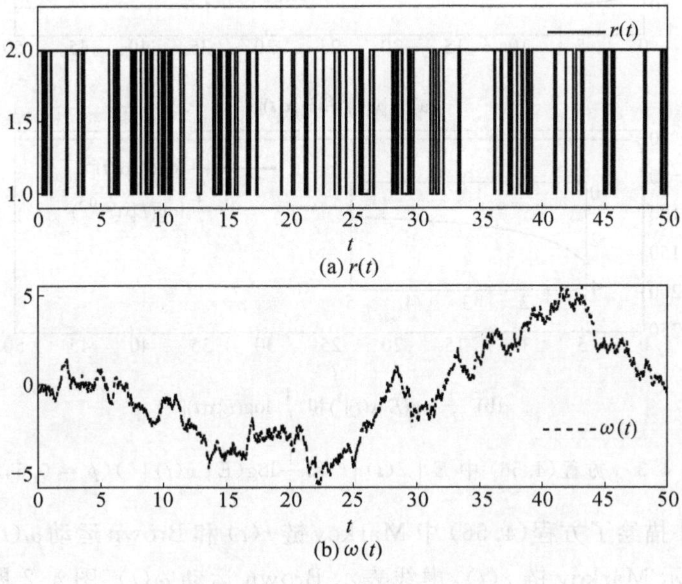

(a) $r(t)$

(b) $\omega(t)$

图 4.1　方程(4.56) 中 $r(t)$ 和 $\omega(t)$

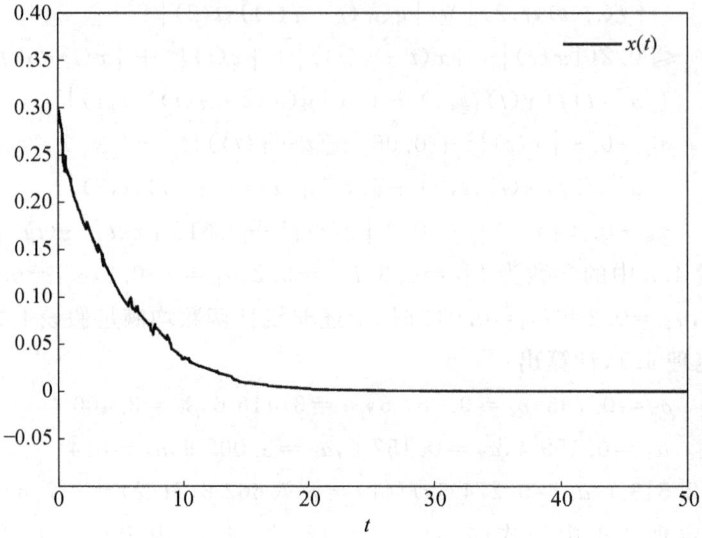

图 4.2　方程(4.56) 中 $x(t)$

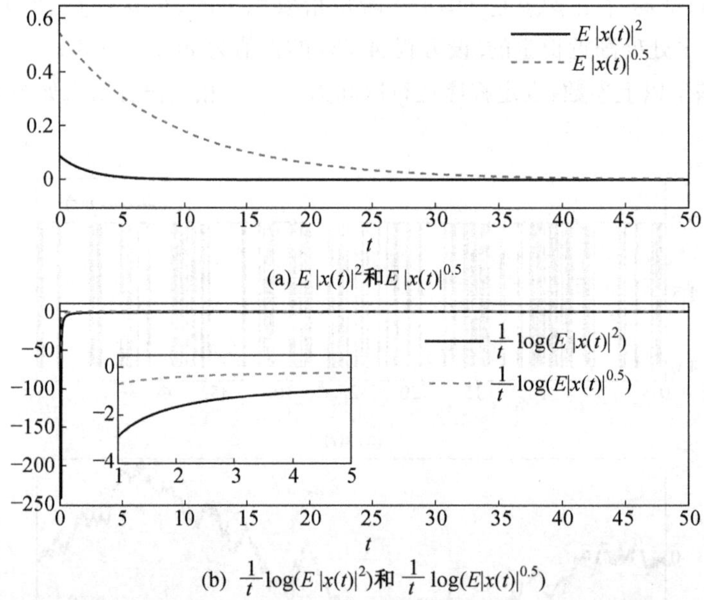

图 4.3　方程(4.56) 中 $E\mid x(t)\mid^{p}$ 和$\frac{1}{t}\log(E\mid x(t)\mid^{p})(p=0.5,2)$

图 4.1 描绘了方程(4.56) 中 Markov 链 $r(t)$ 和 Brown 运动 $\omega(t)$ 的样本路径,实线表示 Markov 链 $r(t)$,虚线表示 Brown 运动 $\omega(t)$. 图 4.2 展示了方程(4.56) 中 $x(t)$ 的样本路径. 从图 4.2 中可以直观地看出方程(4.56) 的全局解是

稳定的. 图 4.3 描绘了方程(4.56)中 $E|x(t)|^2$, $E|x(t)|^{0.5}$, $\frac{1}{t}\log(E|x(t)|^2)$ 和 $\frac{1}{t}\log(E|x(t)|^{0.5})$ 的轨迹曲线，图 4.3(a)的实线为 $E|x(t)|^2$、虚线为 $E|x(t)|^{0.5}$，图 4.3(b)的实线为 $\frac{1}{t}\log(E|x(t)|^2)$、虚线为 $\frac{1}{t}\log(E|x(t)|^{0.5})$. 从图 4.3 中清楚地发现方程(4.56)的全局解在均方和 0.5 阶矩意义下都是渐近稳定和指数稳定的. 本次仿真实验中数据的期望值为 200 条样本路径的平均值，即 $E|x(t)|^2=\frac{1}{200}\sum_{i=1}^{200}|x(t,\omega_i)|^2$ 和 $E|x(t)|^{0.5}=\frac{1}{200}\sum_{i=1}^{200}|x(t,\omega_i)|^{0.5}$，其中 $x(t,\omega_i)$ 表示随机过程 $x(t)$ 的第 i 条样本路径.

算例 4.2　考虑如下具有定常时滞的不同模态下不同结构的一维非线性混杂随机微分方程

$$dx(t)=f(x(t),t,r(t))dt+g(x(t-\tau),t,r(t))d\omega(t) \tag{4.57}$$

其中，$\omega(t)$ 表示一个一维 Brown 运动，$r(t)$ 表示一个在 $S=\{1,2,3\}$ 中取值的右连续 Markov 链，其对应的转移速率矩阵如下

$$\boldsymbol{\Pi}=\begin{bmatrix}-11 & 8 & 3\\ 1 & -3 & 2\\ 3 & 3 & -6\end{bmatrix}$$

定常时滞为 $\tau=0.16$，非线性函数为

$$f(x(t),t,r(t))=\begin{cases}-0.28x(t), & r(t)=1\\ -0.3x(t), & r(t)=2\\ -0.1x(t)-0.2x^2(t), & r(t)=3\end{cases}$$

$$g(x(t-\tau),t,r(t))=\begin{cases}0.17x(t-\tau), & r(t)=1\\ 0.1x(t-\tau), & r(t)=2\\ 0.08x^{3/2}(t-\tau), & r(t)=3\end{cases}$$

显然，上述非线性函数满足假设 4.1. 令 $S_1=\{1,2\}$ 和 $S_2=\{3\}$，非线性函数 $f(x(t),t,r(t))$ 和 $g(x(t-\tau),t,r(t))$ 在不同的状态子空间 S_1 和 S_2 下具有不同的结构，当取 $q=2$ 时，计算出

$$|f(x(t),t,1)|\vee|g(x(t-\tau),t,1)|\leqslant 0.28(|x(t)|+|x(t-\tau)|)$$

$$|f(x(t),t,2)|\vee|g(x(t-\tau),t,2)|\leqslant 0.3(|x(t)|+|x(t-\tau)|)$$

$$|f(x(t),t,3)|\vee|g(x(t-\tau),t,3)|$$
$$\leqslant 0.2(|x(t)|+|x(t-\tau)|+|x(t)|^2+|x(t-\tau)|^2)$$

$$x^{\mathrm{T}}(t)f(x(t),t,1)+|g(x(t-\tau),t,1)|^2$$

$$\leqslant -0.28\,|x(t)|^2 + 0.0289\,|x(t-\tau)|^2$$

$$x^{\mathrm{T}}(t)f(x(t),t,2) + |g(x(t-\tau),t,2)|^2$$

$$\leqslant -0.3\,|x(t)|^2 + 0.01\,|x(t-\tau)|^2$$

$$x^{\mathrm{T}}(t)f(x(t),t,3) + |g(x(t-\tau),t,3)|^2$$

$$\leqslant -0.1\,|x(t)|^2 - 0.2\,|x(t)|^3 + 0.0064\,|x(t-\tau)|^3$$

当选取假设 4.2 中的参数为 $L_{11}=0.28$，$L_{21}=0.3$，$L_{32}=0.2$，$\alpha_{11}=-0.28$，$\alpha_{12}=0.0289$，$\alpha_{21}=-0.3$，$\alpha_{22}=0.01$，$\bar{\alpha}_{31}=0.1$，$\alpha_{32}=0$，$\alpha_{33}=0.2$ 和 $\alpha_{34}=0.0064$ 时，上述非线性函数均满足假设 4.2 的条件.

依据推论 4.1，计算出

$$\rho_1=0.1937,\rho_2=0.1908,\rho_3=0.1995,\beta_1=1.5237$$

$$\beta_2=1.4871,\beta_3=1.6069,a_1=0.0464,a_2=0.0398$$

$$a_3=1.0475,a_4=0.0881,a_5=0.9194,a_6=0.0602$$

$$H(1)=-1.1715,H(2)=-1.1572,H(3)=-1.2906$$

因此，推论 4.1 中的式(4.49)～(4.55)均成立. 由推论 4.1 可知，方程(4.57)的全局解是 $p(p\in(0,3])$ 阶矩渐近有界的. 由推论 4.2～4.4 可知，方程(4.57)的全局解是 $p(p\in(0,3])$ 阶矩指数稳定的、$p(p\in(0,2])$ 阶矩渐近稳定的和几乎处处渐近稳定的. 设方程(4.57)的初值为 $x(t)=0.8(t\in[-0.16,0])$ 和 $r_0=3$. 基于以上参数，设定程序运行区间为[0,50]，相应仿真结果如图 4.4～4.6 所示. 同时，在图 4.4 中还给出了针对时滞 $\tau=0.04$ 的仿真结果，以比较定常时滞大小对系统的解 $x(t)$ 的样本路径的影响.

图 4.4 描绘了方程(4.57)中 $x(t)$ 的样本路径，实线表示定常时滞为 $\tau=0.16$ 时的 $x(t)$，虚线表示定常时滞为 $\tau=0.04$ 时的 $x(t)$. 从图 4.4 中可以看出 $\tau=0.04$ 时方程(4.57)的全局解比 $\tau=0.16$ 时较早趋于稳定，这说明定常时滞大小对系统方程的稳定性会产生一定的影响，即时滞越小，系统的解的轨迹就越早趋于稳定.

图 4.5 展示了方程(4.57)中 Markov 链 $r(t)$ 和 Brown 运动 $\omega(t)$ 的样本路径，实线表示 Markov 链 $r(t)$，虚线表示 Brown 运动 $\omega(t)$. 图 4.6 描绘了方程(4.57)中 $E\,|x(t)|^2$，$E|x(t)|^{0.5}$，$\frac{1}{t}\log(E\,|x(t)|^2)$ 和 $\frac{1}{t}\log(E|x(t)|^{0.5})$ 的轨迹曲线，图 4.6(a)的实线为 $E\,|x(t)|^2$、虚线为 $E\,|x(t)|^{0.5}$，图 4.6(b)的实线为 $\frac{1}{t}\log(E\,|x(t)|^2)$、虚线为 $\frac{1}{t}\log(E|x(t)|^{0.5})$. 从图 4.6 中清楚地发现方程(4.57)的全局解在均方和 0.5 阶矩意义下都是渐近稳定和指数稳定的. 本次仿

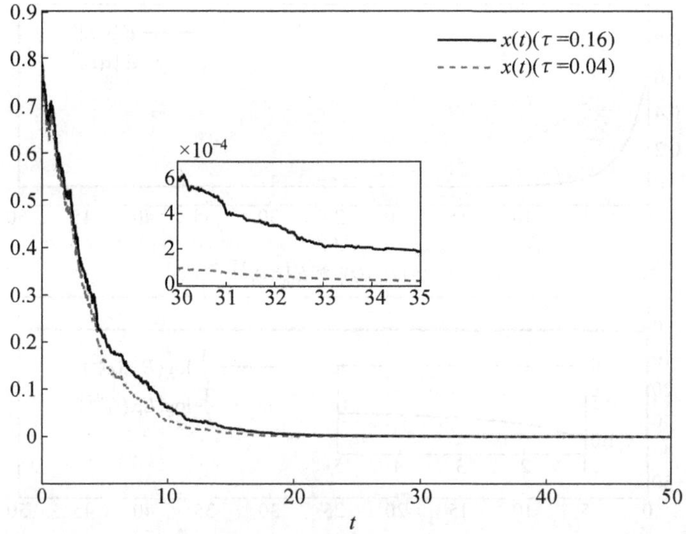

图 4.4　方程(4.57) 中 $x(t)$

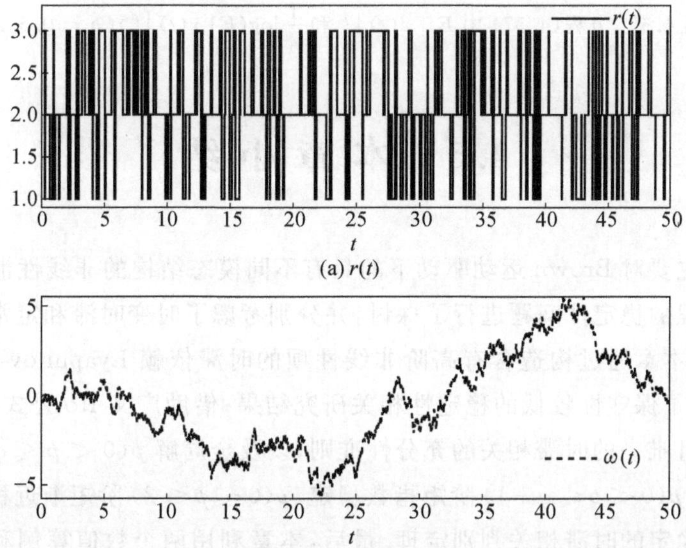

(a) $r(t)$

(b) $\omega(t)$

图 4.5　方程(4.57) 中 $r(t)$ 和 $\omega(t)$

真实验中数据的期望值为 200 条样本路径的平均值，即 $E\ |x(t)|^2 = \frac{1}{200}\sum_{i=1}^{200}|x(t,\omega_i)|^2$ 和 $E|x(t)|^{0.5} = \frac{1}{200}\sum_{i=1}^{200}|x(t,\omega_i)|^{0.5}$，其中 $x(t,\omega_i)$ 表示随机过程 $x(t)$ 的第 i 条样本路径.

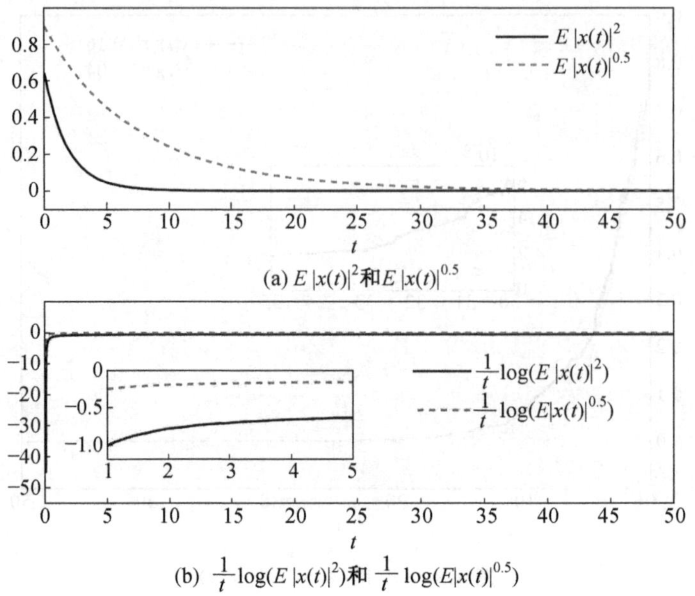

图 4.6　方程(4.57)中 $E|x(t)|^p$ 和 $\frac{1}{t}\log(E|x(t)|^p)(p=0.5,2)$

4.5　本章小结

本章主要对 Brown 运动驱动下的具有不同模态结构的非线性混杂随机时滞微分方程的稳定性问题进行了探讨，并分别考虑了时变时滞和定常时滞对系统的影响.本章通过构造含有高阶非线性项的时滞依赖 Lyapunov-Krasovskiǐ 泛函，得到了保守性较低的稳定性相关研究结果；借助广义 Itô 公式，给出了全局解存在且唯一的时滞相关的充分性准则，以及全局解 $p(0<p\leqslant q+1)$ 阶矩渐近有界、$p(0<p\leqslant q+1)$ 阶矩指数稳定、$p(0<p\leqslant 2)$ 阶矩渐近稳定和几乎处处渐近稳定的时滞相关判别定理.最后，本章利用两个数值算例和相应的模拟仿真说明了所得理论结果的可行性.

有色噪声干扰下非线性混杂随机时滞微分方程的稳定性

第5章

5.1 引　　言

除 Brown 运动外，有色噪声对混杂随机时滞微分方程的影响也不容忽视. 有色噪声的主要特征与时间点有关，且在每一时刻序列都相关. 由于这类噪声的功率谱密度函数随频率而变化，这与有色光的光谱分布在某一频率范围内的现象相类似，故称此类噪声为"有色"噪声. 考虑到有色噪声的动态信息比较复杂，且不容易描述和处理，通常假设有色噪声在二阶矩意义下是有限的，即能量有限. 本章聚焦有色噪声干扰下的非线性混杂随机时滞微分方程，考虑时滞为多重时变时滞，非线性函数具有高阶项，针对有色噪声为二阶矩有限或有界的随机过程，借助随机系统理论和时滞系统稳定性理论，证明方程全局解的存在唯一性，建立全局解渐近有界、噪声－状态稳定和渐近稳定的时滞相关充分性判据. 最后本章利用数值仿真对所得研究结果进行验证.

5.2 具有多重时变时滞的非线性混杂随机微分方程

考虑如下具有多重时变时滞和有色噪声的非线性混杂随机微分方程

$$\begin{aligned}\mathrm{d}x(t)=&f(x(t),x(t-\tau_1(t)),\cdots,x(t-\tau_m(t)),t,r(t))\mathrm{d}t+\\&g(x(t),x(t-\tau_1(t)),\cdots,x(t-\tau_m(t)),t,r(t))\xi(t)\mathrm{d}t\end{aligned}\tag{5.1}$$

其中，$x(t)$ 表示取值于 $\mathbb{R}^n$ 的随机过程，$\tau_l(t)(l=1,2,\cdots,m)$ 表示时变时滞，满足 $0\leqslant\tau_l(t)\leqslant\tau_l$ 和 $\dot{\tau}_l(t)\leqslant\bar{\tau}_l<1$，且 $\tau_l>0$ 和 $\bar{\tau}_l$ 是已知的常数，令 $\tau=\max\{\tau_l: l=1,2,\cdots,m\}$ 和 $\bar{\tau}=\max\{\bar{\tau}_l:l=1,2,\cdots,m\}$，$f:\mathbb{R}^n\times\underbrace{\mathbb{R}^n\times\cdots\times\mathbb{R}^n}_{m}\times\mathbb{R}_+\times S\to\mathbb{R}^n$ 和 $g:\mathbb{R}^n\times\underbrace{\mathbb{R}^n\times\cdots\times\mathbb{R}^n}_{m}\times\mathbb{R}_+\times S\to\mathbb{R}^{n\times d}$ 都是 Borel 可测函数，$\xi(t)\in\mathbb{R}^d$ 为一个二阶矩有限的随机过程，表示有色噪声. $\{r(t),t\geqslant 0\}$ 表示一个在有限状态空间 $S=\{1,2,\cdots,M\}$ 上取值的右连续 Markov 链，其转移概率如下

$$P\{r(t+\Delta t)=j\mid r(t)=i\}=\begin{cases}\pi_{ij}\Delta t+o(\Delta t), & i\neq j\\ 1+\pi_{ij}\Delta t+o(\Delta t), & i=j\end{cases}$$

其中，$\Delta t>0$，$\lim\limits_{\Delta t\to 0^+}\dfrac{o(\Delta t)}{\Delta t}=0$；当 $i\neq j$ 时，$\pi_{ij}\geqslant 0$ 表示在 t 时刻处于状态 i 时，在 $t+\Delta t$ 时刻处于状态 j 的转移速率，且 $\pi_{ii}=-\sum\limits_{j=1,j\neq i}^{M}\pi_{ij}\leqslant 0$，其生成的转移速率矩阵为 $\boldsymbol{\Pi}=[\pi_{ij}]_{M\times M}$. 假设有色噪声 $\xi(t)$ 和 Markov 链 $r(t)$ 相互独立.

方程(5.1) 的初值为 $x(s)=\psi(s)(s\in[-\tau,0])$ 和 $r(0)=r_0\in S$，其中，$\psi\in L^p_{F_0}([-\tau,0];\mathbb{R}^n)$. 若方程(5.1) 的解存在，则此解记为 $x(t;\psi,r_0)(t\in[-\tau,\infty))$，也可简写为 $x(t)$. 对于所有的 $(t,i)\in\mathbb{R}_+\times S$，假设 $f(0,\cdots,0,t,i)=0$ 和 $g(0,\cdots,0,t,i)=0$，使得方程(5.1) 存在平凡解 $x(t;\psi,r_0)\equiv 0$.

为保证方程(5.1) 解的存在唯一性，有必要给出以下假设：

假设 5.1 有色噪声 $\xi(t)$ 是一个 F_t—适应的且分段连续的随机过程，对所有的 $t\in\mathbb{R}_+$，还满足如下条件

$$\sup_{0\leqslant s\leqslant t}E\,|\xi(s)|^2<\infty$$

假设 5.2(局部 Lipschitz 条件) 对于每个正整数 $k\geqslant 1$，存在一个标量 $L_k>0$ 使得

$$\begin{aligned}&|f(\boldsymbol{x},\boldsymbol{y}_1,\cdots,\boldsymbol{y}_m,t,i)-f(\bar{\boldsymbol{x}},\bar{\boldsymbol{y}}_1,\cdots,\bar{\boldsymbol{y}}_m,t,i)|\vee\\&|g(\boldsymbol{x},\boldsymbol{y}_1,\cdots,\boldsymbol{y}_m,t,i)-g(\bar{\boldsymbol{x}},\bar{\boldsymbol{y}}_1,\cdots,\bar{\boldsymbol{y}}_m,t,i)|\\&\leqslant L_k\Big(|\boldsymbol{x}-\bar{\boldsymbol{x}}|+\sum_{l=1}^{m}|\boldsymbol{y}_l-\bar{\boldsymbol{y}}_l|\Big)\end{aligned}$$

对所有的 $(t,i)\in\mathbb{R}_+\times S$ 和 $\boldsymbol{x},\bar{\boldsymbol{x}},\boldsymbol{y}_l,\bar{\boldsymbol{y}}_l\in\mathbb{R}^n$ 且 $|\boldsymbol{x}|\vee|\bar{\boldsymbol{x}}|\vee|\boldsymbol{y}_l|\vee|\bar{\boldsymbol{y}}_l|\leqslant k$

$(l=1,2,\cdots,m)$ 都成立.

假设 5.3(多项式增长条件)　存在三个正标量 $K>0, q_1\geqslant 1$ 和 $q_2\geqslant 1$ 使得

$$|f(\boldsymbol{x},\boldsymbol{y}_1,\cdots,\boldsymbol{y}_m,t,i)|\leqslant K(1+|\boldsymbol{x}|^{q_1}+\sum_{l=1}^{m}|\boldsymbol{y}_l|^{q_1}) \tag{5.2}$$

$$|g(\boldsymbol{x},\boldsymbol{y}_1,\cdots,\boldsymbol{y}_m,t,i)|\leqslant K(1+|\boldsymbol{x}|^{q_2}+\sum_{l=1}^{m}|\boldsymbol{y}_l|^{q_2}) \tag{5.3}$$

对所有的$(t,i,\boldsymbol{x},\boldsymbol{y}_l)\in\mathbb{R}_+\times S\times\mathbb{R}^n\times\mathbb{R}^n(l=1,2,\cdots,m)$ 都成立.

定义 5.1[82]　对于 $q>0$ 和所有的$(\psi,r_0)\in L_{F_0}^q([-\tau,0];\mathbb{R}^n)\times S$,如果存在一个 KL 类函数 $\alpha(\cdot)$ 和一个 K 类函数 $\beta(\cdot)$ 使得

$$E\,|x(t;\psi,r_0)|^q\leqslant\alpha(\|\psi\|,t)+\beta(\sup_{0\leqslant s\leqslant t}E\,|\xi(s)|^2)$$

对所有的 $t\in\mathbb{R}_+$ 都成立,那么称方程(5.1) 的解是 q 阶矩噪声－状态稳定的. 特别地,当 $q=2$ 时,称方程(5.1) 的解是均方噪声－状态稳定的.

5.3　时滞相关稳定性分析

本节中将给出具有多重时变时滞和有色噪声的非线性混杂随机微分方程(5.1) 的全局解存在且唯一的充分性条件,以及该全局解 q 阶矩渐近有界、q 阶矩噪声－状态稳定、p 阶矩渐近稳定和几乎处处渐近稳定的判别准则.

定理 5.1　在假设 5.1～5.3 的条件下,对于所有的$(t,i,\boldsymbol{x},\boldsymbol{y}_l)\in\mathbb{R}_+\times S\times\mathbb{R}^n\times\mathbb{R}^n(l=1,2,\cdots,m)$,如果存在两个函数 $\tilde{V}\in C^{1,1}(\mathbb{R}^n\times\mathbb{R}_+\times S;\mathbb{R}_+)$ 和 $G\in G(\mathbb{R}^n;\mathbb{R}_+)$,一个径向无界 K 类凸函数 $\gamma(\cdot)$,以及常数 $b_0,b_1>0,b_{2,l}>0(l=1,2,\cdots,m)$ 和 $q\geqslant 2(q_1\vee q_2)$ 使得下列不等式成立

$$b_1>\sum_{l=1}^{m}b_{2,l},\ |\boldsymbol{x}|^q\leqslant\tilde{V}(\boldsymbol{x},t,i)\leqslant G(\boldsymbol{x}) \tag{5.4}$$

$$\begin{aligned}\mathrm{d}\tilde{V}(\boldsymbol{x},t,i)&=\tilde{V}_t(\boldsymbol{x},t,i)+\tilde{V}_x(\boldsymbol{x},t,i)f(\boldsymbol{x},\boldsymbol{y}_1,\cdots,\boldsymbol{y}_m,t,i)+\\&\quad\tilde{V}_x(\boldsymbol{x},t,i)g(\boldsymbol{x},\boldsymbol{y}_1,\cdots,\boldsymbol{y}_m,t,i)\xi(t)+\sum_{j=1}^{M}\pi_{ij}\tilde{V}(\boldsymbol{x},t,j)\\&\leqslant b_0-b_1G(\boldsymbol{x})+\sum_{l=1}^{m}b_{2,l}(1-\bar{\tau}_l)G(\boldsymbol{y}_l)+\gamma(|\xi(t)|^2)\end{aligned} \tag{5.5}$$

那么关于方程(5.1),有如下结论成立:

(1) 方程(5.1) 在区间$[-\tau,\infty)$ 上存在唯一的全局解.

(2) 方程(5.1) 的全局解满足

$$\limsup_{t\to\infty} E\,|x(t)|^q \leqslant \frac{1}{\lambda}(b_0+\gamma(\sup_{0\leqslant s\leqslant t} E\,|\xi(s)|^2)),\ \forall t\in\mathbb{R}_+ \tag{5.6}$$

其中,$\lambda>0$ 是以下等式的唯一正根

$$b_1-\lambda-\mathrm{e}^{\lambda\tau}\sum_{l=1}^{m} b_{2,l}=0 \tag{5.7}$$

换言之,方程(5.1) 的全局解是 q 阶矩渐近有界的.

(3) 当 $b_0=0$ 时,对于所有的 $t\in\mathbb{R}_+$ 和 $\psi\in L_{F_0}^q([-\tau,0];\mathbb{R}^n)$,方程(5.1) 的全局解满足

$$E\,|x(t)|^q\leqslant M_0\mathrm{e}^{-\lambda t}+\frac{1}{\lambda}\gamma(\sup_{0\leqslant s\leqslant t} E\,|\xi(s)|^2) \tag{5.8}$$

其中,$M_0=(1+\tau\mathrm{e}^{\lambda\tau}\sum_{l=1}^{m} b_{2,l})EG(\|\psi\|)$,换言之,方程(5.1) 的全局解是 q 阶矩噪声 — 状态稳定的.

证 由文献[44] 可知,在假设 5.1 ~ 5.3 的条件下,方程(5.1) 在区间 $[-\tau,\sigma_\infty)$ 上存在唯一的最大局部解,这里 σ_∞ 表示爆发时间. 现在,我们需要证明 $\sigma_\infty=\infty$ a. s. 来说明方程(5.1) 存在唯一的全局解. 选择一个充分大的正整数 k_0,使得 $\|\psi\|<k_0$,对于每个正整数 $k\geqslant k_0$,不失一般性,定义停时 $\tilde{n}_k=\inf\{t\geqslant 0: |x(t)|\geqslant k\}$,且 $\inf\varnothing=\infty$. 显然,随着 $k\to\infty$,$\tilde{n}_k$ 是递增的,同时,$\tilde{n}_\infty=\lim_{k\to\infty}\tilde{n}_k\leqslant\sigma_\infty$ a. s.. 因此我们只需要证明 $\tilde{n}_\infty=\infty$ a. s. 就可以说明方程(5.1) 在区间 $[-\tau,\infty)$ 上存在唯一的全局解.

记 $x(t)=x(t;\psi,r_0)(t\in[-\tau,\infty))$. 利用定理条件中式(5.4) 和式(5.5),推导出

$$\begin{aligned} E\widetilde{V}(x(t\wedge\tilde{n}_k),t\wedge\tilde{n}_k,r(t\wedge\tilde{n}_k))\leqslant{}& EG(x(0))+b_0t-b_1E\int_0^{t\wedge\tilde{n}_k}G(x(s))\mathrm{d}s+\\ &\sum_{l=1}^{m} b_{2,l}(1-\bar{\tau}_l)E\int_0^{t\wedge\tilde{n}_k}G(x(s-\tau_l(s)))\mathrm{d}s+\\ &E\int_0^{t\wedge\tilde{n}_k}\gamma(|\xi(s)|^2)\mathrm{d}s \end{aligned} \tag{5.9}$$

考虑时滞的相关信息,我们有

$$(1-\bar{\tau}_l)\int_0^{t\wedge\tilde{n}_k}G(x(s-\tau_l(s)))\mathrm{d}s\leqslant\int_{-\tau}^{0}G(x(s))\mathrm{d}s+\int_0^{t\wedge\tilde{n}_k}G(x(s))\mathrm{d}s \tag{5.10}$$

把式(5.10) 代入式(5.9) 中,再借助引理 2.7 推导出

$$E\widetilde{V}(x(t\wedge\tilde{n}_k),t\wedge\tilde{n}_k,r(t\wedge\tilde{n}_k))$$

$$\leqslant EG(x(0))+b_0t-(b_1-\sum_{l=1}^{m}b_{2,l})E\int_0^{t\wedge\tilde{n}_k}G(x(s))\mathrm{d}s+$$
$$\sum_{l=1}^{m}b_{2,l}E\int_{-\tau}^{0}G(x(s))\mathrm{d}s+E\int_0^{t\wedge\tilde{n}_k}\gamma(|\xi(s)|^2)\mathrm{d}s$$
$$\leqslant M_1+(b_0+\gamma(\sup_{0\leqslant s\leqslant t}E\,|\xi(s)|^2))t-(b_1-\sum_{l=1}^{m}b_{2,l})E\int_0^{t\wedge\tilde{n}_k}G(x(s))\mathrm{d}s \tag{5.11}$$

其中，$M_1=(1+\tau\sum_{l=1}^{m}b_{2,l})EG(\|\psi\|)$.

结合定理条件中式(5.4) 和式(5.11)，推导出

$$E\,|x(t\wedge\tilde{n}_k)|^q\leqslant M_1+(b_0+\gamma(\sup_{0\leqslant s\leqslant t}E\,|\xi(s)|^2))t$$

显然，我们有

$$k^qP(\tilde{n}_k\leqslant t)\leqslant M_1+(b_0+\gamma(\sup_{0\leqslant s\leqslant t}E\,|\xi(s)|^2))t$$

令 $k\to\infty$，由上述不等式可知，$P(\tilde{n}_\infty\leqslant t)=0$，这说明 $P(\tilde{n}_\infty>t)=1$. 再令 $t\to\infty$，我们有 $P(\tilde{n}_\infty=\infty)=1$，即 $\tilde{n}_\infty=\infty$ a. s.. 因此，方程(5.1) 存在唯一的全局解.

根据零点定理和定理条件中式(5.4)，不难发现，等式(5.7) 存在一个唯一的正根 $\lambda>0$. 利用与式(5.9) 类似的推导过程，得到

$$Ee^{\lambda(t\wedge\tilde{n}_k)}\widetilde{V}(x(t\wedge\tilde{n}_k),t\wedge\tilde{n}_k,r(t\wedge\tilde{n}_k))-E\widetilde{V}(x(0),0,r_0)$$
$$\leqslant E\int_0^{t\wedge\tilde{n}_k}e^{\lambda s}[b_0+(\lambda-b_1)G(x(s))+\sum_{l=1}^{m}b_{2,l}(1-\bar{\tau}_l)G(x(s-\tau_l(s)))]\mathrm{d}s+$$
$$E\int_0^{t\wedge\tilde{n}_k}e^{\lambda s}\gamma(|\xi(s)|^2)\mathrm{d}s \tag{5.12}$$

由于

$$\int_0^{t\wedge\tilde{n}_k}e^{\lambda s}G(x(s-\tau_l(s)))\mathrm{d}s\leqslant\frac{e^{\lambda\tau}}{1-\bar{\tau}_l}\int_{-\tau}^{0}e^{\lambda s}G(x(s))\mathrm{d}s+\frac{e^{\lambda\tau}}{1-\bar{\tau}_l}\int_0^{t\wedge\tilde{n}_k}e^{\lambda s}G(x(s))\mathrm{d}s$$

因此由式(5.12) 推导出

$$Ee^{\lambda(t\wedge\tilde{n}_k)}\widetilde{V}(x(t\wedge\tilde{n}_k),t\wedge\tilde{n}_k,r(t\wedge\tilde{n}_k))-E\widetilde{V}(x(0),0,r_0)$$
$$\leqslant\frac{1}{\lambda}(b_0+\gamma(\sup_{0\leqslant s\leqslant t}E\,|\xi(s)|^2))e^{\lambda t}+e^{\lambda\tau}\sum_{l=1}^{m}b_{2,l}E\int_{-\tau}^{0}e^{\lambda s}G(x(s))\mathrm{d}s-$$
$$(b_1-\lambda-e^{\lambda\tau}\sum_{l=1}^{m}b_{2,l})E\int_0^{t\wedge\tilde{n}_k}e^{\lambda s}G(x(s))\mathrm{d}s$$

把式(5.7) 代入上述不等式中得到

$$Ee^{\lambda(t\wedge\tilde{n}_k)}\widetilde{V}(x(t\wedge\tilde{n}_k),t\wedge\tilde{n}_k,r(t\wedge\tilde{n}_k))-E\widetilde{V}(x(0),0,r_0)$$

$$\leqslant \frac{1}{\lambda}(b_0+\gamma(\sup_{0\leqslant s\leqslant t}E\ |\xi(s)|^2))\mathrm{e}^{\lambda t}+\mathrm{e}^{\lambda\tau}\sum_{l=1}^{m}b_{2,l}E\int_{-\tau}^{0}\mathrm{e}^{\lambda s}G(x(s))\mathrm{d}s \tag{5.13}$$

借助 Fatou 引理和定理条件中式(5.4)，由式(5.13) 得到

$$\begin{aligned}E\mathrm{e}^{\lambda t}\ |x(t)|^q &\leqslant EG(x(0))+\mathrm{e}^{\lambda\tau}\sum_{l=1}^{m}b_{2,l}E\int_{-\tau}^{0}\mathrm{e}^{\lambda s}G(x(s))\mathrm{d}s+\\&\quad\frac{1}{\lambda}(b_0+\gamma(\sup_{0\leqslant s\leqslant t}E\ |\xi(s)|^2))\mathrm{e}^{\lambda t}\\&\leqslant M_0+\frac{1}{\lambda}(b_0+\gamma(\sup_{0\leqslant s\leqslant t}E\ |\xi(s)|^2))\mathrm{e}^{\lambda t}\end{aligned} \tag{5.14}$$

进而，由式(5.14) 计算出

$$E\ |x(t)|^q\leqslant M_0\mathrm{e}^{-\lambda t}+\frac{1}{\lambda}(b_0+\gamma(\sup_{0\leqslant s\leqslant t}E\ |\xi(s)|^2)) \tag{5.15}$$

因此，令 $t\to\infty$，由式(5.15) 可知，下式成立

$$\limsup_{t\to\infty}E\ |x(t)|^q\leqslant\frac{1}{\lambda}(b_0+\gamma(\sup_{0\leqslant s\leqslant t}E\ |\xi(s)|^2))$$

这说明定理 5.1 的第二个结论成立，即方程(5.1) 的全局解是 q 阶矩渐近有界的.

当 $b_0=0$ 时，不难发现，式(5.15) 仍然成立，重新表示为

$$E\ |x(t)|^q\leqslant M_0\mathrm{e}^{-\lambda t}+\frac{1}{\lambda}\gamma(\sup_{0\leqslant s\leqslant t}E\ |\xi(s)|^2)$$

这说明定理 5.1 的第三个结论成立，即方程(5.1) 的全局解是 q 阶矩噪声－状态稳定的.

当有色噪声 $\xi(t)$ 满足假设 5.1 时，给出了方程(5.1) 的全局解 q 阶矩噪声－状态稳定性判据. 然而，如果有色噪声 $\xi(t)$ 在均方意义下的上界是一个正常数，那么可以得到一些比 q 阶矩噪声－状态稳定性更具体的性质，即时滞相关的渐近稳定性.

为保证方程(5.1) 全局解的时滞相关的渐近稳定性，有必要给出以下假设：

假设 5.4 有色噪声 $\xi(t)$ 是一个 F_t－适应的且分段连续的随机过程，对所有的 $t\in\mathbb{R}_+$，存在一个常数 $\mu>0$ 使得如下条件成立

$$\sup_{0\leqslant s\leqslant t}E\ |\xi(s)|^2<\mu \tag{5.16}$$

注 5.1 当 $\xi(t)$ 满足假设 5.4 时，$\xi(t)$ 必然满足假设 5.1. 因此，当假设5.4 替换假设 5.1 后，如果定理 5.1 的其他条件都成立，那么对于方程(5.1) 来说，定理 5.1 的三个结论仍然成立.

假设 5.5　存在常数 $\bar{L}_l > 0(l=1,2,\cdots,m)$ 使得

$$|f(\boldsymbol{x},\boldsymbol{y}_1,\cdots,\boldsymbol{y}_m,t,i)-f(\boldsymbol{x},\boldsymbol{x},\cdots,\boldsymbol{x},t,i)| \leqslant \sum_{l=1}^{m}\bar{L}_l|\boldsymbol{x}-\boldsymbol{y}_l|$$

对所有的 $(t,i,\boldsymbol{x},\boldsymbol{y}_l)\in\mathbb{R}_+\times S\times\mathbb{R}^n\times\mathbb{R}^n(l=1,2,\cdots,m)$ 都成立.

定理 5.2　在假设 5.2 ~ 5.5 条件下，如果定理 5.1 中式(5.4)和式(5.5)成立，且存在两个函数 $V\in C^{1,1}(\mathbb{R}^n\times\mathbb{R}_+\times S;\mathbb{R}_+)$ 和 $V_1\in G(\mathbb{R}^n;\mathbb{R}_+)$，以及标量 $\bar{a}_0>0,\tilde{a}_0>0,\bar{a}_l>0(l=1,2,\cdots,m),\vartheta_1>0$ 和 $\vartheta_2>0$，使得对于所有的 $(t,i,\boldsymbol{x},\boldsymbol{y}_l)\in\mathbb{R}_+\times S\times\mathbb{R}^n\times\mathbb{R}^n(l=1,2,\cdots,m)$ 下列不等式都成立

$$\bar{a}_0-\mu\tilde{a}_0-\sum_{l=1}^{m}\bar{a}_l>0 \tag{5.17}$$

$$\begin{aligned}&LV(\boldsymbol{x},t,i)+\vartheta_1|V_x(\boldsymbol{x},t,i)|^2+\vartheta_2|f(\boldsymbol{x},\boldsymbol{y}_1,\cdots,\boldsymbol{y}_m,t,i)|^2+\\&\mu\vartheta_2|g(\boldsymbol{x},\boldsymbol{y}_1,\cdots,\boldsymbol{y}_m,t,i)|^2\\&\leqslant-\bar{a}_0V_1(\boldsymbol{x})+\tilde{a}_0V_1(\boldsymbol{x})|\boldsymbol{\xi}(t)|^2+\sum_{l=1}^{m}\bar{a}_l(1-\bar{\tau}_l)V_1(\boldsymbol{y}_l)\end{aligned} \tag{5.18}$$

$$\sum_{l=1}^{m}m\tau_l^2\bar{L}_l^2\leqslant 2\vartheta_1\vartheta_2 \tag{5.19}$$

其中

$$\begin{aligned}LV(\boldsymbol{x},t,i)=&V_x(\boldsymbol{x},t,i)(f(\boldsymbol{x},\boldsymbol{x},\cdots,\boldsymbol{x},t,i)+g(\boldsymbol{x},\boldsymbol{y}_1,\cdots,\boldsymbol{y}_m,t,i)\boldsymbol{\xi}(t))+\\&V_t(\boldsymbol{x},t,i)+\sum_{j=1}^{M}\pi_{ij}V(\boldsymbol{x},t,j)\end{aligned}$$

那么方程(5.1)的全局解满足

$$\int_0^{\infty}EV_1(x(t))\mathrm{d}t<\infty \tag{5.20}$$

$$\sup_{0\leqslant t<\infty}EV(x(t),t,r(t))<\infty \tag{5.21}$$

证　对于所有的 $t\in\mathbb{R}_+$，定义 $x_t=\{x(t+\upsilon):\upsilon\in[-2\tau,0]\}$，$r_t=\{r(t+\upsilon):\upsilon\in[-2\tau,0]\}$. 为了使 x_t 和 r_t 在区间$[0,2\tau)$上有意义，令 $x(\upsilon)=\psi(-\tau)$ $(\upsilon\in[-2\tau,-\tau))$ 和 $r(\upsilon)=r_0(\upsilon\in[-2\tau,0))$，同时，对于所有的 $(\boldsymbol{x},\boldsymbol{y}_l,\upsilon,i)\in\mathbb{R}^n\times\mathbb{R}^n\times[-2\tau,0)\times S(l=1,2,\cdots,m)$，令 $f(\boldsymbol{x},\boldsymbol{y}_1,\cdots,\boldsymbol{y}_m,\upsilon,i)=f(\boldsymbol{x},\boldsymbol{y}_1,\cdots,\boldsymbol{y}_m,0,i)$ 和 $g(\boldsymbol{x},\boldsymbol{y}_1,\cdots,\boldsymbol{y}_m,\upsilon,i)=g(\boldsymbol{x},\boldsymbol{y}_1,\cdots,\boldsymbol{y}_m,0,i)$. 记 $x(t)=x(t;\psi,r_0)$ $(t\in[-\tau,\infty))$.

设计如下时滞依赖 Lyapunov-Krasovskiĭ 泛函

$$\bar{V}(x_t,t,r_t)=V(x(t),t,r(t))+\sum_{l=1}^{m}\theta_l\int_{-\tau_l}^{0}\int_{t+s}^{t}F_l(\upsilon)\mathrm{d}\upsilon\mathrm{d}s \tag{5.22}$$

其中

$$F_l(v)=\tau_l\left|f(x(v),x(v-\tau_1(v)),\cdots,x(v-\tau_m(v)),v,r(v))\right|^2+$$
$$\mu\tau_l\left|g(x(v),x(v-\tau_1(v)),\cdots,x(v-\tau_m(v)),v,r(v))\right|^2$$

函数 $V\in C^{1,1}(\mathbb{R}^n\times\mathbb{R}_+\times S;\mathbb{R}_+)$ 满足 $\lim\limits_{|x|\to\infty}[\inf\limits_{(t,i)\in\mathbb{R}_+\times S}V(\boldsymbol{x},t,i)]=\infty$，$\theta_l(l=1,2,\cdots,m)$ 为一些待设计的正标量. 记 $r(t)=i$，通过一些简单的计算，得到

$$\mathrm{d}\bar{V}(x_t,t,i)=\mathrm{d}V(x(t),t,i)+\sum_{l=1}^{m}\theta_l\tau_lF_l(t)-\sum_{l=1}^{m}\theta_l\int_{t-\tau_l}^{t}F_l(v)\mathrm{d}v \tag{5.23}$$

其中

$$\begin{aligned}\mathrm{d}V(x(t),t,i)=&V_t(x(t),t,i)+\sum_{j=1}^{M}\pi_{ij}V(x(t),t,j)+\\&V_x(x(t),t,i)[f(x(t),x(t),\cdots,x(t),t,i)+\\&g(x(t),x(t-\tau_1(t)),\cdots,x(t-\tau_m(t)),t,i)\xi(t)]+\\&V_x(x(t),t,i)[f(x(t),x(t-\tau_1(t)),\cdots,x(t-\tau_m(t)),t,i)-\\&f(x(t),x(t),\cdots,x(t),t,i)]\end{aligned}$$

对于 $\forall\vartheta_1>0$，通过不等式 $|\boldsymbol{xy}|\leqslant\vartheta_1|\boldsymbol{x}|^2+\dfrac{1}{4\vartheta_1}|\boldsymbol{y}|^2$ 和假设 5.5，得到

$$\begin{aligned}&V_x(\boldsymbol{x},t,i)[f(\boldsymbol{x},\boldsymbol{y}_1,\cdots,\boldsymbol{y}_m,t,i)-f(\boldsymbol{x},\boldsymbol{x},\cdots,\boldsymbol{x},t,i)]\\\leqslant&\vartheta_1|V_x(\boldsymbol{x},t,i)|^2+\sum_{l=1}^{m}\frac{m\bar{L}_l^2}{4\vartheta_1}|\boldsymbol{x}-\boldsymbol{y}_l|^2\end{aligned} \tag{5.24}$$

令 $\theta_l=\dfrac{m\bar{L}_l^2}{2\vartheta_1}(l=1,2,\cdots,m)$. 由定理条件中式(5.19)可知，$\sum\limits_{l=1}^{m}\theta_l\tau_l^2\leqslant\vartheta_2$. 再结合式(5.23)和式(5.24)，推导出

$$\begin{aligned}\mathrm{d}\bar{V}(x_t,t,i)\leqslant&V_t(x(t),t,i)+V_x(x(t),t,i)[f(x(t),x(t),\cdots,x(t),t,i)+\\&g(x(t),x(t-\tau_1(t)),\cdots,x(t-\tau_m(t)),t,i)\xi(t)]+\\&\vartheta_1|V_x(x(t),t,i)|^2+\sum_{j=1}^{M}\pi_{ij}V(x(t),t,j)+\\&\vartheta_2|f(x(t),x(t-\tau_1(t)),\cdots,x(t-\tau_m(t)),t,i)|^2+\\&\mu\vartheta_2|g(x(t),x(t-\tau_1(t)),\cdots,x(t-\tau_m(t)),t,i)|^2+\\&\sum_{l=1}^{m}\frac{m\bar{L}_l^2}{4\vartheta_1}|x(t)-x(t-\tau_l(t))|^2-\sum_{l=1}^{m}\frac{m\bar{L}_l^2}{2\vartheta_1}\int_{t-\tau_l}^{t}F_l(v)\mathrm{d}v\end{aligned}$$

把定理条件中式(5.18)代入上述不等式中得到

$$\begin{aligned}\mathrm{d}\bar{V}(x_t,t,i)\leqslant&-\bar{a}_0V_1(x(t))+\tilde{a}_0V_1(x(t))|\xi(t)|^2+\\&\sum_{l=1}^{m}\bar{a}_l(1-\bar{\tau}_l)V_1(x(t-\tau_l(t)))+\end{aligned}$$

$$\sum_{l=1}^{m}\frac{m\bar{L}_l^2}{4\vartheta_1}\left|x(t)-x(t-\tau_l(t))\right|^2-\sum_{l=1}^{m}\frac{m\bar{L}_l^2}{2\vartheta_1}\int_{t-\tau_l}^{t}F_l(v)\mathrm{d}v \tag{5.25}$$

定义 $\bar{n}_k=\inf\{t\in\mathbb{R}_+:|x(t)|\geqslant k\}$. 结合式(5.25)，不难计算出

$$E\bar{V}(x_{t\wedge\bar{n}_k},t\wedge\bar{n}_k,r_{t\wedge\bar{n}_k})=E\bar{V}(x_0,0,r_0)+E\int_0^{t\wedge\bar{n}_k}\mathrm{d}\bar{V}(x_s,s,r_s)$$

$$\leqslant E\bar{V}(x_0,0,r_0)+I_1+\sum_{l=1}^{m}(I_2^l-I_3^l) \tag{5.26}$$

其中

$$I_1=E\int_0^{t\wedge\bar{n}_k}[-\bar{a}_0V_1(x(s))+\tilde{a}_0V_1(x(s))\,|\xi(s)|^2+$$
$$\sum_{l=1}^{m}\bar{a}_l(1-\bar{\tau}_l)V_1(x(s-\tau_l(s)))]\mathrm{d}s \tag{5.27}$$

$$I_2^l=\frac{m\bar{L}_l^2}{4\vartheta_1}E\int_0^{t\wedge\bar{n}_k}|x(s)-x(s-\tau_l(s))|^2\mathrm{d}s$$

$$I_3^l=\frac{m\bar{L}_l^2}{2\vartheta_1}E\int_0^{t\wedge\bar{n}_k}\int_{s-\tau_l}^{s}F_l(v)\mathrm{d}v\mathrm{d}s$$

利用与式(5.10)类似的推导过程，不难得到

$$(1-\bar{\tau}_l)\int_0^{t\wedge\bar{n}_k}V_1(x(s-\tau_l(s)))\mathrm{d}s\leqslant\int_{-\tau}^{0}V_1(x(s))\mathrm{d}s+\int_0^{t\wedge\bar{n}_k}V_1(x(s))\mathrm{d}s$$

把上式代入式(5.27)中得到

$$I_1\leqslant\sum_{l=1}^{m}\bar{a}_lE\int_{-\tau}^{0}V_1(x(s))\mathrm{d}s-(\bar{a}_0-\mu\tilde{a}_0-\sum_{l=1}^{m}\bar{a}_l)E\int_0^{t\wedge\bar{n}_k}V_1(x(s))\mathrm{d}s$$

把上式代入式(5.26)中，再结合定理条件中式(5.17)推导出

$$E\int_0^{t\wedge\bar{n}_k}V_1(x(s))\mathrm{d}s\leqslant[E\bar{V}(x_0,0,r_0)+\sum_{l=1}^{m}\bar{a}_lE\int_{-\tau}^{0}V_1(x(s))\mathrm{d}s+$$
$$\sum_{l=1}^{m}(I_2^l-I_3^l)]/(\bar{a}_0-\mu\tilde{a}_0-\sum_{l=1}^{m}\bar{a}_l)$$

令 $k\to\infty$，利用 Fatou 引理和 Fubini 定理，由上述不等式得到

$$E\int_0^{t}V_1(x(s))\mathrm{d}s\leqslant[c_1+\sum_{l=1}^{m}(\bar{I}_2^l-\bar{I}_3^l)]/(\bar{a}_0-\mu\tilde{a}_0-\sum_{l=1}^{m}\bar{a}_l) \tag{5.28}$$

其中

$$c_1=E\bar{V}(x_0,0,r_0)+\sum_{l=1}^{m}\mu\bar{a}_lE\int_{-\tau}^{0}V_1(x(s))\mathrm{d}s$$

$$\bar{I}_2^l=\frac{m\bar{L}_l^2}{4\vartheta_1}\int_0^t E\,|x(s)-x(s-\tau_l(s))|^2\mathrm{d}s,\bar{I}_3^l=\frac{m\bar{L}_l^2}{2\vartheta_1}E\int_0^t\int_{s-\tau_l}^s F_l(v)\mathrm{d}v\mathrm{d}s$$

一方面，对于 $\forall t\in[0,\tau_l]$，我们有

$$\bar{I}_2^l\leqslant\frac{m\bar{L}_l^2}{2\vartheta_1}\int_0^{\tau_l}E(|x(s)|^2+|x(s-\tau_l(s))|^2)\mathrm{d}s\leqslant c_2^l$$

其中，$c_2^l=\dfrac{m\tau_l\bar{L}_l^2}{\vartheta_1}\sup\limits_{-\tau\leqslant s\leqslant\tau}E\,|x(s)|^2$. 另一方面，对于 $\forall t>\tau_l$，我们有

$$\bar{I}_2^l\leqslant c_2^l+\frac{m\bar{L}_l^2}{4\vartheta_1}\int_{\tau_l}^t E\,|x(s)-x(s-\tau_l(s))|^2\mathrm{d}s \tag{5.29}$$

结合方程(5.1) 和式(5.16)，推导出

$$\int_{\tau_l}^t E\,|x(s)-x(s-\tau_l(s))|^2\leqslant 2E\int_{\tau_l}^t\int_{s-\tau_l}^s F_l(v)\mathrm{d}v\mathrm{d}s$$

把上式代入式(5.29) 中可以得到

$$\bar{I}_2^l\leqslant c_2^l+\frac{m\bar{L}_l^2}{2\vartheta_1}E\int_{\tau_l}^t\int_{s-\tau_l}^s F_l(v)\mathrm{d}v\mathrm{d}s\leqslant c_2^l+\bar{I}_3^l \tag{5.30}$$

因此，结合式(5.28)，令 $t\to\infty$，我们有

$$E\int_0^\infty V_1(x(s))\mathrm{d}s\leqslant\frac{c_1+\sum\limits_{l=1}^m c_2^l}{\bar{a}_0-\mu\tilde{a}_0-\sum\limits_{l=1}^m\bar{a}_l} \tag{5.31}$$

再利用 Fubini 定理，由式(5.31) 可知，定理 5.2 中的式(5.20) 成立.

令 $k\to\infty$，再结合式(5.22)(5.26) 和式(5.30) 计算出

$$EV(x(t),t,r(t))\leqslant c_1+\sum_{l=1}^m c_2^l$$

这表明定理 5.2 中的式(5.21) 成立.

推论 5.1 如果定理 5.2 的条件成立，且存在两个标量 $c_0>0$ 和 $p>0$ 使得如下条件也成立

$$V_1(\boldsymbol{x})\geqslant c_0\,|\,\boldsymbol{x}\,|^p,\forall\boldsymbol{x}\in\mathbb{R}^n \tag{5.32}$$

那么方程(5.1) 的全局解满足

$$\int_0^\infty E\,|x(t)|^p\mathrm{d}t<\infty \tag{5.33}$$

定理 5.3 如果定理 5.2 和推论 5.1 的条件成立，且如下条件成立

$$p\geqslant 2,2(p-1)\vee(p+q_1-1)\vee 2(p+q_2-1)\leqslant q \tag{5.34}$$

那么方程(5.1) 的全局解是 p 阶矩渐近稳定的.

证　对于任意的 $\bar{c}>0$，应用不等式 $|xy|\leqslant \bar{c}|x|^2+\frac{1}{4\bar{c}}|y|^2$，再结合式(5.2)(5.3) 和式(5.18)，对于任意的 $0\leqslant t_1<t_2<\infty$，我们有

$$\begin{aligned}&|E|x(t_2)|^p-E|x(t_1)|^p|\\&\leqslant E\int_{t_1}^{t_2}\Big[pK|x(t)|^{p-1}\big(1+|x(t)|^{q_1}+\sum_{l=1}^{m}|x(t-\tau_l(t))|^{q_1}\big)+\\&\bar{c}p^2K^2|x(t)|^{2(p-1)}\big(1+|x(t)|^{q_2}+\sum_{l=1}^{m}|x(t-\tau_l(t))|^{q_2}\big)^2+\frac{\mu}{4\bar{c}}\Big]\mathrm{d}t\end{aligned}\tag{5.35}$$

对于任意的 $1\leqslant \bar{p}\leqslant q$，由定理 5.1 推导出

$$E|x(t-\tau_l(t))|^{\bar{p}}\leqslant \sup_{-\tau\leqslant s\leqslant 0}E|x(t+s)|^{\bar{p}}\leqslant 1+\sup_{-\tau\leqslant t<\infty}E|x(t)|^q<\infty\tag{5.36}$$

结合定理条件中式(5.34)，我们有

$$|x(t)|^{p-1}\leqslant 1+|x(t)|^q,\ |x(t)|^{2(p-1)}\leqslant 1+|x(t)|^q\tag{5.37}$$

$$\sum_{l=1}^{m}|x(t)|^{p-1}|x(t-\tau_l(t))|^{q_1}\leqslant |x(t)|^{p+q_1-1}+\sum_{l=1}^{m}|x(t-\tau_l(t))|^{p+q_1-1}\tag{5.38}$$

$$\sum_{l=1}^{m}|x(t)|^{2(p-1)}|x(t-\tau_l(t))|^{2q_2}\leqslant |x(t)|^{2(p+q_2-1)}+\sum_{l=1}^{m}|x(t-\tau_l(t))|^{2(p+q_2-1)}\tag{5.39}$$

把式(5.36) ~ (5.39) 代入式(5.35) 中得到

$$\begin{aligned}&|E|x(t_2)|^p-E|x(t_1)|^p|\\&\leqslant E\int_{t_1}^{t_2}\{[pK+\bar{c}p^2K^2(m+2)](2m+2)+\frac{\mu}{4\bar{c}}+\\&[pK+\bar{c}p^2K^2(m+2)](2m+2)\sup_{-\tau\leqslant t<\infty}|x(t)|^q\}\mathrm{d}t\\&=c_3(t_2-t_1)\end{aligned}\tag{5.40}$$

其中

$$c_3=\frac{\mu}{4\bar{c}}+(2m+2)[pK+\bar{c}p^2K^2(m+2)](1+\sup_{-\tau\leqslant t<\infty}E|x(t)|^q)<\infty$$

所以 $E|x(t)|^p$ 是一致连续的. 再利用引理 2.3，由式(5.33) 和式(5.40) 可知，方程(5.1) 的全局解是 p 阶矩渐近稳定的.

定理 5.4　如果定理 5.3 的条件成立，那么方程(5.1) 的全局解是几乎处

处渐近稳定的.

证　采用反证法.由定义3.1可知,方程(5.1)的全局解是几乎处处渐近稳定的,当且仅当下列等式成立

$$\lim_{t\to\infty}|x(t)|^p=0\ \text{a. s.} \tag{5.41}$$

由式(5.33)比较容易知道

$$\lim_{t\to\infty}\inf|x(t)|^p=0\ \text{a. s.} \tag{5.42}$$

如果式(5.41)不成立,那么存在一个充分小的正实数 $\varepsilon\in(0,0.25)$,使得下式成立

$$P(\Theta_1)\geqslant 4\varepsilon \tag{5.43}$$

其中,$\Theta_1=\{\limsup_{t\to\infty}|x(t)|^p>2\varepsilon\}$.由式(5.21)可知,对于 $\forall t>0$,我们有

$$k^pP(\bar{n}_k\leqslant t)\leqslant E\ |x(t\wedge\bar{n}_k)|^p\leqslant c_4$$

其中,c_4 为一个正常数.再令 $t\to\infty$,并使 k 充分大,那么有下列不等式成立

$$P(\bar{n}_k<\infty)\leqslant\frac{c_4}{k^p}\leqslant\varepsilon$$

这表明

$$P(\Theta_2)\geqslant 1-\varepsilon \tag{5.44}$$

其中,$\Theta_2=\{|x(t)|<k,\forall t\geqslant-\tau\}$,然后,结合式(5.43)和式(5.44),不难得到

$$P(\Theta_1\cap\Theta_2)\geqslant P(\Theta_1)-P(\Theta_2^c)\geqslant 3\varepsilon \tag{5.45}$$

对于所有的 $t\in[-\tau,\infty)$,令 $\chi(t)=x(t\wedge\bar{n}_k)$,显然,$\chi(t)$ 是一个有界的随机过程,且它的微分方程表示为

$$\mathrm{d}\chi(t)=\bar{f}(t)\mathrm{d}t+\bar{g}(t)\xi(t)\mathrm{d}t \tag{5.46}$$

其中

$$\bar{f}(t)=f(x(t),x(t-\tau_1(t)),\cdots,x(t-\tau_m(t)),t,r(t))I_{[0,\bar{n}_k)}(t)$$

$$\bar{g}(t)=g(x(t),x(t-\tau_1(t)),\cdots,x(t-\tau_m(t)),t,r(t))I_{[0,\bar{n}_k)}(t)$$

根据假设5.3,不难发现 $\bar{f}(t)$ 和 $\bar{g}(t)$ 也是有界的,即存在一个常数 $c_5>0$ 使得

$$|\bar{f}(t)|\vee|\bar{g}(t)|\leqslant c_5\ \text{a. s.},\ \forall t\in\mathbb{R}_+ \tag{5.47}$$

另外,由 $\bar{n}_k$ 的定义可知,对于所有的 $t\in[-\tau,\infty)$,我们有 $|\chi(t)|\leqslant k$.

定义如下停时序列

$$\eta_1=\inf\{t\geqslant 0:|\chi(t)|^p\geqslant 2\varepsilon\}$$

$$\eta_{2j}=\inf\{t\geqslant\eta_{2j-1}:|\chi(t)|^p\leqslant\varepsilon\},j=1,2,\cdots$$

$$\eta_{2j+1}=\inf\{t\geqslant\eta_{2j}:|\chi(t)|^p\geqslant 2\varepsilon\},j=1,2,\cdots$$

结合 Θ_1 与 Θ_2 的定义，不难发现

$$\Theta_1\cap\Theta_2\subset\{\bar{n}_k=\infty\}\cap\{\bigcap_{j=1}^{\infty}\{\eta_j<\infty\}\}\tag{5.48}$$

对于任意的 $\theta\in\Theta_1\cap\Theta_2$ 和 $j\geqslant 1$，当 $t\in[\eta_{2j-1},\eta_{2j}]$ 时，显然有 $|\chi(\eta_{2j-1})|^p-|\chi(\eta_{2j})|^p=\varepsilon$ 和 $|\chi(t)|^p\geqslant\varepsilon$. 由定理 5.3 可知，$|x|^p$ 在闭球 $\bar{S}_k=\{x\in\mathbb{R}^n:|x|\leqslant k\}$ 上是一致连续的. 因此，存在一个充分小的正标量 $\delta=\delta(\varepsilon)$，使得对于任意的 $x_1,x_2\in\bar{S}_k$，只要满足 $|x_1-x_2|<\delta$，就有

$$||x_1|^p-|x_2|^p|<\varepsilon\tag{5.49}$$

进一步，我们知道，对于所有的 $\theta\in\Theta_1\cap\Theta_2$，如果对于任意的 $h\in[0,\hbar]$ 和正标量 $\hbar$ 使得 $|\chi(\eta_{2j-1}+h)-\chi(\eta_{2j-1})|<\delta$ 成立，那么 $\eta_{2j}-\eta_{2j-1}\geqslant\hbar$.

接下来，选择一个充分小的正标量 $\hbar$，使得下列不等式成立

$$2\hbar^2c_5^2(1+\mu)\leqslant\varepsilon\delta^2\tag{5.50}$$

根据式(5.33)，存在一个充分大的正整数 j_0，使得下列不等式成立

$$\int_0^{\infty}E|x(t)|^p\mathrm{d}t<\varepsilon^2\hbar j_0\tag{5.51}$$

结合式(5.45) 和式(5.48)，存在一个充分大的正实数 T，使得下列不等式成立

$$P(\eta_{2j_0}\leqslant T)\geqslant 2\varepsilon\tag{5.52}$$

特别地，如果 $\eta_{2j_0}\leqslant T$，那么 $|\chi(\eta_{2j_0})|<k$，进而有 $\eta_{2j_0}<\bar{n}_k$. 因此，对于所有的 $t\in[0,\eta_{2j_0}]$ 和 $\theta\in\{\eta_{2j_0}\leqslant T\}$，得到 $\chi(t,\theta)=x(t,\theta)$.

结合式(5.16) 和式(5.46)，对于任意的 $1\leqslant j\leqslant j_0$，不难计算出

$$\begin{aligned}&E(\sup_{0\leqslant t\leqslant h}|\chi(\eta_{2j-1}\wedge T+t)-\chi(\eta_{2j-1}\wedge T)|^2)\\&\leqslant 2\hbar E\int_{\eta_{2j-1}\wedge T}^{\eta_{j-1}\wedge T+\hbar}|\bar{f}(s)|^2\mathrm{d}s+2\mu\hbar E\int_{\eta_{2j-1}\wedge T}^{\eta_{2j-1}\wedge T+\hbar}|\bar{g}(s)|^2\mathrm{d}s\\&\leqslant 2\hbar^2c_5^2(1+\mu)\end{aligned}\tag{5.53}$$

根据式(5.50)(5.53) 和引理 2.6，得到

$$P(\sup_{0\leqslant t\leqslant\hbar}|\chi(\eta_{2j-1}\wedge T+t)-\chi(\eta_{2j-1}\wedge T)|\geqslant\delta)\leqslant\varepsilon\tag{5.54}$$

如果 $\eta_{2j_0}\leqslant T$，那么 $\eta_{2j-1}\leqslant T$. 然后，结合式(5.52) 和式(5.54)，推导出

$$\begin{aligned}&P(\{\eta_{2j_0}\leqslant T\}\cap\{\sup_{0\leqslant t\leqslant\hbar}|\chi(\eta_{2j-1}\wedge T+t)-\chi(\eta_{2j-1}\wedge T)|<\delta\})\\&=P(\eta_{2j_0}\leqslant T)-P(\{\eta_{2j_0}\leqslant T\}\cap\{\sup_{0\leqslant t\leqslant\hbar}|\chi(\eta_{2j-1}\wedge T+t)-\\&\chi(\eta_{2j-1}\wedge T)|\geqslant\delta\})\\&\geqslant P(\eta_{2j_0}\leqslant T)-P(\sup_{0\leqslant t\leqslant\hbar}|\chi(\eta_{2j-1}+t)-\chi(\eta_{2j-1})|\geqslant\delta)\geqslant\varepsilon\end{aligned}$$

由上述不等式得到

$$P(\{\eta_{2j_0} \leqslant T\} \cap \{\eta_{2j} - \eta_{2j-1} \geqslant \hbar\}) \geqslant \varepsilon \tag{5.55}$$

利用式(5.55)，不难计算出

$$\begin{aligned}\int_0^{\infty} E \mid x(t) \mid^p \mathrm{d}t &\geqslant \sum_{j=1}^{j_0} E(I_{\{\eta_{2j_0} \leqslant T\}} \int_{\eta_{2j-1}}^{\eta_{2j}} \mid \chi(t) \mid^p \mathrm{d}t) \\ &\geqslant \varepsilon \sum_{j=1}^{j_0} E(I_{\{\eta_{2j_0} \leqslant T\}} (\eta_{2j} - \eta_{2j-1})) \\ &\geqslant \varepsilon \hbar \sum_{j=1}^{j_0} P(\{\eta_{2j_0} \leqslant T\} \cap \{\eta_{2j} - \eta_{2j-1} \geqslant \hbar\}) \geqslant \varepsilon^2 \hbar j_0\end{aligned}$$

直观地看出，上式与式(5.51)相互矛盾. 因此，式(5.41)必然成立. 由定义3.1可知，方程(5.1)的全局解是几乎处处渐近稳定的.

5.4 数值计算与模拟仿真

本节给出两个数值算例来验证本章获得的时滞相关稳定性判据的可行性，以及有色噪声的上界对系统稳定性的影响.

算例 5.1 考虑如下具有多重时变时滞和有色噪声的一维非线性混杂随机微分方程

$$\mathrm{d}x(t) = f(x(t), x(t-\tau_1(t)), t, r(t))\mathrm{d}t + g(x(t-\tau_2(t)), t, r(t))\xi(t)\mathrm{d}t \tag{5.56}$$

其中，$r(t)$ 为一个在 $S=\{1,2\}$ 上取值的右连续 Markov 链，其对应的转移速率矩阵如下

$$\boldsymbol{\Pi} = \begin{bmatrix} -2 & 2 \\ 1 & -1 \end{bmatrix}$$

有色噪声 $\xi(t) \in \mathbb{R}$ 为如下随机微分方程的解

$$\mathrm{d}\xi(t) = -\alpha_0 \xi(t)\mathrm{d}t + \sigma_0 \mathrm{d}\omega(t)$$

其中，$\alpha_0=1$ 和 $\sigma_0=0.6$，$\omega(t) \in \mathbb{R}$ 表示一个Brown运动，设 $\xi(0)$ 服从正态分布 $N\left(0, \frac{\sigma_0^2}{2\alpha_0}\right)$. 当假设5.4中的参数为 $\mu=0.2$ 时，有色噪声 $\xi(t)$ 满足假设5.1和假设5.4的条件. 时变时滞为 $\tau_1(t) = 0.01(\sin(2t) + 1)$ 和 $\tau_2(t) = 0.08(\sin t + 1)$，且 $\tau_1 = 0.02$，$\tau_2 = 0.16$，$\bar{\tau}_1 = 0.02$ 和 $\bar{\tau}_2 = 0.08$. 非线性函数为

$$f(x(t),x(t-\tau_1(t)),t,r(t))=\begin{cases}-2x(t-\tau_1(t))-4x^3(t), & r(t)=1\\ -2x(t-\tau_1(t))-5x^3(t), & r(t)=2\end{cases}$$

$$g(x(t-\tau_2(t)),t,r(t))=\begin{cases}0.25x(t-\tau_2(t)), & r(t)=1\\ 0.25x(t-\tau_2(t)), & r(t)=2\end{cases}$$

当假设5.3中的参数为 $K=5, q_1=3$ 和 $q_2=1$ 时，以上非线性函数均满足假设5.2和假设5.3的条件. 选取 $q=6$ 和 $\tilde{V}(x,t,i)=|x|^6$，借助引理2.12，计算出

$$\mathrm{d}\tilde{V}(x,t,i)\leqslant\begin{cases}11.25x^6-24x^8+2y_1^6+0.187\,5y_2^8+0.083\,4\,|\xi(t)|^{24}, & i=1\\ 11.25x^6-30x^8+2y_1^6+0.187\,5y_2^8+0.083\,4\,|\xi(t)|^{24}, & i=2\end{cases}$$

进而，我们有

$$\begin{aligned}\mathrm{d}\tilde{V}(x,t,i)&\leqslant 11.25x^6-24x^8+2y_1^6+0.187\,5y_2^8+0.083\,4\,|\xi(t)|^{24}\\ &\leqslant 15.25x^6-20x^8-4(x^8+x^6)+2(y_1^8+y_1^6)+\\ &\quad 0.187\,5(y_2^8+y_2^6)+0.083\,4\,|\xi(t)|^{24}\end{aligned}$$

当选取 $b_0=\sup\limits_{x\in\mathbb{R}}\{15.25x^6-20x^8\}<\infty, b_1=4, b_{2,1}=2.040\,9, b_{2,2}=0.203\,9$，$G(x)=x^8+x^6, G(y_l)=y_l^8+y_l^6\,(l=1,2)$ 和 $\gamma(|\xi(t)|^2)=0.083\,4\,|\xi(t)|^{24}$ 时，定理5.1中的式(5.4)和式(5.5)均成立. 基于以上参数，根据定理5.1中的式(5.7)，得到 $\lambda=1.255\,7$. 因此，由定理5.1可知，方程(5.56)的全局解满足式(5.6)，且在6阶矩意义下是噪声－状态稳定的.

选取如下Lyapunov函数

$$V(x,t,i)=\begin{cases}0.5x^2+0.25x^4, & i=1\\ 0.25x^2+0.125x^4, & i=2\end{cases}$$

借助基本不等式 $|x_1+x_2|^2\leqslant|x_1|^2+2|x_1x_2|+|x_2|^2$，计算出

$$|f(x,y_1,t,i)|^2\leqslant\begin{cases}12x^4+16x^6+4y_1^2+4y_1^4, & i=1\\ 15x^4+25x^6+4y_1^2+5y_1^4, & i=2\end{cases}$$

$$|g(y_2,t,i)|^2\leqslant\begin{cases}0.062\,5y_2^2, & i=1\\ 0.062\,5y_2^2, & i=2\end{cases}$$

$$|V_x(x,t,i)|^2\leqslant\begin{cases}x^2+2x^4+x^6, & i=1\\ 0.25x^2+0.5x^4+0.25x^6, & i=2\end{cases}$$

$$LV(x,t,i)\leqslant\begin{cases}-2.5x^2-6.25x^4-4x^6+0.5x^2\,|\xi(t)|^2+\\ 0.25x^6\,|\xi(t)|^2+0.25y_2^2, \quad i=1\\ -0.5x^2-3.375x^4-2.5x^6+0.25x^2\,|\xi(t)|^2+\\ 0.25x^6\,|\xi(t)|^2+0.125y_2^2, \quad i=2\end{cases}$$

选取 $\vartheta_1=0.1$ 和 $\vartheta_2=0.02$，结合以上不等式，不难计算出

$$\begin{aligned}&LV(x,t,i)+\vartheta_1\ |V_x(x,t,i)|^2+\vartheta_2\ |f(x,y_1,t,i)|^2+\mu\vartheta_2\ |g(y_2,t,i)|^2\\ \leqslant&-0.475x^2-3.025x^4-1.975x^6+0.5x^2\ |\xi(t)|^2+\\ &0.5x^6\ |\xi(t)|^2+0.08y_1^2+0.1y_1^4+0.2503y_2^2\\ \leqslant&-0.475(x^6+x^4+x^2)+0.5(x^6+x^4+x^2)\ |\xi(t)|^2+\\ &0.1(y_1^6+y_1^4+y_1^2)+0.2503(y_2^6+y_2^4+y_2^2)\end{aligned}$$

当选取 $\bar{a}_0=0.475,\tilde{a}_0=0.5,\bar{a}_1=0.102,\bar{a}_2=0.272,V_1(x)=x^6+x^4+x^2,V_1(y_l)=y_l^6+y_l^4+y_l^2(l=1,2),\bar{L}_1=2$ 和 $\bar{L}_2=0.1$ 时，定理 5.2 中的式(5.17)～(5.19)和假设 5.5 的条件均成立. 然后，根据定理 5.2，方程(5.56) 的全局解满足式(5.20) 和式(5.21). 选取 $c_0=1$ 和 $p=3$，由定理 5.3 和定理 5.4 可知，方程(5.56) 的全局解在 3 阶矩意义下是渐近稳定和几乎处处渐近稳定的. 设方程(5.56) 的初值为 $x(t)=2.5(t\in[-0.16,0])$ 和 $r_0=1$. 基于以上参数，设定程序运行区间为[0,10]，相应仿真结果如图 5.1 和 5.2 所示.

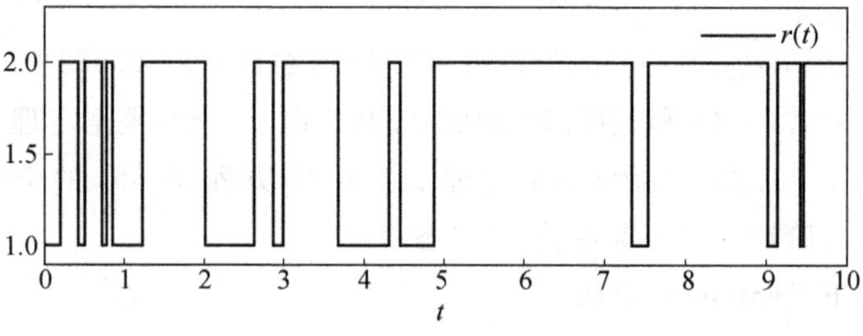

(a) $r(t)$

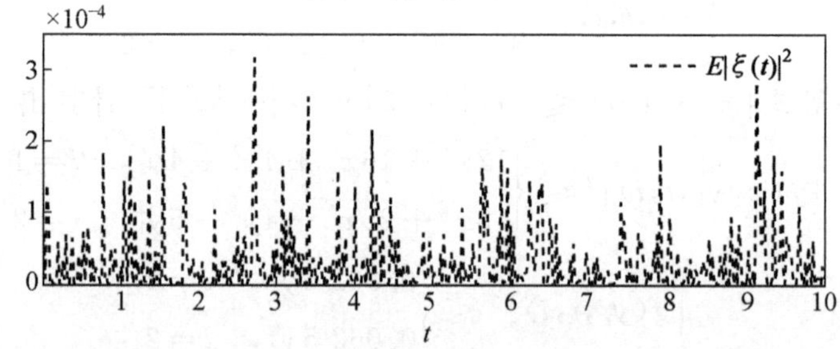

(b) $E|\xi(t)|^2$

图 5.1　方程(5.56) 中 $r(t)$ 和 $E\ |\xi(t)|^2$

图 5.1(a) 展示了方程(5.56) 中 Markov 链 $r(t)$ 的样本路径，图 5.1(b) 展示了 $E\ |\xi(t)|^2$ 的轨迹曲线. 图 5.2(a) 描绘了方程(5.56) 中 $x(t)$ 的样本路径，图 5.2(b) 描绘了 $E\ |\ x(t)\ |^3$ 的轨迹曲线. 从图 5.2 中可以直观地看出方程(5.56) 的全局解在 3 阶矩意义下是渐近稳定的. 本次仿真实验中数据的期望值

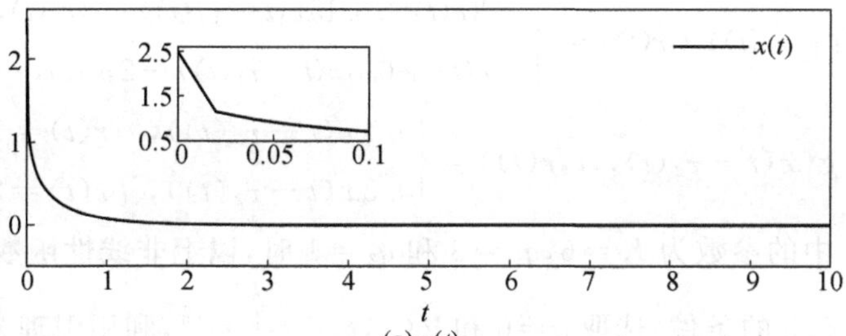

(a) $x(t)$

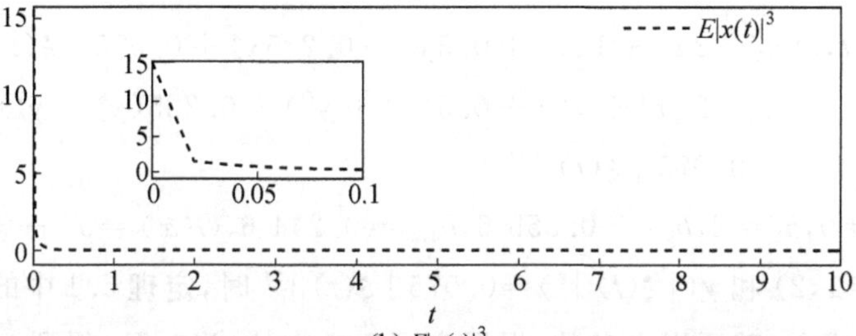

(b) $E|x(t)|^3$

图 5.2　方程(5.56)中 $x(t)$ 和 $E\mid x(t)\mid^3$

为 200 条样本路径的平均值，即 $E\mid\xi(t)\mid^2=\dfrac{1}{200}\sum\limits_{i=1}^{200}\mid\xi(t,\omega_i)\mid^2$ 和 $E\mid x(t)\mid^3=\dfrac{1}{200}\sum\limits_{i=1}^{200}\mid x(t,\omega_i)\mid^3$，其中 $\xi(t,\omega_i)$ 和 $x(t,\omega_i)$ 分别表示有色噪声 $\xi(t)$ 和随机过程 $x(t)$ 的第 i 条样本路径.

算例 5.2　考虑如下具有多重时变时滞和有色噪声的一维非线性混杂随机微分方程

$$\mathrm{d}x(t)=f(x(t),x(t-\tau_1(t))t,r(t))\mathrm{d}t+g(x(t-\tau_2(t)),t,r(t))\xi(t)\mathrm{d}t \tag{5.57}$$

其中，$r(t)$ 表示一个在 $S=\{1,2\}$ 上取值的右连续 Markov 链，其对应的转移速率矩阵如下

$$\boldsymbol{\Pi}=\begin{bmatrix}-1 & 1\\ 8 & -8\end{bmatrix}$$

有色噪声为 $\xi(t)=0.5\cos(2t+w)$，其中，w 表示一个在区间$[0,2\pi]$上服从均匀分布的随机变量，且 $E\mid\xi(t)\mid^2\leqslant 0.25$. 当假设 5.4 中的参数为 $\mu=0.3$ 时，有色噪声 $\xi(t)$ 满足假设 5.1 和假设 5.4 的条件. 时变时滞为 $\tau_1(t)=0.05(\cos(2t)+1)$ 和 $\tau_2(t)=0.08(\sin t+1)$，且 $\tau_1=0.1$，$\tau_2=0.16$，$\bar{\tau}_1=0.1$ 和 $\bar{\tau}_2=0.08$. 非线性函数为

$$f(x(t),x(t-\tau_1(t)),t,r(t))=\begin{cases}-3x(t)+0.15x(t-\tau_1(t))-3x^3(t), & r(t)=1\\ -x(t)+0.5x(t-\tau_1(t))-2x^3(t), & r(t)=2\end{cases}$$

$$g(x(t-\tau_2(t)),t,r(t))=\begin{cases}0.1x(t-\tau_2(t)), & r(t)=1\\ 0.3x(t-\tau_2(t)), & r(t)=2\end{cases}$$

当假设 5.3 中的参数为 $K=6,q_1=3$ 和 $q_2=1$ 时，以上非线性函数均满足假设 5.2 和假设 5.3 的条件. 选取 $q=6$ 和 $\widetilde{V}(x,t,i)=|x|^6$，利用引理 2.12，计算出

$$\begin{aligned}\mathrm{d}\widetilde{V}(x,t,i)&\leqslant -2x^6-12x^8+0.5y_1^6+0.225y_2^8+0.075|\xi(t)|^{24}\\&\leqslant -2(x^8+x^6)+0.5(y_1^8+y_1^6)+0.225(y_2^8+y_2^6)+\\&\quad 0.075|\xi(t)|^{24}\end{aligned}$$

当选取 $b_0=0,b_1=2,b_{2,1}=0.555\ 6,b_{2,2}=0.244\ 6,G(x)=x^8+x^6,G(y_l)=y_l^8+y_l^6(l=1,2)$ 和 $\gamma(|\xi(t)|^2)=0.075|\xi(t)|^{24}$ 时，定理 5.1 中的式(5.4) 和式(5.5) 均成立. 基于以上参数，根据定理 5.1 中的式(5.7)，得到 $\lambda=1.053$. 因此，由定理 5.1 可知，方程(5.57) 的全局解满足式(5.6)，且在 6 阶矩意义下是噪声－状态稳定的.

选取如下 Lyapunov 函数

$$V(x,t,i)=\begin{cases}1.5x^2+x^4, & i=1\\ 2x^2+3x^4, & i=2\end{cases}$$

借助基本不等式 $|x_1+x_2|^2\leqslant |x_1|^2+2|x_1x_2|+|x_2|^2$，计算出

$$LV(x,t,i)\leqslant\begin{cases}-8.05x^2-18.4x^4-12x^6+0.3x^2|\xi(t)|^2+\\ 0.4x^6|\xi(t)|^2+0.175y_2^2, & i=1\\ -6x^2-30x^4-24x^6+1.2x^2|\xi(t)|^2+\\ 3.6x^6|\xi(t)|^2+1.2y_2^2, & i=2\end{cases}$$

$$|f(x,y_1,t,i)|^2\leqslant\begin{cases}27x^2+27x^6+0.067\ 5y_1^2, & i=1\\ 3x^2+12x^6+0.75y_1^2, & i=2\end{cases}$$

$$|g(y_2,t,i)|^2\leqslant\begin{cases}0.01y_2^2, & i=1\\ 0.09y_2^2, & i=2\end{cases}$$

选取 $\vartheta_1=0.1$ 和 $\vartheta_2=0.12$，结合以上不等式，不难计算出

$$\begin{aligned}&LV(x,t,i)+\vartheta_1|V_x(x,t,i)|^2+\vartheta_2|f(x,y_1,t,i)|^2+\mu\vartheta_2|g(y_2,t,i)|^2\\&\leqslant -3.91(x^6+x^4+x^2)+3.6(x^6+x^4+x^2)|\xi(t)|^2+\\&\quad 0.09(y_1^6+y_1^4+y_1^2)+1.203\ 24(y_2^6+y_2^4+y_2^2)\end{aligned}$$

当选取 $\bar{a}_0=3.91,\tilde{a}_0=3.6,\bar{a}_1=0.1,\bar{a}_2=1.307\ 9,V_1(x)=x^6+x^4+x^2$，

$V_1(y_l)=y_l^6+y_l^4+y_l^2(l=1,2)$，$\bar{L}_1=0.5$ 和 $\bar{L}_2=0.5$ 时，定理 5.2 中的式(5.17) ~ (5.19) 和假设 5.5 的条件均成立. 因此，由定理 5.2 可知，方程(5.57) 的全局解满足式(5.20) 和式(5.21). 选取 $c_0=1$ 和 $p=3$，由定理 5.3 和定理 5.4 可知，方程(5.57) 的全局解在 3 阶矩意义下也是渐近稳定和几乎处处渐近稳定的. 设方程(5.57) 的初值为 $x(t)=1.5(t\in[-0.16,0])$ 和 $r_0=1$. 基于以上参数，设定程序运行区间为[0,5]，比较有色噪声的上界对系统的解 $x(t)$ 的样本路径的影响，对比结果如图 5.3 所示.

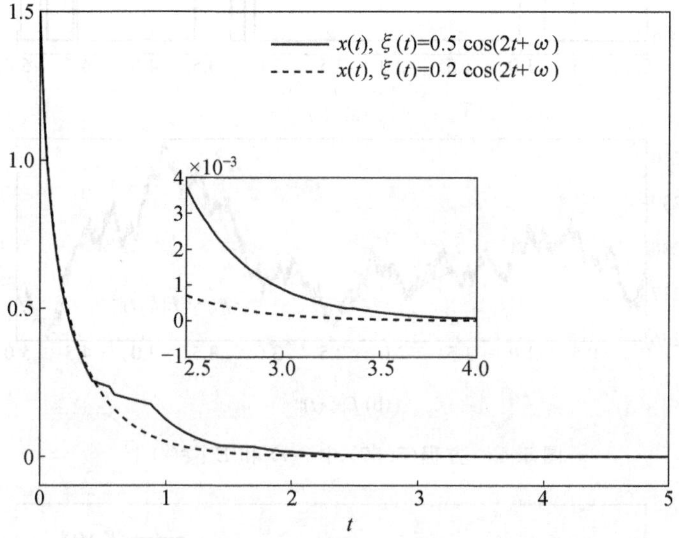

图 5.3　方程(5.57) 中 $x(t)$

图 5.3 描绘了方程(5.57) 中 $x(t)$ 的样本路径，实线表示有色噪声为 $\xi(t)=0.5\cos(2t+w)$ 时的 $x(t)$，虚线表示有色噪声为 $\xi(t)=0.2\cos(2t+w)$ 时的 $x(t)$，从图 5.3 中可以直观地看出 $\xi(t)=0.2\cos(2t+w)$ 时方程(5.57) 的全局解比 $\xi(t)=0.5\cos(2t+w)$ 时较早趋于稳定. 这说明有色噪声的上界大小对系统方程的稳定性会产生一定的影响，即有色噪声的上界越小，系统的解的轨迹就越早趋于稳定.

依据上述参数，有色噪声为 $\xi(t)=0.5\cos(2t+w)$ 时对应的其他仿真结果如图 5.4 和 5.5 所示.

图 5.4(a) 展示了方程(5.57) 中 Markov 链 $r(t)$ 的样本路径，图 5.4(b) 展示了 $E|\xi(t)|^2$ 的轨迹曲线. 图 5.5 描绘了方程(5.57) 中 $E|x(t)|^3$ 的轨迹曲线，从图 5.5 中直观地看出方程(5.57) 的全局解在 3 阶矩意义下是渐近稳定

的. 本次仿真实验中数据的期望值为200条样本路径的平均值,即 $E\mid\xi(t)\mid^2=\frac{1}{200}\sum_{i=1}^{200}\mid\xi(t,\omega_i)\mid^2$ 和 $E\mid x(t)\mid^3=\frac{1}{200}\sum_{i=1}^{200}\mid x(t,\omega_i)\mid^3$,其中 $\xi(t,\omega_i)$ 和 $x(t,\omega_i)$ 分别表示有色噪声 $\xi(t)$ 和随机过程 $x(t)$ 的第 i 条样本路径.

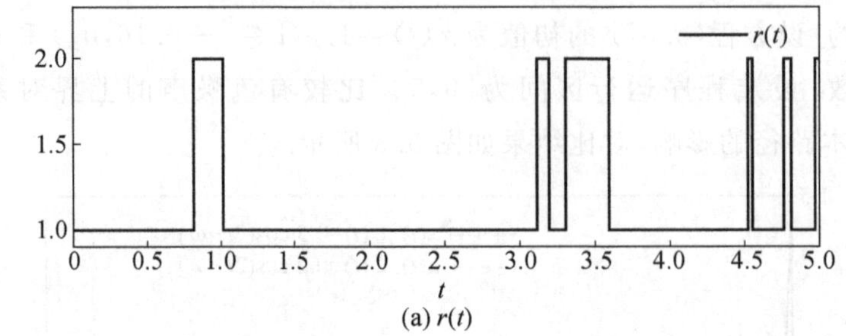

(a) $r(t)$

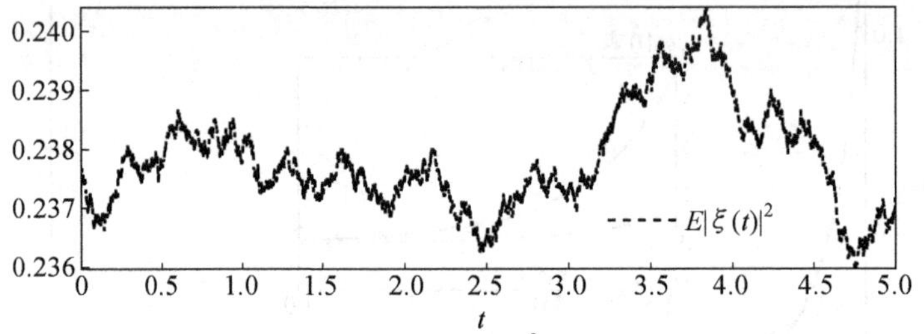

(b) $E|\xi(t)|^2$

图 5.4　方程(5.57)中 $r(t)$ 和 $E\mid\xi(t)\mid^2$

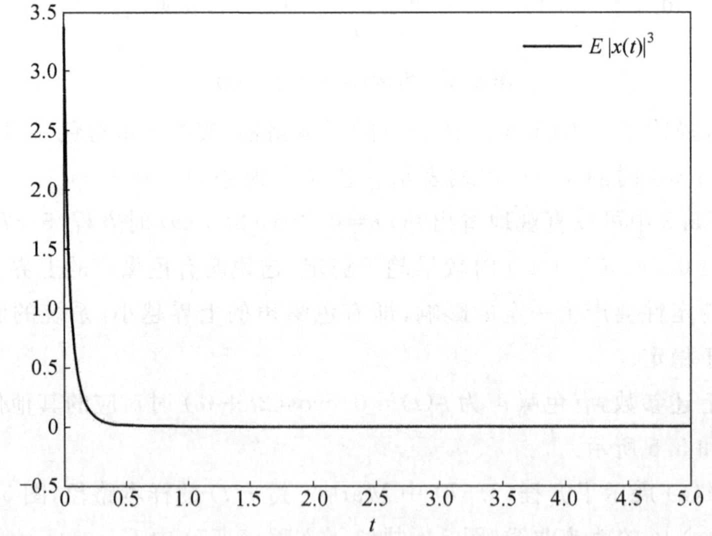

图 5.5　方程(5.57)中 $E\mid x(t)\mid^3$

5.5　本章小结

本章主要对受有色噪声干扰的非线性混杂随机时滞微分方程的稳定性问题进行了研究;通过构造的参数可调且时滞依赖 Lyapunov-Krasovskiĭ 泛函,获得了保守性较低的稳定性相关研究结果;利用 Lyapunov 稳定性理论和随机分析法,给出了全局解存在且唯一的充分性准则,以及全局解 q 阶矩渐近有界、q 阶矩噪声－状态稳定、p 阶矩渐近稳定和几乎处处渐近稳定的时滞相关判别定理. 最后,本章通过一个 Brown 运动驱动的有色噪声对应的数值算例验证了所得时滞相关稳定性判据的可行性;同时,通过一个服从均匀分布的随机变量驱动的有色噪声对应的数值算例说明了有色噪声的上界越小,系统的解的轨迹就越早趋于稳定.

Lévy 噪声干扰下非线性混杂随机时滞微分方程的稳定性

第6章

6.1 引 言

在实际的混杂随机微分方程中，不仅存在前两章所考虑的受 Brown 运动的影响，还会受到不连续型噪声的影响. 根据 Lévy-Itô 分解，Lévy 过程不仅具有独立的平稳增量，还会产生大的跳跃使样本路径在时间上不连续(但右连续). 因此，Lévy 过程能较好地描述 Brown 运动和不连续型噪声同时存在的情形. 对这类受更一般噪声影响的方程的研究在理论和实际上都具有重要的意义. 本章将非线性混杂随机时滞微分方程稳定性的研究扩展到系统含 Lévy 噪声的情形，针对具有时变时滞和不同模态、不同结构的非线性随机微分方程，运用模态依赖 Lyapunov 函数、M－矩阵的性质、非负半鞅收敛定理，证明全局解的存在唯一性，建立全局解渐近有界和指数稳定的时滞相关充分性准则. 最后本章利用数值算例对所得研究结果进行验证.

6.2 具有时变时滞的非线性混杂随机微分方程

考虑如下具有时变时滞和 Lévy 噪声的非线性混杂随机微分方程

$$\mathrm{d}x(t)=f(x(t),x(t-\tau(t)),t,r(t))\mathrm{d}t+g(x(t),x(t-\tau(t)),t,r(t))\mathrm{d}\omega(t)+\int_{|v|<c}h(x(t),x(t-\tau(t)),t,r(t),v)\tilde{N}(\mathrm{d}t,\mathrm{d}v) \tag{6.1}$$

其中，$x(t)$ 表示取值于 $\mathbb{R}^n$ 的随机过程，$\tau(t)\in[0,\tau]$ 表示时变时滞，满足 $\dot{\tau}(t)\leqslant\bar{\tau}$ 且 $\tau>0$ 和 $\bar{\tau}$ 是两个已知的常数，$f:\mathbb{R}^n\times\mathbb{R}^n\times\mathbb{R}_+\times S\to\mathbb{R}^n$，$g:\mathbb{R}^n\times\mathbb{R}^n\times\mathbb{R}_+\times S\to\mathbb{R}^{n\times m}$ 和 $h:\mathbb{R}^n\times\mathbb{R}^n\times\mathbb{R}_+\times S\times\mathbb{R}^n\to\mathbb{R}^n$ 都是 Borel 可测函数，$\omega(t)\in\mathbb{R}^m$ 表示定义在完备概率空间$(\Omega,F,\{F_t\}_{t\geqslant0},P)$ 上 F_t — 可测的 Brown 运动，标量 $c\in(0,\infty]$ 表示跳跃允许的最大范围，$N(\mathrm{d}t,\mathrm{d}v)$ 表示一个强度测度为 $\mu(\cdot)$ 的 Poisson 随机测度，$\mu(\cdot)$ 也是一个 Lévy 测度，$\tilde{N}(\mathrm{d}t,\mathrm{d}v)=N(\mathrm{d}t,\mathrm{d}v)-\mu(\mathrm{d}v)\mathrm{d}t$ 表示 $N(\mathrm{d}t,\mathrm{d}v)$ 的复合 Poisson 随机测度，通常称(ω,N)为 Lévy 噪声. $\{r(t),t\geqslant0\}$ 为一个在有限状态空间 $S=\{1,2,\cdots,M\}$ 上取值的右连续 Markov 链，其转移概率如下

$$P\{r(t+\Delta t)=j\mid r(t)=i\}=\begin{cases}\pi_{ij}\Delta t+o(\Delta t), & i\neq j\\ 1+\pi_{ij}\Delta t+o(\Delta t), & i=j\end{cases}$$

其中，$\Delta t>0$，$\lim\limits_{\Delta t\to0^+}\dfrac{o(\Delta t)}{\Delta t}=0$；当 $i\neq j$ 时，$\pi_{ij}\geqslant0$ 表示 t 时刻处于状态 i 时，在 $t+\Delta t$ 时刻处于状态 j 的转移速率，且 $\pi_{ii}=-\sum\limits_{j=1,j\neq i}^{M}\pi_{ij}\leqslant0$，其生成的转移速率矩阵为 $\boldsymbol{\Pi}=[\pi_{ij}]_{M\times M}$. 假设 Brown 运动 $\omega(t)$、Poisson 随机测度 $N(\mathrm{d}t,\mathrm{d}v)$ 和 Markov 链 $r(t)$ 彼此相互独立.

方程(6.1) 的初值为 $x(s)=\psi(s)(s\in[-\tau,0])$ 和 $r(0)=r_0\in S$，其中，$\psi\in L^p_{F_0}([-\tau,0];\mathbb{R}^n)$. 若方程(6.1) 的解存在，则此解记为 $x(t;\psi,r_0)(t\in[-\tau,\infty))$，也可简写为 $x(t)$.

为保证方程(6.1) 解的存在唯一性，有必要给出以下假设：

假设 6.1(局部 Lipschitz 条件)　对于每个正整数 $k\geqslant1$，存在一个标量 $K_k>0$ 使得

$$|f(\boldsymbol{x}_1,\boldsymbol{y}_1,t,i)-f(\boldsymbol{x}_2,\boldsymbol{y}_2,t,i)|^2\vee|g(\boldsymbol{x}_1,\boldsymbol{y}_1,t,i)-g(\boldsymbol{x}_2,\boldsymbol{y}_2,t,i)|^2\vee\int_{|v|<c}|h(\boldsymbol{x}_1,\boldsymbol{y}_1,t,i,v)-h(\boldsymbol{x}_2,\boldsymbol{y}_2,t,i,v)|^2\mu\mathrm{d}v\leqslant K_k(|\boldsymbol{x}_1-\boldsymbol{x}_2|^2+|\boldsymbol{y}_1-\boldsymbol{y}_2|^2)$$

对所有的 $(t,i)\in\mathbb{R}_+\times S$ 和 $\boldsymbol{x}_1,\boldsymbol{x}_2,\boldsymbol{y}_1,\boldsymbol{y}_2\in\mathbb{R}^n$ 且 $|\boldsymbol{x}_1|\vee|\boldsymbol{x}_2|\vee|\boldsymbol{y}_1|\vee|\boldsymbol{y}_2|\leqslant k$ 都成立.

假设 6.2(非线性增长条件)　将 Markov 链 $r(t)$ 的状态空间 $S=\{1,2,\cdots,$

$M\}$ 分解为两个子空间 $S_1 = \{1,2,\cdots,M_1\}$ 和 $S_2 = \{M_1+1, M_1+2,\cdots,M\}$，且 $1 \leqslant M_1 < M$，对所有的 $(t,\boldsymbol{x},\boldsymbol{y}) \in \mathbb{R}_+ \times \mathbb{R}^n \times \mathbb{R}^n$，存在两个正常数 $q > p \geqslant 2$ 使得以下两种情况均成立：

(1) 对于每个 $i \in S_1$，存在标量 $\alpha_{i1}, \alpha_{i2}, \alpha_{i3} \geqslant 0$ 使得下式成立

$$\boldsymbol{x}^{\mathrm{T}} f(\boldsymbol{x},\boldsymbol{y},t,i) + \frac{q-1}{2} \mid g(\boldsymbol{x},\boldsymbol{y},t,i) \mid^2 \leqslant \alpha_{i1} + \alpha_{i2} \mid \boldsymbol{x} \mid^2 + \alpha_{i3} \mid \boldsymbol{y} \mid^2 \tag{6.2}$$

(2) 对于每个 $i \in S_2$，存在标量 $\alpha_{i1}, \alpha_{i2}, \alpha_{i3} \geqslant 0$，$\alpha_{i4} > 0$ 和 $\alpha_{i5} \geqslant 0$ 使得下式成立

$$\begin{aligned} &\boldsymbol{x}^{\mathrm{T}} f(\boldsymbol{x},\boldsymbol{y},t,i) + \frac{p-1}{2} \mid g(\boldsymbol{x},\boldsymbol{y},t,i) \mid^2 \\ &\leqslant \alpha_{i1} + \alpha_{i2} \mid \boldsymbol{x} \mid^2 + \alpha_{i3} \mid \boldsymbol{y} \mid^2 - \alpha_{i4} \mid \boldsymbol{x} \mid^{q-p+2} + \alpha_{i5} \mid \boldsymbol{y} \mid^{q-p+2} \end{aligned} \tag{6.3}$$

假设 6.3　对所有的 $(t,\boldsymbol{x},\boldsymbol{y}) \in \mathbb{R}_+ \times \mathbb{R}^n \times \mathbb{R}^n$，存在两个正常数 $q > p \geqslant 2$ 使得以下两种情况均成立：

(1) 对于每个 $i \in S$，存在标量 $\beta_{i1} \geqslant 0$ 和 $\beta_{i2} \geqslant 0$ 使得下式成立

$$\int_{|v|<c} \mid h(\boldsymbol{x},\boldsymbol{y},t,i,v) \mid^p \mu \,\mathrm{d}v \leqslant \beta_{i1} \mid \boldsymbol{x} \mid^p + \beta_{i2} \mid \boldsymbol{y} \mid^p \tag{6.4}$$

(2) 对于每个 $i \in S_1$，存在标量 $\rho_{i1} \geqslant 0$ 和 $\rho_{i2} \geqslant 0$ 使得下式成立

$$\int_{|v|<c} \mid h(\boldsymbol{x},\boldsymbol{y},t,i,v) \mid^q \mu \,\mathrm{d}v \leqslant \rho_{i1} \mid \boldsymbol{x} \mid^q + \rho_{i2} \mid \boldsymbol{y} \mid^q \tag{6.5}$$

定义 6.1[44]　对于所有的 $(\psi, r_0) \in L^p_{\mathcal{F}_0}([-\tau,0];\mathbb{R}^n) \times S$，如果

$$\limsup_{t\to\infty} \frac{1}{t} \log(|x(t;\psi,r_0)|) < 0 \text{ a.s.}$$

那么称方程(6.1)的平凡解是几乎处处指数稳定的.

6.3　时滞相关稳定性分析

本节中将给出具有时变时滞和 Lévy 噪声的非线性混杂随机微分方程(6.1)的全局解存在且唯一的充分性条件，以及该全局解为 p 阶矩渐近有界、p 阶矩指数稳定和几乎处处指数稳定的判别准则.

定理 6.1　在假设 6.1 ~ 6.3 的条件下，如果

$$\boldsymbol{A} = -\mathrm{diag}\{A_1, A_2, \cdots, A_M\} - \boldsymbol{\Pi} \tag{6.6}$$

$$\boldsymbol{B}=-\operatorname{diag}\{B_1,B_2,\cdots,B_{M_1}\}-[\pi_{ij}]_{i,j\in S_1} \tag{6.7}$$

都是非奇异 M－矩阵，其中

$$A_i=\alpha_{i2}p+C(p-1)(p-2)2^{p-4}+\beta_{i1}(p-1)(p+2)2^{p-4},i=1,2,\cdots,M$$

$$B_i=\alpha_{i2}q+C(q-1)(q-2)2^{q-4}+\rho_{i1}(q-1)(q+2)2^{q-4},i=1,2,\cdots,M_1$$

且存在两个标量 $\kappa>0$ 和 $\vartheta>0$ 使得下式成立

$$-\theta_i\alpha_{i4}p+\sum_{j\in S_1}\pi_{ij}\eta_j\leqslant-\kappa,\forall i\in S_2 \tag{6.8}$$

$$1-\beta_{i2}\theta_i(p-1)(p+2)2^{p-4}\geqslant\theta_i\alpha_{i3}p,\forall i\in S \tag{6.9}$$

$$\alpha_{i3}\eta_i(2q-p)<\kappa-b_1,\forall i\in S_1 \tag{6.10}$$

$$\alpha_{i5}\theta_i(2q-p)<q(\kappa-b_1),\forall i\in S_2 \tag{6.11}$$

$$2c_1+c_2>\vartheta a_1 \tag{6.12}$$

$$\bar{\tau}<\left(\frac{2c_1+c_2(1-e^{\vartheta\bar{\tau}})-\vartheta a_1}{2c_1+c_2-\vartheta a_1}\wedge\frac{2c_1}{2c_1+c_2}\right) \tag{6.13}$$

其中

$$\operatorname{col}_M\{\theta_i\}=\boldsymbol{A}^{-1}\mathbf{1}_M,\operatorname{col}_{M_1}\{\eta_i\}=\boldsymbol{B}^{-1}\operatorname{col}_{M_1}\{\kappa\} \tag{6.14}$$

$$2c_1=\kappa-b_1-\frac{b_2(2q-p)}{q} \tag{6.15}$$

$$c_2=b_1+\frac{b_2(q-p+2)}{q} \tag{6.16}$$

$$b_1=\max_{i\in S_1}[\rho_{i2}\eta_i(q-1)(q+2)2^{q-4}] \tag{6.17}$$

$$b_2=(\max_{i\in S_1}\eta_i\alpha_{i3}q)\vee(\max_{i\in S_2}\theta_i\alpha_{i5}p) \tag{6.18}$$

$$C=\int_{|v|<c}\mu(\mathrm{d}v) \tag{6.19}$$

$$a_1=(\max_{i\in S}\theta_i)\vee(\max_{i\in S_1}\eta_i) \tag{6.20}$$

那么方程(6.1)存在唯一的全局解，且该全局解满足

$$\limsup_{t\to\infty}\frac{1}{t}\int_0^t E|x(s)|^q\mathrm{d}s\leqslant w_1 \tag{6.21}$$

$$\limsup_{t\to\infty}E|x(t)|^p\leqslant w_2 \tag{6.22}$$

其中，w_1 和 w_2 是两个与方程(6.1)的初值无关的正常数，换言之，方程(6.1)的全局解是 p 阶矩渐近有界的.

证　记 $x(t)=x(t;\psi,r_0)(t\in[-\tau,\infty))$. 由于 $\boldsymbol{A}$ 和 $\boldsymbol{B}$ 都是非奇异 M－矩阵，根据命题 3.1 可知，定理条件中式(6.14)的标量 $\theta_i>0(i\in S)$ 和 $\eta_i>0$ $(i\in S_1)$. 设计下列模态依赖 Lyapunov 函数

$$V(x(t),t,r(t))=\begin{cases}\theta_{r(t)}\mid x(t)\mid^{p}+\eta_{r(t)}\mid x(t)\mid^{q}, & r(t)\in S_1\\ \theta_{r(t)}\mid x(t)\mid^{p}, & r(t)\in S_2\end{cases} \tag{6.23}$$

其中,$\theta_{r(t)}(r(t)\in S)$和$\eta_{r(t)}(r(t)\in S_1)$如定理条件中式(6.14)所示.定义$a_2=\min_{i\in S}\theta_i$,利用定理条件中式(6.20)和式(6.23),得到

$$a_2\mid x(t)\mid^{p}\leqslant V(x(t),t,r(t))\leqslant a_1(\mid x(t)\mid^{p}+\mid x(t)\mid^{q}) \tag{6.24}$$

记$r(t)=i$,对于$i\in S_1$,利用引理2.2和式(6.2),我们有

$$\begin{aligned}LV(x(t),t,i)=&\theta_i p\mid x(t)\mid^{p-2}(x^{\mathrm{T}}(t)f(x(t),x(t-\tau(t)),t,i)+\\&\frac{p-1}{2}\mid g(x(t),x(t-\tau(t)),t,i)\mid^{2})+\\&\eta_i q\mid x(t)\mid^{q-2}(x^{\mathrm{T}}(t)f(x(t),x(t-\tau(t)),t,i)+\\&\frac{q-1}{2}\mid g(x(t),x(t-\tau(t)),t,i)\mid^{2})+\\&\sum_{j\in S}\pi_{ij}\theta_j\mid x(t)\mid^{p}+\sum_{j\in S_1}\pi_{ij}\eta_j\mid x(t)\mid^{q}+\\&\int_{|v|<c}[V(x(t)+h(x(t),x(t-\tau(t)),t,i,v),t,i)-\\&V(x(t),t,i)-V_x(x(t),t,i)h(x(t),\\&x(t-\tau(t)),t,i,v)]\mu\mathrm{d}v\end{aligned} \tag{6.25}$$

参照文献[97]的推导方法,利用引理2.1,不难发现存在$\tau(t)\in(0,1)$,使得下列不等式成立

$$\begin{aligned}&V(x(t)+h(x(t),x(t-\tau(t)),t,i,v),t,i)-\\&V(x(t),t,i)-V_x(x(t),t,i)h(x(t),x(t-\tau(t)),t,i,v)\\=&\frac{1}{2}h^{\mathrm{T}}(x(t),x(t-\tau(t)),t,i,v)\cdot\\&V_{xx}(x(t)+\tau(t)h(x(t),x(t-\tau(t)),t,i,v),t,i)\cdot\\&h(x(t),x(t-\tau(t)),t,i,v)\\\leqslant&\frac{1}{2}\theta_i p(p-1)\mid x(t)+\tau(t)h(x(t),x(t-\tau(t)),t,i,v)\mid^{p-2}\cdot\\&\mid h(x(t),x(t-\tau(t)),t,i,v)\mid^{2}+\frac{1}{2}\eta_i q(q-1)\cdot\\&\mid x(t)+\tau(t)h(x(t),x(t-\tau(t)),t,i,v)\mid^{q-2}\mid h(x(t),x(t-\tau(t)),t,i,v)\mid^{2}\end{aligned}$$

利用引理2.12,由上式计算出

$$\begin{aligned}&V(x(t)+h(x(t),x(t-\tau(t)),t,i,v),t,i)-\\&V(x(t),t,i)-V_x(x(t),t,i)h(x(t),x(t-\tau(t)),t,i,v)\\\leqslant&\theta_i p(p-1)2^{p-4}(\mid x(t)\mid^{p-2}+\mid\tau(t)h(x(t),x(t-\tau(t)),t,i,v)\mid^{p-2})\cdot\end{aligned}$$

$$
\begin{aligned}
&|h(x(t),x(t-\tau(t)),t,i,v)|^2+\eta_i q(q-1)2^{q-4}(|x(t)|^{q-2}+\\
&|\tau(t)h(x(t),x(t-\tau(t)),t,i,v)|^{q-2})|h(x(t),x(t-\tau(t)),t,i,v)|^2\\
\leqslant&\theta_i(p-1)(p-2)2^{p-4}|x(t)|^p+\eta_i(q-1)(q-2)2^{q-4}|x(t)|^q+\\
&\theta_i(p-1)(p+2)2^{p-4}|h(x(t),x(t-\tau(t)),t,i,v)|^p+\\
&\eta_i(q-1)(q+2)2^{q-4}|h(x(t),x(t-\tau(t)),t,i,v)|^q
\end{aligned}
$$

结合假设 6.3 和上述不等式，计算出

$$
\begin{aligned}
&\int_{|v|<c}[V(x(t)+h(x(t),x(t-\tau(t)),t,i,v),t,i)-V(x(t),t,i)-\\
&V_x(x(t),t,i)h(x(t),x(t-\tau(t)),t,i,v)]\mu\mathrm{d}v\\
\leqslant&C\theta_i(p-1)(p-2)2^{p-4}|x(t)|^p+C\eta_i(q-1)(q-2)2^{q-4}|x(t)|^q+\\
&\beta_{i1}\theta_i(p-1)(p+2)2^{p-4}|x(t)|^p+\\
&\beta_{i2}\theta_i(p-1)(p+2)2^{p-4}|x(t-\tau(t))|^p+\\
&\rho_{i1}\eta_i(q-1)(q+2)2^{q-4}|x(t)|^q+\\
&\rho_{i2}\eta_i(q-1)(q+2)2^{q-4}|x(t-\tau(t))|^q
\end{aligned}
\tag{6.26}
$$

将式(6.26) 代入式(6.25) 中，合并同类项推导出

$$
\begin{aligned}
LV(x(t),t,i)\leqslant&\theta_i\alpha_{i1}p|x(t)|^{p-2}+[\theta_i\alpha_{i2}p+C\theta_i(p-1)(p-2)2^{p-4}+\\
&\beta_{i1}\theta_i(p-1)(p+2)2^{p-4}+\sum_{j\in S}\pi_{ij}\theta_j]|x(t)|^p+\\
&\eta_i\alpha_{i1}q|x(t)|^{q-2}+[\eta_i\alpha_{i2}q+C\eta_i(q-1)(q-2)2^{q-4}+\\
&\rho_{i1}\eta_i(q-1)(q+2)2^{q-4}+\sum_{j\in S_1}\pi_{ij}\eta_j]|x(t)|^q+\\
&\theta_i\alpha_{i3}p|x(t)|^{p-2}|x(t-\tau(t))|^2+\\
&\eta_i\alpha_{i3}q|x(t)|^{q-2}|x(t-\tau(t))|^2+\\
&\beta_{i2}\theta_i(p-1)(p+2)2^{p-4}|x(t-\tau(t))|^p+\\
&\rho_{i2}\eta_i(q-1)(q+2)2^{q-4}|x(t-\tau(t))|^q
\end{aligned}
\tag{6.27}
$$

由定理条件中式(6.6)(6.7) 和式(6.14) 不难计算出

$$
\theta_i\alpha_{i2}p+C\theta_i(p-1)(p-2)2^{p-4}+\beta_{i1}\theta_i(p-1)(p+2)2^{p-4}+\sum_{j\in S}\pi_{ij}\theta_j=-1
$$

$$
\eta_i\alpha_{i2}q+C\eta_i(q-1)(q-2)2^{q-4}+\rho_{i1}\eta_i(q-1)(q+2)2^{q-4}+\sum_{j\in S_1}\pi_{ij}\eta_j=-\kappa
$$

把上述等式代入式(6.27) 中推导出

$$
\begin{aligned}
LV(x(t),t,i)\leqslant&\theta_i\alpha_{i1}p|x(t)|^{p-2}-|x(t)|^p+\eta_i\alpha_{i1}q|x(t)|^{q-2}-\kappa|x(t)|^q+\\
&\theta_i\alpha_{i3}p|x(t)|^{p-2}|x(t-\tau(t))|^2+\eta_i\alpha_{i3}q|x(t)|^{q-2}\cdot\\
&|x(t-\tau(t))|^2+\beta_{i2}\theta_i(p-1)(p+2)2^{p-4}|x(t-\tau(t))|^p+\\
&\rho_{i2}\eta_i(q-1)(q+2)2^{q-4}|x(t-\tau(t))|^q
\end{aligned}
\tag{6.28}
$$

利用引理 2.12,我们有

$$|x(t)|^{p-2}|x(t-\tau(t))|^2 \leqslant \frac{p-2}{p}|x(t)|^p + \frac{2}{p}|x(t-\tau(t))|^p$$

$$|x(t)|^{q-2}|x(t-\tau(t))|^2 \leqslant \frac{q-2}{q}|x(t)|^q + \frac{2}{q}|x(t-\tau(t))|^q$$

把上述不等式代入式(6.28)中,再结合定理条件中式(6.9),推导出

$$\begin{aligned} LV(x(t),t,i) \leqslant\ & \theta_i\alpha_{i1}p|x(t)|^{p-2} + \eta_i\alpha_{i1}q|x(t)|^{q-2} - \kappa|x(t)|^q - \\ & \frac{1}{p}[2+\beta_{i2}\theta_i(p-1)(p^2-4)2^{p-4}]|x(t)|^p + \\ & \frac{1}{p}[2+\beta_{i2}\theta_i(p-1)(p^2-4)2^{p-4}]|x(t-\tau(t))|^p + \\ & \eta_i\alpha_{i3}q\left(\frac{q-2}{q}|x(t)|^q + \frac{2}{q}|x(t-\tau(t))|^q\right) + \\ & \rho_{i2}\eta_i(q-1)(q+2)2^{q-4}|x(t-\tau(t))|^q \end{aligned} \tag{6.29}$$

相似地,对于 $i\in S_2$,计算出

$$\begin{aligned} LV(x(t),t,i) \leqslant\ & \theta_i\alpha_{i1}p|x(t)|^{p-2} - |x(t)|^p + \beta_{i2}\theta_i(p-1)(p+2)2^{p-4}\cdot \\ & |x(t-\tau(t))|^p + \theta_i\alpha_{i3}p|x(t)|^{p-2}|x(t-\tau(t))|^2 + \\ & \theta_i\alpha_{i5}p|x(t)|^{p-2}|x(t-\tau(t))|^{q-p+2} - \theta_i\alpha_{i4}p|x(t)|^q + \\ & \sum_{j\in\Gamma_1}\pi_{ij}\eta_j|x(t)|^q \end{aligned} \tag{6.30}$$

把定理条件中式(6.8)代入式(6.30)得到

$$\begin{aligned} LV(x(t),t,i) \leqslant\ & \theta_i\alpha_{i1}p|x(t)|^{p-2} - |x(t)|^p + \beta_{i2}\theta_i(p-1)(p+2)2^{p-4}\cdot \\ & |x(t-\tau(t))|^p - \kappa|x(t)|^q + \theta_i\alpha_{i3}p|x(t)|^{p-2}|x(t- \\ & \tau(t))|^2 + \theta_i\alpha_{i5}p|x(t)|^{p-2}|x(t-\tau(t))|^{q-p+2} \end{aligned} \tag{6.31}$$

再利用定理条件中式(6.9),由式(6.31)推导出

$$\begin{aligned} LV(x(t),t,i) \leqslant\ & \theta_i\alpha_{i1}p|x(t)|^{p-2} - \kappa|x(t)|^q + \theta_i\alpha_{i5}p\cdot \\ & \left(\frac{p-2}{q}|x(t)|^q + \frac{q-p+2}{q}|x(t-\tau(t))|^q\right) - \\ & \frac{1}{p}[2+\beta_{i2}\theta_i(p-1)(p^2-4)2^{p-4}]|x(t)|^p + \\ & \frac{1}{p}[2+\beta_{i2}\theta_i(p-1)(p^2-4)2^{p-4}]|x(t-\tau(t))|^p \end{aligned} \tag{6.32}$$

对于所有的 $i\in S$,由式(6.29)和式(6.32)计算出

$LV(x(t),t,i) \leqslant b_3(|x(t)|^{p-2} + |x(t)|^{q-2}) - b_{i4}|x(t)|^p + b_{i4}|x(t-\tau(t))|^p -$

$$\kappa \mid x(t) \mid^{q} + b_1 \mid x(t-\tau(t)) \mid^{q} +$$
$$b_2\left(\frac{q-2}{q} \mid x(t) \mid^{q} + \frac{q-p+2}{q} \mid x(t-\tau(t)) \mid^{q}\right)$$
$$\leqslant b_3(\mid x(t) \mid^{p-2} + \mid x(t) \mid^{q-2}) - b_{i4} \mid x(t) \mid^{p} + b_{i4} \mid x(t-\tau(t)) \mid^{p} -$$
$$(2c_1 + c_2) \mid x(t) \mid^{q} + c_2 \mid x(t-\tau(t)) \mid^{q} \tag{6.33}$$

其中，$b_3 = (\max_{i\in S} \theta_i \alpha_{i1} p) \vee (\max_{i\in S_1} \eta_i \alpha_{i1} q)$ 和 $b_{i4} = \frac{1}{p}[2 + \beta_{i2}\theta_i(p-1)(p^2-4)2^{p-4}]$，且 $b_1, b_2, 2c_1$ 和 c_2 参见定理条件中式(6.15) ~ (6.18). 再根据定理条件中式(6.10) 和式(6.11)，不难发现，$2c_1 > 0$ 和 $c_2 > 0$.

如文献[44] 中的定理 3.15 所述，在假设 6.1 的条件下，方程(6.1) 在区间 $[-\tau, \sigma_\infty)$ 上存在唯一的最大局部解，其中 σ_∞ 代表爆发时间. 现在，我们需要证明 $\sigma_\infty = \infty$ a. s. 来说明方程(6.1) 存在唯一的全局解. 选择一个充分大的正整数 k_0，使得 $\|\psi\| < k_0$，对于每个正整数 $k \geqslant k_0$，不失一般性，定义停时 $\lambda_k = \inf\{t \geqslant 0 : \mid x(t) \mid \geqslant k\}$，且 $\inf \varnothing = \infty$. 显然，随着 $k \to \infty$，λ_k 是递增的，同时，$\lambda_\infty = \lim_{k\to\infty} \lambda_k \leqslant \sigma_\infty$ a. s.. 因此我们只需要证明 $\lambda_\infty = \infty$ a. s. 就可以说明方程(6.1) 在区间 $[-\tau, \infty)$ 上存在唯一的全局解.

利用 Dynkin 公式，我们有

$$EV(x(t \wedge \lambda_k), t \wedge \lambda_k, r(t \wedge \lambda_k))$$
$$= EV(x(0), 0, r_0) + E\int_0^{t\wedge\lambda_k} LV(x(s), s, r(s)) \mathrm{d}s$$

把式(6.24) 和式(6.33) 代入上述等式中得到

$$EV(x(t \wedge \lambda_k), t \wedge \lambda_k, r(t \wedge \lambda_k))$$
$$\leqslant a_1(E \mid \psi(0) \mid^{p} + E \mid \psi(0) \mid^{q}) + b_3 E\int_0^{t\wedge\lambda_k} (\mid x(s) \mid^{p-2} + \mid x(s) \mid^{q-2}) \mathrm{d}s -$$
$$E\int_0^{t\wedge\lambda_k} b_{r(s)4} \mid x(s) \mid^{p} \mathrm{d}s + E\int_0^{t\wedge\lambda_k} b_{r(s)4} \mid x(s-\tau(s)) \mid^{p} \mathrm{d}s -$$
$$(2c_1 + c_2) E\int_0^{t\wedge\lambda_k} \mid x(s) \mid^{q} \mathrm{d}s + c_2 E\int_0^{t\wedge\lambda_k} \mid x(s-\tau(s)) \mid^{q} \mathrm{d}s \tag{6.34}$$

利用基本不等式 $x^n y^{1-n} \leqslant nx + (1-n)y, \forall x, y \geqslant 0, n \in [0,1]$，对于 $\forall \varepsilon_1 > 0$，不难得到

$$b_3 \mid x(t) \mid^{p-2} \leqslant c_3 + \frac{p-2}{q\varepsilon_1} \mid x(t) \mid^{q} \tag{6.35}$$

$$b_3 \mid x(t) \mid^{q-2} \leqslant c_4 + \frac{q-2}{q\varepsilon_1} \mid x(t) \mid^{q} \tag{6.36}$$

其中，$c_3 = \frac{q-p+2}{q} b_3^{\frac{q}{q-p+2}} \varepsilon_1^{\frac{p-2}{q-p+2}}$ 和 $c_4 = \frac{2}{q} b_3^{\frac{q}{2}} \varepsilon_1^{\frac{q-2}{2}}$. 此外，考虑时滞的相关信息，我

们有

$$\int_0^{t\wedge\lambda_k} |x(s-\tau(s))|^p ds \leqslant \frac{1}{1-\bar{\tau}}\int_{-\tau}^0 |x(s)|^p ds + \frac{1}{1-\bar{\tau}}\int_0^{t\wedge\lambda_k} |x(s)|^p ds \tag{6.37}$$

$$\int_0^{t\wedge\lambda_k} |x(s-\tau(s))|^q ds \leqslant \frac{1}{1-\bar{\tau}}\int_{-\tau}^0 |x(s)|^q ds + \frac{1}{1-\bar{\tau}}\int_0^{t\wedge\lambda_k} |x(s)|^q ds \tag{6.38}$$

把式(6.35) ~ (6.38) 代入式(6.34) 中得到

$$\begin{aligned}
&EV(x(t\wedge\lambda_k), t\wedge\lambda_k, r(t\wedge\lambda_k)) \\
&\leqslant a_1(E|\psi(0)|^p + E|\psi(0)|^q) + (c_3+c_4)t + \frac{\bar{b}_4}{1-\bar{\tau}}E\int_{-\tau}^0 |x(s)|^p ds + \\
&\frac{c_2}{1-\bar{\tau}}E\int_{-\tau}^0 |x(s)|^q ds + \frac{\bar{b}_4\bar{\tau}}{1-\bar{\tau}}E\int_0^{t\wedge\lambda_n} |x(s)|^p ds + \\
&\left(\frac{q+p-4}{q\varepsilon_1} + \frac{c_2}{1-\bar{\tau}} - 2c_1 - c_2\right)E\int_0^{t\wedge\lambda_n} |x(s)|^q ds
\end{aligned} \tag{6.39}$$

其中,$\bar{b}_4 = \max\limits_{i\in S} b_{i4}$. 由于 ε_1 的任意性,根据定理条件中式(6.13),不难发现存在一个充分大的实数 $\varepsilon_1 > 0$ 使得下式成立

$$\frac{q+p-4}{q\varepsilon_1} + \frac{c_2}{1-\bar{\tau}} - 2c_1 - c_2 < 0$$

因此,由式(6.24) 和式(6.39) 推导出

$$\begin{aligned}
a_2E|x(t\wedge\lambda_k)|^p &\leqslant a_1(E|\psi(0)|^p + E|\psi(0)|^q) + (c_3+c_4)t + \\
&\frac{\bar{b}_4}{1-\bar{\tau}}E\int_{-\tau}^0 |x(s)|^p ds + \frac{c_2}{1-\bar{\tau}}E\int_{-\tau}^0 |x(s)|^q ds + \\
&\frac{\bar{b}_4\bar{\tau}}{1-\bar{\tau}}E\int_0^{t\wedge\lambda_k} |x(s)|^p ds \\
&\leqslant a_3 + (c_3+c_4)t + \frac{\bar{b}_4\bar{\tau}}{1-\bar{\tau}}E\int_0^{t\wedge\lambda_k} |x(s)|^p ds
\end{aligned}$$

其中,$a_3 = \left(a_1 + \frac{\bar{b}_4\tau}{1-\bar{\tau}}\right)E\|\psi\|^p + \left(a_1 + \frac{c_2\tau}{1-\bar{\tau}}\right)E\|\psi\|^q$. 利用引理 2.8,由上式计算出

$$a_2E|x(t\wedge\lambda_k)|^p \leqslant [a_3 + (c_3+c_4)t]e^{\frac{\bar{b}_4\bar{\tau}t}{1-\bar{\tau}}} \tag{6.40}$$

根据 λ_k 的定义,我们有 $E|x(t\wedge\lambda_k)|^p \geqslant k^p P\{\lambda_k \leqslant t\}$. 通过式(6.40) 不难计算出

$$P\{\lambda_k \leqslant t\} \leqslant \frac{a_3 + (c_3 + c_4)t}{a_2 k^p} e^{\frac{\bar{b}_4 \bar{\tau} t}{1-\bar{\tau}}} \tag{6.41}$$

令 $k \to \infty$，由式(6.41) 可知，$\limsup_{n\to\infty} P\{\lambda_\infty \leqslant t\} = 0$，这表明 $\lambda_\infty > t$ a. s.，再令 $t \to \infty$，可得 $\lambda_\infty = \infty$ a. s.. 所以方程(6.1) 存在唯一的全局解.

定义 $a_4 = 2c_1 + c_2 - \frac{q+p-4}{q\varepsilon_1} - \frac{c_2}{1-\bar{\tau}} > 0$，由式(6.39) 推导出

$$\begin{aligned} & EV(x(t \wedge \lambda_k), t \wedge \lambda_k, r(t \wedge \lambda_k)) \\ & \leqslant a_3 + (c_3 + c_4)t + \frac{\bar{b}_4 \bar{\tau}}{1-\bar{\tau}} E\int_0^{t\wedge\lambda_k} |x(s)|^p ds - a_4 E\int_0^{t\wedge\lambda_k} |x(s)|^q ds \end{aligned} \tag{6.42}$$

对于 $\forall \varepsilon_2 > 0$，我们有

$$\frac{\bar{b}_4 \bar{\tau}}{1-\bar{\tau}} |x(s)|^p \leqslant c_5 + \frac{p}{q\varepsilon_2} |x(s)|^q$$

其中，$c_5 = \frac{q-p}{q}\left(\frac{\bar{b}_4 \bar{\tau}}{1-\bar{\tau}}\right)^{\frac{q}{q-p}} \varepsilon_2^{\frac{p}{q-p}}$. 把上式代入式(6.42) 中推导出

$$\begin{aligned} & EV(x(t \wedge \lambda_k), t \wedge \lambda_k, r(t \wedge \lambda_k)) \\ & \leqslant a_3 + (c_3 + c_4 + c_5)t - \left(a_4 - \frac{p}{q\varepsilon_2}\right) E\int_0^{t\wedge\lambda_k} |x(s)|^q ds \end{aligned} \tag{6.43}$$

由于 ε_2 的任意性，存在一个充分大的实数 $\varepsilon_2 > 0$ 使得 $a_4 - \frac{p}{q\varepsilon_2} > 0$. 进而，由式(6.43) 不难计算出

$$\left(a_4 - \frac{p}{q\varepsilon_2}\right) E\int_0^{t\wedge\lambda_k} |x(s)|^q ds \leqslant a_3 + (c_3 + c_4 + c_5)t$$

令 $k \to \infty$，利用 Fatou 引理和 Fubini 定理，显然有

$$\left(a_4 - \frac{p}{q\varepsilon_2}\right) \int_0^t E |x(s)|^q ds \leqslant a_3 + (c_3 + c_4 + c_5)t$$

再令 $t \to \infty$，我们有

$$\limsup_{t\to\infty} \frac{1}{t}\int_0^t E |x(s)|^q ds \leqslant \frac{q\varepsilon_2(c_3 + c_4 + c_5)}{a_4 q\varepsilon_2 - p}$$

因此，这表明定理 6.1 中的式(6.21) 成立.

对于 $\forall t \geqslant 0$，运用 Dynkin 公式，推导出

$$\begin{aligned} e^{\vartheta t} EV(x(t), t, r(t)) = {} & EV(x(0), 0, r_0) + \\ & E\int_0^t e^{\vartheta s}[\vartheta V(x(s), s, r(s)) + LV(x(s), s, r(s))] ds \end{aligned}$$

其中，标量 $\vartheta > 0$. 然后结合式(6.24) 和式(6.33)，我们有

$$a_2 e^{\vartheta t} E |x(t)|^p \leqslant a_1(E |\psi(0)|^p + E |\psi(0)|^q) +$$

$$E\int_0^t \mathrm{e}^{\vartheta s}[\vartheta a_1(|x(s)|^p+|x(s)|^q)+$$
$$b_3(|x(s)|^{p-2}+|x(s)|^{q-2})-$$
$$b_{r(s)4}|x(s)|^p+b_{r(s)4}|x(s-\tau(s))|^p-$$
$$(2c_1+c_2)|x(s)|^q+c_2|x(s-\tau(s))|^q]\mathrm{d}s$$

把式(6.35)和式(6.36)代入上述不等式中计算出

$$\begin{aligned}a_2\mathrm{e}^{\vartheta t}E|x(t)|^p\leqslant{}& a_1(E|\psi(0)|^p+E|\psi(0)|^q)+(c_3+c_4)E\int_0^t \mathrm{e}^{\vartheta s}\mathrm{d}s+\\&\vartheta a_1E\int_0^t \mathrm{e}^{\vartheta s}(|x(s)|^p+|x(s)|^q)\mathrm{d}s+\\&\frac{q+p-4}{q\varepsilon_1}E\int_0^t \mathrm{e}^{\vartheta s}|x(s)|^q\mathrm{d}s-E\int_0^t b_{r(s)4}\mathrm{e}^{\vartheta s}|x(s)|^p\mathrm{d}s+\\&E\int_0^t b_{r(s)4}\mathrm{e}^{\vartheta s}|x(s-\tau(s))|^p\mathrm{d}s-\\&(2c_1+c_2)E\int_0^t \mathrm{e}^{\vartheta s}|x(s)|^q\mathrm{d}s+\\&c_2E\int_0^t \mathrm{e}^{\vartheta s}|x(s-\tau(s))|^q\mathrm{d}s\end{aligned}\tag{6.44}$$

此外,考虑时滞的相关信息,我们有

$$\int_0^t \mathrm{e}^{\vartheta s}|x(s-\tau(s))|^p\mathrm{d}s\leqslant\frac{\mathrm{e}^{\vartheta\tau}}{1-\bar{\bar{\tau}}}\int_{-\tau}^0|\psi(s)|^p\mathrm{d}s+\frac{\mathrm{e}^{\vartheta\tau}}{1-\bar{\bar{\tau}}}\int_0^t \mathrm{e}^{\vartheta s}|x(s)|^p\mathrm{d}s$$
$$\int_0^t \mathrm{e}^{\vartheta s}|x(s-\tau(s))|^q\mathrm{d}s\leqslant\frac{\mathrm{e}^{\vartheta\tau}}{1-\bar{\bar{\tau}}}\int_{-\tau}^0|\psi(s)|^q\mathrm{d}s+\frac{\mathrm{e}^{\vartheta\tau}}{1-\bar{\bar{\tau}}}\int_0^t \mathrm{e}^{\vartheta s}|x(s)|^q\mathrm{d}s$$

把上述不等式代入式(6.44)中推导出

$$\begin{aligned}a_2\mathrm{e}^{\vartheta t}E|x(t)|^p\leqslant{}& a_5+E\int_0^t \mathrm{e}^{\vartheta s}\Big[c_3+c_4+\Big(\vartheta a_1-\bar{b}_4+\frac{\bar{b}_4\mathrm{e}^{\vartheta\tau}}{1-\bar{\bar{\tau}}}\Big)|x(s)|^p+\\&(\vartheta a_1+\frac{q+p-4}{q\varepsilon_1}+\frac{c_2\mathrm{e}^{\vartheta\tau}}{1-\bar{\bar{\tau}}}-2c_1-c_2)|x(s)|^q\Big]\mathrm{d}s\end{aligned}\tag{6.45}$$

其中,$a_5=\Big(a_1+\frac{\bar{b}_4\tau\mathrm{e}^{\vartheta\tau}}{1-\bar{\bar{\tau}}}\Big)E\|\psi\|^p+\Big(a_1+\frac{c_2\tau\mathrm{e}^{\vartheta\tau}}{1-\bar{\bar{\tau}}}\Big)E\|\psi\|^q$.

由于$\vartheta>0$和$\mathrm{e}^{\vartheta\tau}>1$,显然有$\vartheta a_1-\bar{b}_4+\frac{\bar{b}_4\mathrm{e}^{\vartheta\tau}}{1-\bar{\bar{\tau}}}>0$. 考虑到$\varepsilon_1$的任意性,根据定理条件中式(6.12)和式(6.13),存在一个充分大的实数$\varepsilon_1>0$使得下式成立

$$\vartheta a_1+\frac{q+p-4}{q\varepsilon_1}+\frac{c_2\mathrm{e}^{\vartheta\tau}}{1-\bar{\bar{\tau}}}-2c_1-c_2\leqslant 0$$

由此可知

$$a_6=\sup_{s\geqslant 0}\left\{c_3+c_4+\left(\vartheta a_1-\bar{b}_4+\frac{\bar{b}_4\mathrm{e}^{\vartheta\tau}}{1-\bar{\tau}}\right)|x(s)|^p+\left(\vartheta a_1+\frac{q+p-4}{q\varepsilon_1}+\frac{c_2\mathrm{e}^{\vartheta\tau}}{1-\bar{\tau}}-2c_1-c_2\right)|x(s)|^q\right\}<\infty$$

进而，由式(6.45) 计算出

$$E|x(t)|^p\leqslant\frac{\vartheta a_5-a_6}{\vartheta a_2}\mathrm{e}^{-\vartheta t}+\frac{a_6}{\vartheta a_2}$$

令 $t\to\infty$，我们有

$$\limsup_{t\to\infty}E|x(t)|^p\leqslant\frac{a_6}{\vartheta a_2}$$

因此，由定义 4.1 可知，方程(6.1) 的全局解是 p 阶矩渐近有界的.

在讨论方程(6.1) 的全局解的指数稳定性之前，我们需要再给出一个假设，即对于所有的$(t,i)\in\mathbb{R}_+\times S$，假设 $f(0,0,t,i)=0$，$g(0,0,t,i)=0$ 和 $h(0,0,t,i,v)=0$，使得方程(6.1) 存在平凡解 $x(t;\psi,r_0)\equiv 0$.

定理 6.2　对于所有的 $i\in S$，令假设 6.2 中的 $\alpha_{i1}=0$，用式(6.46) 代替式(6.9)，如果定理 6.1 的条件成立

$$\theta_i\alpha_{i3}(p-2)<1-\frac{1}{1-\bar{\tau}}[\beta_{i2}\theta_i(p-1)(p+2)2^{p-4}+2\theta_i\alpha_{i3}],\ \forall i\in S \tag{6.46}$$

那么存在一个充分小的标量 $\varepsilon>0$ 使得方程(6.1) 的平凡解满足

$$\limsup_{t\to\infty}\frac{1}{t}\log(E|x(t)|^p)\leqslant-\varepsilon \tag{6.47}$$

$$\limsup_{t\to\infty}\frac{1}{t}\log(|x(t)|)\leqslant-\frac{\varepsilon}{p}\ \text{a. s.} \tag{6.48}$$

换言之，方程(6.1) 的平凡解是 p 阶矩指数稳定的和几乎处处指数稳定的.

证　沿着与式(6.33) 类似的推导过程，对于所有的 $i\in S$，由式(6.28) 和式(6.31) 得到

$$\begin{aligned}LV(x(t),t,i)\leqslant&-|x(t)|^p-\kappa|x(t)|^q+\theta_i\alpha_{i3}p|x(t)|^{p-2}|x(t-\tau(t))|^2+\\&\eta_i\alpha_{i3}q\left(\frac{q-2}{q}|x(t)|^q+\frac{2}{q}|x(t-\tau(t))|^q\right)+\\&b_1|x(t-\tau(t))|^q+\\&\beta_{i2}\theta_i(p-1)(p+2)2^{p-4}|x(t-\tau(t))|^p\end{aligned} \tag{6.49}$$

结合定理条件中式(6.15) ~ (6.18) 和式(6.49)，推导出

$$LV(x(t),t,i)\leqslant-|x(t)|^p+\theta_i\alpha_{i3}p|x(t)|^{p-2}|x(t-\tau(t))|^2-$$

$$
(2c_1 + c_2) \mid x(t) \mid^q + c_2 \mid x(t-\tau(t)) \mid^q +
\beta_{i2}\theta_i(p-1)(p+2)2^{p-4} \mid x(t-\tau(t)) \mid^p \tag{6.50}
$$

利用引理 2.12,不难计算出

$$
\mid x(t) \mid^{p-2} \mid x(t-\tau(t)) \mid^2
\leqslant \frac{p-2+2\mathrm{e}^{\varepsilon\tau}}{p} \mid x(t) \mid^p + \frac{2}{p}(\mid x(t-\tau(t)) \mid^p - \mathrm{e}^{\varepsilon\tau} \mid x(t) \mid^p) - \tag{6.51}
$$

$$
\begin{aligned}
&(2c_1 + c_2) \mid x(t) \mid^q + c_2 \mid x(t-\tau(t)) \mid^q \\
&= [-(2c_1+c_2) + c_2\mathrm{e}^{\varepsilon\tau}] \mid x(t) \mid^q + \\
&\quad c_2(\mid x(t-\tau(t)) \mid^q - \mathrm{e}^{\varepsilon\tau} \mid x(t) \mid^q) -
\end{aligned} \tag{6.52}
$$

$$
\begin{aligned}
&\mid x(t) \mid^p + \beta_{i2}\theta_i(p-1)(p+2)2^{p-4} \mid x(t-\tau(t)) \mid^p \\
&= [\beta_{i2}\theta_i(p-1)(p+2)2^{p-4}\mathrm{e}^{\varepsilon\tau} - 1] \mid x(t) \mid^p + \\
&\quad \beta_{i2}\theta_i(p-1)(p+2)2^{p-4}(\mid x(t-\tau(t)) \mid^p - \mathrm{e}^{\varepsilon\tau} \mid x(t) \mid^p)
\end{aligned} \tag{6.53}
$$

把式(6.51) ~ (6.53) 代入式(6.50) 计算出

$$
\begin{aligned}
&LV(x(t),t,i) + LV(x(t),t,i) \\
&\leqslant [a_1\varepsilon + \theta_i\alpha_{i3}(p-2+2\mathrm{e}^{\varepsilon\tau}) + \beta_{i2}\theta_i(p-1)(p+2)2^{p-4}\mathrm{e}^{\varepsilon\tau} - 1] \mid x(t) \mid^p + \\
&\quad [2\theta_i\alpha_{i3} + \beta_{i2}\theta_i(p-1)(p+2)2^{p-4}](\mid x(t-\tau(t)) \mid^p - \mathrm{e}^{\varepsilon\tau} \mid x(t) \mid^p) + \\
&\quad [a_1\varepsilon - (2c_1+c_2) + c_2\mathrm{e}^{\varepsilon\tau}] \mid x(t) \mid^q + \\
&\quad c_2(\mid x(t-\tau(t)) \mid^q - \mathrm{e}^{\varepsilon\tau} \mid x(t) \mid^q)
\end{aligned} \tag{6.54}
$$

利用引理 2.2,再结合式(6.24) 和式(6.54) 推导出

$$
\begin{aligned}
a_2\mathrm{e}^{\varepsilon t} \mid x(t) \mid^p \leqslant a_1(\mid \psi(0) \mid^p + \mid \psi(0) \mid^q) + &\int_0^t \mathrm{e}^{\varepsilon s}[a_1\varepsilon + \theta_{r(s)}\alpha_{r(s)3}(p-2+2\mathrm{e}^{\varepsilon\tau}) + \\
&\beta_{r(s)2}\theta_{r(s)}(p-1)(p+2)2^{p-4}\mathrm{e}^{\varepsilon\tau} - 1] \mid x(s) \mid^p \mathrm{d}s + \\
&[a_1\varepsilon - (2c_1+c_2) + c_2\mathrm{e}^{\varepsilon\tau}]\int_0^t \mathrm{e}^{\varepsilon s} \mid x(s) \mid^q \mathrm{d}s + \\
&\int_0^t \mathrm{e}^{\varepsilon s}[2\theta_{r(s)}\alpha_{r(s)3} + \beta_{r(s)2}\theta_{r(s)}(p-1)(p+2)2^{p-4}] \cdot \\
&(\mid x(s-\tau(s)) \mid^p - \mathrm{e}^{\varepsilon\tau} \mid x(s) \mid^p)\mathrm{d}s + \\
&c_2\int_0^t \mathrm{e}^{\varepsilon s}(\mid x(s-\tau(s)) \mid^q - \mathrm{e}^{\varepsilon\tau} \mid x(s) \mid^q)\mathrm{d}s + M(t)
\end{aligned} \tag{6.55}
$$

其中,$M(t)$ 表示一个连续局部鞅, $M(0) = 0$ a. s. ,其具体表达式如下

$$
M(t) = \int_0^t V_x(x(s),s,r(s))g(x(s),x(s-\tau(s)),s,r(s))\mathrm{d}\omega(s) +
$$

$$\int_0^t\int_{|V|<c}[V(x(s)+h(x(s),x(s-\tau(s)),s,r(s),v),s,r(s))-V(x(s),s,r(s))]\tilde{N}(ds,dv)$$

利用与式(6.45)类似的推导过程，由式(6.55)计算出

$$\begin{aligned}a_2e^{\varepsilon t}|x(t)|^p\leqslant{}&a_1(|\psi(0)|^p+|\psi(0)|^q)+\int_0^t e^{\varepsilon s}[a_1\varepsilon+\theta_{r(s)}\alpha_{r(s)3}(p-2+2e^{\varepsilon\tau})+\\&\beta_{r(s)2}\theta_{r(s)}(p-1)(p+2)2^{p-4}e^{\varepsilon\tau}-1]|x(s)|^p ds+\\&[a_1\varepsilon-(2c_1+c_2)+c_2e^{\varepsilon\tau}]\int_0^t e^{\varepsilon s}|x(s)|^q ds+\\&\frac{\bar{\tau}e^{\varepsilon\tau}}{1-\bar{\tau}}\int_0^t e^{\varepsilon s}[2\theta_{r(s)}\alpha_{r(s)3}+\beta_{r(s)2}\theta_{r(s)}(p-1)(p+2)2^{p-4}]|x(s)|^p ds+\\&\max_{i\in S}[2\theta_i\alpha_{i3}+\beta_{i2}\theta_i(p-1)(p+2)2^{p-4}]\frac{e^{\varepsilon\tau}}{1-\bar{\tau}}\int_{-\tau}^0 e^{\varepsilon s}|x(s)|^p ds+\\&\frac{c_2\bar{\tau}e^{\varepsilon\tau}}{1-\bar{\tau}}\int_0^t e^{\varepsilon s}|x(s)|^q ds+\frac{c_2e^{\varepsilon\tau}}{1-\bar{\tau}}\int_{-\tau}^0 e^{\varepsilon s}|x(s)|^q ds+M(t)\end{aligned}$$

再合并同类项，由上述不等式推导出

$$a_2e^{\varepsilon t}|x(t)|^p\leqslant c_5-J_0(x(t),t,i)+M(t)\tag{6.56}$$

其中

$$\begin{aligned}c_5={}&\{a_1+\max_{i\in S}[2\theta_i\alpha_{i3}+\beta_{i2}\theta_i(p-1)(p+2)2^{p-4}]\frac{\tau e^{\varepsilon\tau}}{1-\bar{\tau}}\}\|\psi\|^p+\\&(a_1+\frac{c_2\tau e^{\varepsilon\tau}}{1-\bar{\tau}})E\|\psi\|^q\end{aligned}$$

$$\begin{aligned}J_0(x(t),t,i)={}&\min_{i\in S}\Big\{1-\theta_i\alpha_{i3}(p-2)-a_1\varepsilon-[\beta_{i2}\theta_i(p-1)(p+2)2^{p-4}+\\&2\theta_i\alpha_{i3}]\frac{e^{\varepsilon\tau}}{1-\bar{\tau}}\Big\}\int_0^t e^{\varepsilon s}|x(s)|^p ds+\\&\left(2c_1+c_2-a_1\varepsilon-\frac{c_2e^{\varepsilon\tau}}{1-\bar{\tau}}\right)\int_0^t e^{\varepsilon s}|x(s)|^q ds\end{aligned}$$

根据定理条件中式(6.13)，存在一个充分小的实数 $0<\varepsilon\leqslant\vartheta$ 使得下式成立

$$2c_1+c_2-a_1\varepsilon-\frac{c_2e^{\varepsilon\tau}}{1-\bar{\tau}}>0$$

设函数 $u(\varepsilon)=\frac{e^{\varepsilon\tau}}{1-\bar{\tau}}$，则有函数 $u(\varepsilon)$ 在 $\varepsilon_0=0$ 处的 Taylor 展开式为

$$u(\varepsilon)=\frac{1}{1-\bar{\tau}}+\frac{1}{1-\bar{\tau}}\left(\tau\varepsilon+\frac{\tau^2\varepsilon^2}{2}+o(\varepsilon^2)\right)\tag{6.57}$$

其中，$o(\varepsilon^2)$ 表示二阶无穷小项. 由式(6.46)和式(6.57)可知，当上述存在的实数 ε 充分小时，必然有下式成立

$$\min_{i\in S}\left\{1-\theta_i\alpha_{i3}(p-2)-a_1\varepsilon-\left[\beta_{i2}\theta_i(p-1)(p+2)2^{p-4}+2\theta_i\alpha_{i3}\right]\frac{e^{\varepsilon\tau}}{1-\bar{\tau}}\right\}\geqslant 0$$

综合以上分析，存在一个充分小的实数 $0<\varepsilon\leqslant\vartheta$，使得对于任意的 $i\in S$ 都有 $J_0(x(t),t,i)>0$ 成立. 因此，由式(6.56)推导出

$$a_2 e^{\varepsilon t}E\mid x(t)\mid^p\leqslant c_5$$

这意味着

$$\lim_{t\to\infty}\sup\frac{1}{t}\log(E\mid x(t)\mid^p)\leqslant-\varepsilon$$

基于以上分析，由定义 4.2 可知，方程(6.1)的平凡解是 p 阶矩指数稳定的.

由于 $M(t)$ 是一个连续局部鞅，且 $M(0)=0$ a.s.，利用引理 2.5，得到

$$\lim_{t\to\infty}\sup a_2 e^{\varepsilon t}\mid x(t)\mid^p<\infty\ \text{a.s.}$$

根据鞅收敛定理[91]，存在一个有限的随机变量 $\zeta_0>0$ 使得下列不等式成立

$$\lim_{t\to\infty}\sup a_2 e^{\varepsilon t}\mid x(t)\mid^p<\zeta_0\ \text{a.s.}$$

这表明

$$\lim_{t\to\infty}\sup\frac{1}{t}\log(\mid x(t)\mid)\leqslant-\frac{\varepsilon}{p}$$

根据定义 6.1，方程(6.1)的平凡解是几乎处处指数稳定的.

注 6.1 由于同时考虑了时变时滞和 Lévy 噪声，方程(6.1)比文献[87]的系统方程更复杂，这使得定理的推导过程更加烦琐. 定理 6.1 和定理 6.2 中的约束条件比较严格. 根据式(6.14)，注意到正标量 κ 有助于平衡两个状态子空间 S_1 和 S_2 具有不同非线性结构带来的影响. 因此，通过选择三个合适的正标量 κ，ϑ 和 ε，可以使定理 6.1 和定理 6.2 的约束条件始终成立.

6.4 数值计算与模拟仿真

本节给出两个数值算例来验证本章获得的理论结果的可行性.

算例 6.1 考虑如下具有时变时滞和 Lévy 噪声的不同模态下、不同结构的一维非线性混杂随机微分方程

$$\begin{aligned}dx(t)=&f(x(t),x(t-\tau(t)),t,r(t))dt+\\&g(x(t),x(t-\tau(t)),t,r(t))d\omega(t)+\end{aligned}$$

$$\int_{|v|<c} h(x(t), x(t-\tau(t)), t, r(t), v) \widetilde{N}(\mathrm{d}t, \mathrm{d}v) \tag{6.58}$$

其中，$\omega(t)$ 表示一个一维 Brown 运动，$r(t)$ 表示一个在 $S=\{1,2,3,4\}$ 上取值的右连续 Markov 链，其对应的转移速率矩阵如下

$$\boldsymbol{\Pi}=\begin{bmatrix} -8 & 1 & 4 & 3 \\ 1 & -6 & 2 & 3 \\ 1 & 1 & -3 & 1 \\ 3 & 1 & 0 & -4 \end{bmatrix}$$

时变时滞为 $\tau(t)=0.25(\sin(2t)+1)$，且 $\tau=0.5$ 和 $\bar{\tau}=0.5$. Poisson 随机测度 $N(\mathrm{d}t, \mathrm{d}v)$ 的强度测度 $\mu(\cdot)$ 满足 $\mu \mathrm{d}v=\dfrac{\mathrm{d}v}{1+|v|^2}$，且 $|v|<c=1$，显然有 $C=\displaystyle\int_{|v|<1} \frac{\mathrm{d}v}{1+|v|^2}=0.5\pi$. 非线性函数为

$$f(x(t), x(t-\tau(t)), t, r(t))=\begin{cases} \cos t-2x(t), & r(t)=1 \\ \sin t-3x(t), & r(t)=2 \\ \cos t-2x^3(t), & r(t)=3 \\ \sin t-3x^3(t), & r(t)=4 \end{cases}$$

$$g(x(t), x(t-\tau(t)), t, r(t))=\begin{cases} \zeta_1 x(t-\tau(t)) \cos t, & r(t)=1 \\ \zeta_2 x(t-\tau(t)) \sin t, & r(t)=2 \\ \zeta_3 x^2(t-\tau(t)) \sin t, & r(t)=3 \\ \zeta_4 x^2(t-\tau(t)) \cos t, & r(t)=4 \end{cases}$$

$$h(x(t), x(t-\tau(t)), t, r(t), v)=\begin{cases} \tilde{n}_1 x(t-\tau(t)) v \sin t, & r(t)=1 \\ \tilde{n}_2 (x(t-\tau(t)) v-x(t)), & r(t)=2 \\ \tilde{n}_3 x(t-\tau(t)) v \cos t, & r(t)=3 \\ \tilde{n}_4 (x(t-\tau(t))-x(t)) v, & r(t)=4 \end{cases}$$

其中，$\zeta_1=0.11$，$\zeta_2=0.12$，$\zeta_3=0.13$，$\zeta_4=0.14$，$\tilde{n}_1=0.1$，$\tilde{n}_2=0.15$，$\tilde{n}_3=0.12$ 和 $\tilde{n}_4=0.25$. 显然，以上非线性函数满足假设 6.1. 令 $S_1=\{1,2\}$ 和 $S_2=\{3,4\}$，非线性函数 $f(x(t), x(t-\tau(t)), t, r(t))$ 和 $g(x(t), x(t-\tau(t)), t, r(t))$ 在不同的状态子空间 S_1 和 S_2 下具有不同的结构，当取 $p=2$ 和 $q=4$ 时，计算得到

$$\begin{aligned} & x^{\mathrm{T}}(t) f(x(t), x(t-\tau(t)), t, 1)+1.5 g(x(t), x(t-\tau(t)), t, 1) \\ \leqslant\ & 0.5-1.5 x^2(t)+1.5 \zeta_1^2 x^2(t-\tau(t)) \end{aligned}$$

$$x^{\mathrm{T}}(t) f(x(t), x(t-\tau(t)), t, 2)+1.5 g(x(t), x(t-\tau(t)), t, 2)$$

$$\leqslant 0.5-2.5x^2(t)+1.5\zeta_2^2x^2(t-\tau(t))$$

$$x^{\mathrm{T}}(t)f(x(t),x(t-\tau(t)),t,3)+0.5g(x(t),x(t-\tau(t)),t,3)$$

$$\leqslant 0.5+0.5x^2(t)-2x^4(t)+0.5\zeta_3^2x^4(t-\tau(t))$$

$$x^{\mathrm{T}}(t)f(x(t),x(t-\tau(t)),t,4)+0.5g(x(t),x(t-\tau(t)),t,4)$$

$$\leqslant 0.5+0.5x^2(t)-3x^4(t)+0.5\zeta_4^2x^4(t-\tau(t))$$

$$\int_{|v|<1}|h(x(t),x(t-\tau(t)),t,1,v)|^2\mu\mathrm{d}v$$

$$\leqslant \bar{n}_1^2x^2(t-\tau(t))\int_{|v|<1}\frac{|v|^2\mathrm{d}v}{1+|v|^2}$$

$$=0.5(4-\pi)\bar{n}_1^2x^2(t-\tau(t))$$

$$\int_{|v|<1}|h(x(t),x(t-\tau(t)),t,2,v)|^2\mu\mathrm{d}v$$

$$\leqslant 2\bar{n}_2^2x^2(t)\int_{|v|<1}\frac{\mathrm{d}v}{1+|v|^2}+2\bar{n}_2^2x^2(t-\tau(t))\int_{|v|<1}\frac{|v|^2\mathrm{d}v}{1+|v|^2}$$

$$=\pi\bar{n}_2^2x^2(t)+(4-\pi)\bar{n}_2^2x^2(t-\tau(t))$$

$$\int_{|v|<1}|h(x(t),x(t-\tau(t)),t,3,v)|^2\mu\mathrm{d}v$$

$$\leqslant \bar{n}_3^2x^2(t-\tau(t))\int_{|v|<1}\frac{|v|^2\mathrm{d}v}{1+|v|^2}$$

$$=0.5(4-\pi)\bar{n}_3^2x^2(t-\tau(t))$$

$$\int_{|v|<1}|h(x(t),x(t-\tau(t)),t,4,v)|^2\mu\mathrm{d}v$$

$$\leqslant 2\bar{n}_4^2(x^2(t)+x^2(t-\tau(t)))\int_{|v|<1}\frac{|v|^2\mathrm{d}v}{1+|v|^2}$$

$$=(4-\pi)\bar{n}_4^2x^2(t)+(4-\pi)\bar{n}_4^2x^2(t-\tau(t))$$

$$\int_{|v|<1}|h(x(t),x(t-\tau(t)),t,1,v)|^4\mu\mathrm{d}v$$

$$\leqslant \frac{(3\pi-8)\bar{n}_1^4}{6}x^4(t-\tau(t))$$

$$\int_{|v|<1}|h(x(t),x(t-\tau(t)),t,2,v)|^4\mu\mathrm{d}v$$

$$\leqslant 8\bar{n}_2^4x^4(t)\int_{|v|<1}\frac{\mathrm{d}v}{1+|v|^2}+8\bar{n}_2^4x^4(t-\tau(t))\int_{|v|<1}\frac{|v|^4\mathrm{d}v}{1+|v|^2}$$

$$=4\pi\bar{n}_2^4x^4(t)+\frac{(12\pi-32)\bar{n}_2^4}{3}x^4(t-\tau(t))$$

当令假设 6.2 和假设 6.3 中的参数为

$$\alpha_{11}=0.5,\ \alpha_{12}=-1.5,\ \alpha_{13}=1.5\zeta_1^2,\ \alpha_{21}=0.5,\ \alpha_{22}=-2.5$$

$$\alpha_{23}=1.5\zeta_2^2,\ \alpha_{31}=0.5,\ \alpha_{32}=0.5,\ \alpha_{33}=0,\ \alpha_{34}=2,\ \alpha_{35}=0.5\zeta_3^2$$

$$\alpha_{41}=0.5,\ \alpha_{42}=0.5,\ \alpha_{43}=0,\ \alpha_{44}=3,\ \alpha_{45}=0.5\zeta_4^2,\ \beta_{11}=0$$

$$\beta_{12}=0.5(4-\pi)\bar{n}_1^2,\ \beta_{21}=\pi\bar{n}_2^2,\ \beta_{22}=(4-\pi)\bar{n}_2^2,\ \beta_{31}=0$$

$$\beta_{32}=0.5(4-\pi)\bar{n}_3^2,\ \beta_{41}=(4-\pi)\bar{n}_4^2,\ \beta_{42}=(4-\pi)\bar{n}_4^2$$

$$\rho_{11}=0,\ \rho_{12}=\frac{(3\pi-8)\bar{n}_4^4}{6},\ \rho_{21}=4\pi\bar{n}_2^4,\ \rho_{22}=\frac{(12\pi-32)\bar{n}_2^4}{3}$$

时,以上非线性函数均满足假设 6.2 和假设 6.3 的条件.

根据定理 6.1 中的式(6.6) 和式(6.7),计算出

$$\boldsymbol{A}=\begin{bmatrix}11 & -1 & -4 & -3\\ -1 & 10.9293 & -2 & -3\\ -1 & -1 & 2 & -1\\ -3 & -1 & 0 & 2.9463\end{bmatrix}$$

$$\boldsymbol{A}^{-1}=\begin{bmatrix}1.7205 & 0.9428 & 4.3837 & 4.1996\\ 1.2189 & 0.7846 & 3.2224 & 3.1337\\ 2.5524 & 1.4768 & 7.0817 & 6.5061\\ 2.1655 & 1.2262 & 5.5572 & 5.6790\end{bmatrix}$$

$$\boldsymbol{B}=\begin{bmatrix}4.5752 & -1\\ -1 & 6.4607\end{bmatrix}$$

$$\boldsymbol{B}^{-1}=\begin{bmatrix}0.2262 & 0.0350\\ 0.0350 & 0.1602\end{bmatrix}$$

显然,$\boldsymbol{A}$ 和 $\boldsymbol{B}$ 都是非奇异 M－矩阵. 由式(6.14) 得到

$$\theta_1=11.2465,\ \theta_2=8.3596,\ \theta_3=17.6170,\ \theta_4=14.6280$$

$$\eta_1=9.0021,\ \eta_2=6.7271,\ \kappa=34.4596$$

再由定理 6.1 中的式(6.15) ～ (6.18) 和式(6.20) 计算出 $a_1=17.6170$,$b_1=2.3387$,$b_2=6.6536$,$c_1=15.5703$ 和 $c_2=2.9923$. 根据以上参数,不难发现定理 6.1 中的式(6.8) ～ (6.13) 均成立,且方程(6.58) 中时变时滞的导数上界 $\bar{\tau}$ 可允许的最大界限为 0.7013. 因此,由定理 6.1 可知,方程(6.58) 的全局解是均方渐近有界的. 设方程(6.58) 的初值为 $x(t)=2.5(t\in[-0.5,0])$ 和 $r_0=3$. 基于以上参数,设定程序运行区间为[0,20],相应仿真结果如图 6.1 和 6.2 所示.

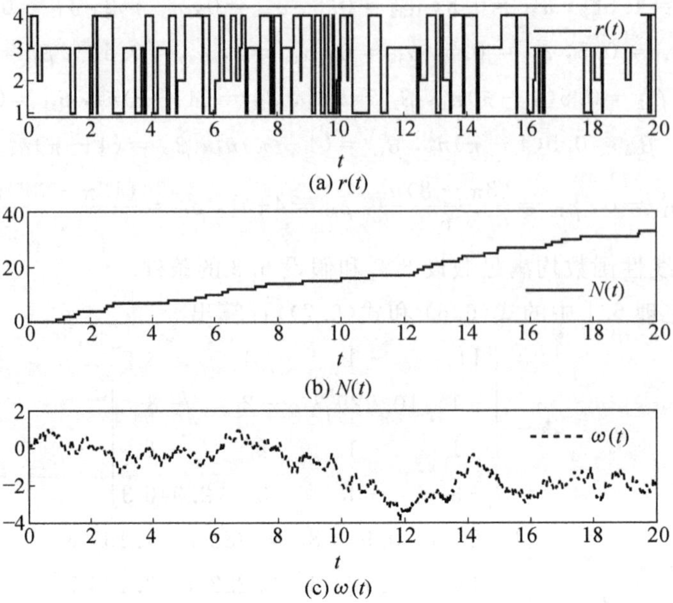

图 6.1　方程(6.58) 中 $r(t)$,$N(t)$ 和 $\omega(t)$

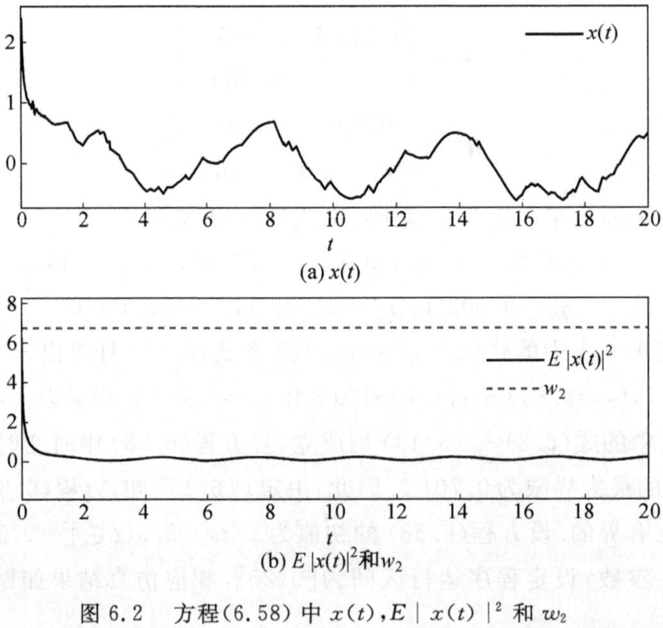

图 6.2　方程(6.58) 中 $x(t)$,$E\mid x(t)\mid^2$ 和 w_2

图 6.1 展示了方程(6.58) 中 Markov 链 $r(t)$、Poisson 过程 $N(t)$ 和 Brown 运动 $\omega(t)$ 的样本路径,图 6.1(a) 的实线表示 Markov 链 $r(t)$,图 6.1(b) 的实线表示 Poisson 过程 $N(t)$,图 6.1(c) 的虚线表示 Brown 运动 $\omega(t)$. 图6.2(a) 描绘

了方程(6.58) 中 $x(t)$ 的样本路径,图 6.2(b) 描绘了$E|x(t)|^2$ 和其上界 w_2 的轨迹曲线,图6.2(b) 的实线表示$E|x(t)|^2$、虚线表示$E|x(t)|^2$ 的上界w_2. 从图 6.2 中直观地看出方程(6.58) 的全局解是均方渐近有界的. 本次仿真实验中数据的期望值为200条样本路径的平均值,即$E|x(t)|^2=\dfrac{1}{200}\sum_{i=1}^{200}|x(t,\omega_i)|^2$,其中 $x(t,\omega_i)$ 表示随机过程 $x(t)$ 的第 i 条样本路径.

算例 6.2　考虑如下具有时变时滞和 Lévy 噪声的不同模态下不同结构的一维非线性混杂随机微分方程

$$\begin{aligned}\mathrm{d}x(t)=&f(x(t),x(t-\tau(t)),t,r(t))\mathrm{d}t+\\&g(x(t),x(t-\tau(t)),t,r(t))\mathrm{d}\omega(t)+\\&\int_{|v|<c}h(x(t),x(t-\tau(t)),t,r(t),v)\widetilde{N}(\mathrm{d}t,\mathrm{d}v)\end{aligned}\qquad(6.59)$$

其中,除非线性函数 $f(x(t),x(t-\tau(t)),t,r(t))$ 和 $g(x(t),x(t-\tau(t)),t,r(t))$ 的表达式与方程(6.58) 不同,其他参数的选取均与方程(6.58) 相同. 这里,非线性函数 $f(x(t),x(t-\tau(t)),t,r(t))$ 和 $g(x(t),x(t-\tau(t)),t,r(t))$ 的表达式为

$$f(x(t),x(t-\tau(t)),t,r(t))=\begin{cases}-2x(t), & r(t)=1\\-3x(t), & r(t)=2\\-2x^3(t), & r(t)=3\\-3x^3(t), & r(t)=4\end{cases}$$

$$g(x(t),x(t-\tau(t)),t,r(t))=\begin{cases}\zeta_1x(t-\tau(t))\cos t, & r(t)=1\\\zeta_2x(t-\tau(t))\sin t, & r(t)=2\\0.5(\zeta_3x^2(t-\tau(t))\sin t+x(t)), & r(t)=3\\0.5(\zeta_4x^2(t-\tau(t))\cos t+x(t)), & r(t)=4\end{cases}$$

显然,以上非线性函数仍满足假设6.1. 令 $S_1=\{1,2\}$ 和 $S_2=\{3,4\}$,非线性函数 $f(x(t),x(t-\tau(t)),t,r(t))$ 和 $g(x(t),x(t-\tau(t)),t,r(t))$ 在不同的状态子空间 S_1 和 S_2 下具有不同的结构,当取 $p=2$ 和 $q=4$ 时,计算得到

$$\begin{aligned}&x^{\mathrm{T}}(t)f(x(t),x(t-\tau(t)),t,1)+1.5g(x(t),x(t-\tau(t)),t,1)\\\leqslant&-2x^2(t)+1.5\zeta_1^2x^2(t-\tau(t))\\&x^{\mathrm{T}}(t)f(x(t),x(t-\tau(t)),t,2)+1.5g(x(t),x(t-\tau(t)),t,2)\\\leqslant&-3x^2(t)+1.5\zeta_2^2x^2(t-\tau(t))\\&x^{\mathrm{T}}(t)f(x(t),x(t-\tau(t)),t,3)+0.5g(x(t),x(t-\tau(t)),t,3)\\\leqslant&\,0.25x^2(t)-2x^4(t)+0.25\zeta_3^2x^4(t-\tau(t))\end{aligned}$$

$$x^{\mathrm{T}}(t)f(x(t),x(t-\tau(t)),t,4)+0.5g(x(t),x(t-\tau(t)),t,4)$$
$$\leqslant 0.25x^2(t)-3x^4(t)+0.25\zeta_4^2x^4(t-\tau(t))$$

当令假设 6.2 中的参数为

$$\alpha_{11}=0,\ \alpha_{12}=-2,\ \alpha_{13}=1.5\zeta_1^2,\ \alpha_{21}=0,\ \alpha_{22}=-3$$
$$\alpha_{23}=1.5\zeta_2^2,\ \alpha_{31}=0,\ \alpha_{32}=0.25,\ \alpha_{33}=0,\ \alpha_{34}=2$$
$$\alpha_{35}=0.25\zeta_3^2,\ \alpha_{41}=0,\ \alpha_{42}=0.25,\ \alpha_{43}=0,\ \alpha_{44}=3,\ \alpha_{45}=0.25\zeta_4^2$$

时，以上非线性函数仍满足假设 6.2 的条件.

根据定理 6.1 中的式(6.6) 和式(6.7)，计算出

$$\boldsymbol{A}=\begin{bmatrix}12 & -1 & -4 & -3\\ -1 & 11.9293 & -2 & -3\\ -1 & -1 & 2.5 & -1\\ -3 & -1 & 0 & 3.4463\end{bmatrix}$$

$$\boldsymbol{A}^{-1}=\begin{bmatrix}0.2277 & 0.0894 & 0.4358 & 0.4025\\ 0.1160 & 0.1453 & 0.3018 & 0.3150\\ 0.2302 & 0.1418 & 0.8819 & 0.5798\\ 0.2319 & 0.1199 & 0.4670 & 0.7319\end{bmatrix}$$

$$\boldsymbol{B}=\begin{bmatrix}6.5752 & -1\\ -1 & 8.4607\end{bmatrix},\ \boldsymbol{B}^{-1}=\begin{bmatrix}0.1549 & 0.0183\\ 0.0183 & 0.1204\end{bmatrix}$$

显然，$\boldsymbol{A}$ 和 $\boldsymbol{B}$ 都是非奇异 M－矩阵. 由式(6.14) 可得

$$\theta_1=1.1554,\ \theta_2=0.8781,\ \theta_3=1.8337,\ \theta_4=1.5507$$
$$\eta_1=0.7504,\ \eta_2=0.6008,\ \kappa=4.3332$$

再根据定理 6.1 中的式(6.15) ~ (6.18) 和式(6.20)，计算出 $a_1=1.8337$，$b_1=0.2089$，$b_2=0.0545$，$c_1=2.0213$ 和 $c_2=0.2634$. 根据以上参数，不难发现定理6.1中的式(6.8)，式(6.10) ~ (6.13) 和定理6.2中的式(6.46) 均成立，且方程(6.59) 中时变时滞的导数上界 $\bar{\tau}$可允许的最大界限为 0.8244. 因此，由定理 6.2 可知，方程(6.59) 的平凡解是均方指数稳定和几乎处处指数稳定的. 设方程(6.59) 的初值为 $x(t)=0.58(t\in[-0.5,0])$ 和 $r_0=2$. 基于以上参数，设定程序运行区间为[0,20]，比较 Lévy 噪声、Poisson 跳和 Brown 运动对系统的解 $x(t)$ 的样本路径的影响，相应仿真结果如图 6.3 和 6.4 所示.

图 6.3 描绘了方程(6.59) 中 Markov 链 $r(t)$、Poisson 过程 $N(t)$ 和 Brown 运动 $\omega(t)$ 的样本路径，图 6.3(a) 的实线表示 Markov 链 $r(t)$，图 6.3(b) 的实线表示 Poisson 过程 $N(t)$，图 6.3(c) 的虚线表示 Brown 运动 $\omega(t)$. 图 6.4 展示了 Lévy 噪声、Brown 运动和无 Lévy 噪声影响下方程(6.59) 中 $x(t)$ 的样本路径，

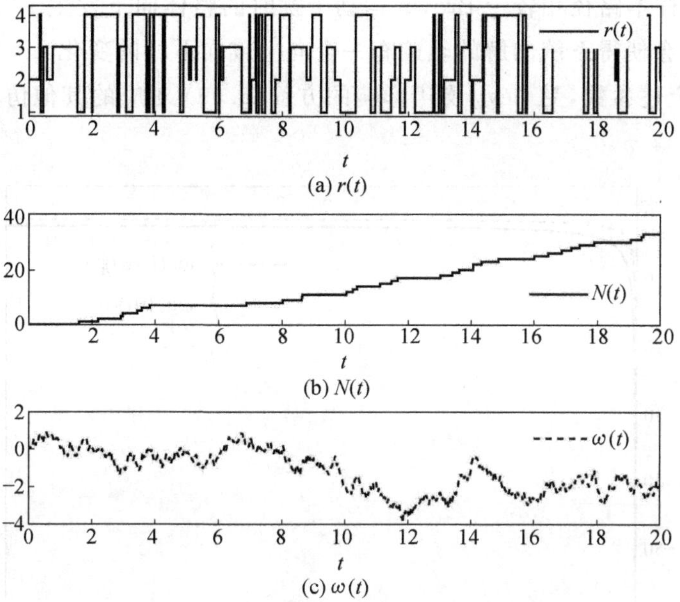

图 6.3　方程(6.59)中 $r(t)$，$N(t)$ 和 $\omega(t)$

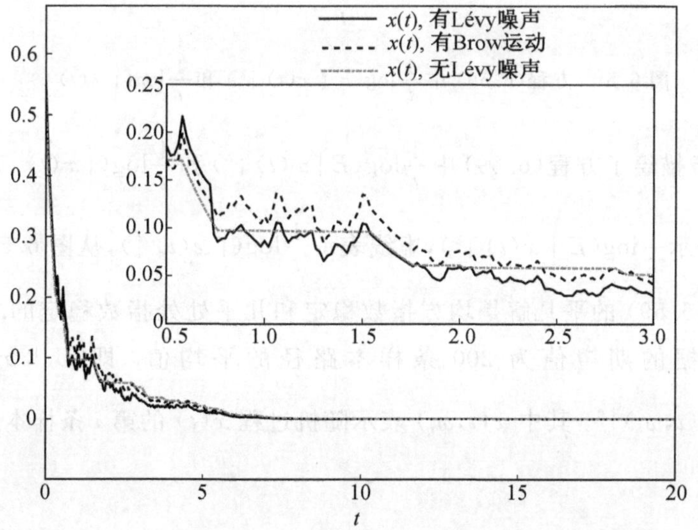

图 6.4　方程(6.59)中 $x(t)$

可以看出受 Lévy 噪声或 Brown 运动干扰时的 $x(t)$ 的样本路径比无 Lévy 噪声干扰时的较为抖动，这说明 Lévy 噪声和 Brown 运动会导致系统的解的轨迹出现一个无规则的随机抖动现象. 虽然受 Lévy 噪声和 Brown 运动干扰时的 $x(t)$ 的样本路径整体抖动程度相似，但由于 Poisson 跳的影响，受 Lévy 噪声干扰时

的 $x(t)$ 的样本路径相较于 Brown 运动干扰时的整体向下发生了漂移，这说明 Poisson 跳会使得系统的解的轨迹有一个向上或向下跳的变化.

依据上述参数，受 Lévy 噪声影响的方程(6.59)对应的其他仿真结果如图 6.5 所示.

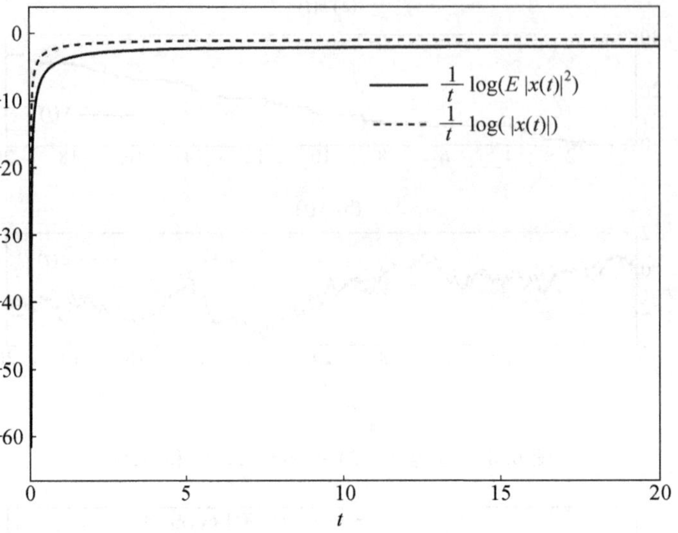

图 6.5　方程(6.59)中 $\frac{1}{t}\log(E\mid x(t)\mid^2)$ 和 $\frac{1}{t}\log(\mid x(t)\mid)$

图 6.5 描绘了方程(6.59)中 $\frac{1}{t}\log(E\mid x(t)\mid^2)$ 和 $\frac{1}{t}\log(\mid x(t)\mid)$ 的轨迹曲线，实线表示 $\frac{1}{t}\log(E\mid x(t)\mid^2)$，虚线表示 $\frac{1}{t}\log(\mid x(t)\mid)$，从图 6.5 中直观地看出方程(6.59)的平凡解是均方指数稳定和几乎处处指数稳定的. 本次仿真实验中数据的期望值为 200 条样本路径的平均值，即 $E\mid x(t)\mid^2 = \frac{1}{200}\sum_{i=1}^{200}\mid x(t,\omega_i)\mid^2$，其中 $x(t,\omega_i)$ 表示随机过程 $x(t)$ 的第 i 条样本路径.

6.5　本章小结

本章主要对受 Lévy 噪声干扰的具有不同模态结构的非线性混杂随机时滞微分方程的稳定性问题进行了讨论. 本章通过构造与非线性函数阶次相关的模态依赖 Lyapunov 函数，获得了保守性较小的稳定性相关研究结果；借助非负半鞅收敛定理、M－矩阵的性质和非负半鞅收敛定理，给出了全局解存在且唯一的充分性准则，以及全局解 $p(2\leqslant p<q)$ 阶矩渐近有界、$p(0<p\leqslant q+1)$ 阶矩指数稳定和几乎处处指数稳定的时滞相关判别定理，给出了保证全局解渐近有界和指数稳定的可允许的时滞导数上界的求解方法. 最后，本章利用两个数值算例和相应的模拟仿真说明了所得理论结果的可行性，结合系统解的轨迹曲线分析了 Lévy 噪声、Poisson 跳和 Brown 运动的特点以及相应解的稳定性变化趋势.

随机稳定性理论在混杂随机 BAM 神经网络中的应用

第7章

7.1 引　言

本章主要是将第 3 章和第 6 章的稳定性理论结果应用到混杂随机 BAM 神经网络的稳定性分析中. 本章采用 Brown 运动描述由分子热涨落、神经递质的随机释放、离子通道的随机切换和突触流的随机流入等导致的神经元噪声；采用 Poission 过程描述由神经元的尖峰和破裂行为引起的跳跃噪声，以及化学刺激对神经元突触受体产生的突触噪声等不连续型噪声. 此外，关于混杂随机 BAM 神经网络的稳定性研究，系统方程中的扩散项大多考虑的是连续观测的情形，本章考虑的扩散项为离散观测，针对具有 Lévy 噪声和离散观测的混杂随机 BAM 神经网络，借助随机系统理论和时滞系统稳定性理论，建立平凡解均方渐近稳定和均方指数稳定的充分性判据. 最后本章利用数值仿真对所得研究结果进行验证.

7.2 具有 Lévy 噪声和离散观测的混杂随机 BAM 神经网络

考虑如下具有 Lévy 噪声和离散观测的混杂随机 BAM 神经网络

$$
\begin{cases}
\mathrm{d}x(t)=(-A(r(t))x(t)+B(r(t))f_1(y(t)))\mathrm{d}t+ \\
\qquad g_1(y[t/\sigma_1]\sigma_1,t,r(t))\,\mathrm{d}\omega_1(t)+ \\
\qquad \int_{|z|<1} h_1(y(t),t,r(t),z)\widetilde{N}_1(\mathrm{d}t,\mathrm{d}z) \\
\mathrm{d}y(t)=(-C(r(t))y(t)+D(r(t))f_2(x(t)))\mathrm{d}t+ \\
\qquad g_2(x[t/\sigma_2]\sigma_2,t,r(t))\mathrm{d}\omega_2(t)+ \\
\qquad \int_{|z|<1} h_1(x(t),t,r(t),z)\widetilde{N}_2(\mathrm{d}t,\mathrm{d}z)
\end{cases}
\tag{7.1}
$$

其中,$x(t)=[x_1(t),x_2(t),\cdots,x_m(t)]^{\mathrm{T}}\in\mathbb{R}^m$ 和 $y(t)=[y_1(t),y_2(t),\cdots,y_m(t)]^{\mathrm{T}}\in\mathbb{R}^m$ 表示m个神经元的状态向量,且初始条件为$x(0)\in\mathbb{R}^m$,$y(0)\in\mathbb{R}^m$和$r(0)\in S$, $A(r(t))=\mathrm{diag}_m\{a_j(r(t))\}$ 和 $C(r(t))=\mathrm{diag}_m\{c_j(r(t))\}$ 表示自反馈连接权重矩阵,且$a_j(r(t))>0$和$c_j(r(t))>0(j=1,2,\cdots,m)$, $B(r(t))=[b_{ij}(r(t))]_{m\times m}$ 和$D(r(t))=[d_{ij}(r(t))]_{m\times m}$ 表示连接权重矩阵, $f_l:\mathbb{R}^m\rightarrow\mathbb{R}^m$, $g_l:\mathbb{R}^m\times\mathbb{R}_+\times S\rightarrow\mathbb{R}^{m\times m}$ 和$h_l:\mathbb{R}^m\times\mathbb{R}_+\times S\times\mathbb{R}\rightarrow\mathbb{R}^m(l=1,2)$ 分别表示神经元激励函数和噪声强度函数,且它们都是 Borel 可测函数, $\omega_l(t)\in\mathbb{R}^m$ 表示定义在完备概率空间$(\Omega,F,\{F_t\}_{t\geqslant 0},P)$ 上 F_t-可测的 Brown 运动, $N_l(\mathrm{d}t,\mathrm{d}z)$ 表示一个强度测度为$\mu_l(\mathrm{d}z)\mathrm{d}t$的 Poisson 随机测度, $\widetilde{N}_l(\mathrm{d}t,\mathrm{d}z)=N_l(\mathrm{d}t,\mathrm{d}z)-\mu_l(\mathrm{d}z)\mathrm{d}t$ 表示$N_l(\mathrm{d}t,\mathrm{d}z)$ 的复合 Poisson 随机测度,通常称(ω_l,N_l) 为 Lévy 噪声. $\{r(t),t\geqslant 0\}$ 为一个在有限状态空间 $S=\{1,2,\cdots,M\}$ 上取值的右连续 Markov 链,其转移概率如下

$$
P\{r(t+\Delta t)=j\mid r(t)=i\}=\begin{cases}\pi_{ij}\Delta t+o(\Delta t), & i\neq j\\ 1+\pi_{ij}\Delta t+o(\Delta t), & i=j\end{cases}
$$

其中,$\Delta t>0$, $\lim\limits_{\Delta t\rightarrow 0^+}\dfrac{o(\Delta t)}{\Delta t}=0$;当$i\neq j$时, $\pi_{ij}\geqslant 0$表示t时刻处于状态i时,在$t+\Delta t$时刻处于状态j 的转移速率,且 $\pi_{ii}=-\sum\limits_{j=1,j\neq i}^{M}\pi_{ij}\leqslant 0$,其生成的转移速率矩阵为 $\boldsymbol{\Pi}=[\pi_{ij}]_{M\times M}$. 假设 Brown 运动 $\omega_l(t)$、Poisson 随机测度 $N_l(\mathrm{d}t,\mathrm{d}z)(l=1,2)$ 和 Markov 链 $r(t)$ 彼此相互独立. 当 $\hbar\sigma_l\leqslant t<(\hbar+1)\sigma_l$ 时, $[t/\sigma_l]=\hbar(l=1,2;\hbar\notin\mathbb{N})$,且 $\sigma_l>0(l=1,2)$ 是已知的常数. 对于所有的$(t,i,z)\in\mathbb{R}_+\times S\times\mathbb{R}$,假设 $f_l(0)=0$,$g_l(0,t,i)=0$ 和 $h_l(0,t,i,z)=0(l=1,2)$,使得BAM 神经网络(7.1) 存在平凡解$[x^{\mathrm{T}}(t),y^{\mathrm{T}}(t)]^{\mathrm{T}}\equiv 0$.

注 7.1 BAM 神经网络 (7.1) 中扩散项 $g_1(y([t/\sigma_1]\sigma_1),t,r(t))$ 和 $g_2(x([t/\sigma_2]\sigma_2),t,r(t))$ 是根据离散时刻$0,\sigma_l,2\sigma_l,3\sigma_l,\cdots(l=1,2)$ 的状态离散

观测确定的,其中 $\sigma_1>0$ 和 $\sigma_2>0$ 表示两个相邻离散观测值之间的间隔.

为保证 BAM 神经网络(7.1) 解的存在唯一性,有必要给出以下假设:

假设 7.1 对于每个正整数 $k\geqslant 1$,存在标量 $K_{lk}>0, L_{lk}>0$ 和 $H_{lk}>0$ $(l=1,2)$ 使得

$$|f_l(\boldsymbol{x}_1)-f_l(\boldsymbol{x}_2)|\leqslant K_{lk}|\boldsymbol{x}_1-\boldsymbol{x}_2| \tag{7.2}$$

$$|g_l(\boldsymbol{x}_1,t,i)-g_l(\boldsymbol{x}_2,t,i)|\leqslant L_{lk}|\boldsymbol{x}_1-\boldsymbol{x}_2| \tag{7.3}$$

$$|h_l(\boldsymbol{x}_1,t,i,z)-h_l(\boldsymbol{x}_2,t,i,z)|\leqslant H_{lk}\bar{h}_l(z)|\boldsymbol{x}_1-\boldsymbol{x}_2| \tag{7.4}$$

对所有的 $(t,i)\in\mathbb{R}_+\times S$ 和 $\boldsymbol{x}_1,\boldsymbol{x}_2\in\mathbb{R}^m$ 且 $|\boldsymbol{x}_1|\vee|\boldsymbol{x}_2|\leqslant k$ 都成立,函数 $\bar{h}_l(z)(l=1,2)$ 满足 $\int_{|z|<1}\bar{h}_l(z)\mu_l(\mathrm{d}z)<\infty$. 另外,存在标量 $K_l>0, L_l>0$ 和 $H_l>0(l=1,2)$ 使得

$$|f_l(\boldsymbol{x})|\leqslant K_l|\boldsymbol{x}| \tag{7.5}$$

$$|g_l(\boldsymbol{x},t,i)|\leqslant L_l|\boldsymbol{x}| \tag{7.6}$$

$$|h_l(\boldsymbol{x},t,i,z)|\leqslant H_l\bar{h}_l(z)|\boldsymbol{x}| \tag{7.7}$$

对于所有的 $(\boldsymbol{x},t,i,z)\in\mathbb{R}^m\times\mathbb{R}_+\times S\times\mathbb{R}$ 都成立.

当 $\hbar\sigma_l\leqslant t<(\hbar+1)\sigma_l(l=1,2;\hbar\notin\mathbb{N})$ 时,令 $[t/\sigma_l]\sigma_l\triangleq\sigma_l(t)=t-\delta_l(t)$ 且 $\delta_l(t)=t-\hbar\sigma_l$. 因此,BAM 神经网络(7.1) 可以被重写为

$$\begin{cases}\mathrm{d}x(t)=(-A(r(t))x(t)+B(r(t))f_1(y(t)))\mathrm{d}t+\\\qquad g_1(y(\sigma_1(t)),t,r(t))\mathrm{d}\omega_1(t)+\\\qquad\int_{|z|<1}h_1(y(t),t,r(t),z)\widetilde{N}_1(\mathrm{d}t,\mathrm{d}z)\\\mathrm{d}y(t)=(-C(r(t))y(t)+D(r(t))f_2(x(t)))\mathrm{d}t+\\\qquad g_2(x(\sigma_2(t)),t,r(t))\mathrm{d}\omega_2(t)+\\\qquad\int_{|z|<1}h_1(x(t),t,r(t),z)\widetilde{N}_2(\mathrm{d}t,\mathrm{d}z)\end{cases} \tag{7.8}$$

7.3 时滞相关稳定性分析

本节中将给出具有 Lévy 噪声和离散观测的 Markov 切换 BAM 神经网络(7.8) 的平凡解均方渐近稳定和均方指数稳定的判别准则.

定理 7.1 在假设 7.1 的条件下,如果下列不等式成立

$$\min_{i\in S}\{1+2\sigma_2^2|A(i)|^2+[|B(i)|^2+(2\sigma_1|D(i)|^2+1)K_2^2-$$

$$8L_2^2 + 5H_2^2\int_{|z|<1}\bar{h}_2^2(z)\mu\mathrm{d}z - 2\lambda_{\min}(A(i))]\sigma_2\} \geqslant 0 \tag{7.9}$$

$$\min_{i\in S}\{1 + 2\sigma_1^2 \mid C(i)\mid^2 + [\mid D(i)\mid^2 + (2\sigma_2 \mid B(i)\mid^2 + 1)K_1^2 -$$

$$8L_1^2 + 5H_1^2\int_{|z|<1}\bar{h}_1^2(z)\mu\mathrm{d}z - 2\lambda_{\min}(C(i))]\sigma_1\} \geqslant 0 \tag{7.10}$$

且对于所有的 $i \in S$，有

$$\boldsymbol{\Gamma} = \mathrm{diag}\{\gamma_1, \gamma_2, \cdots, \gamma_m\} - \boldsymbol{\Lambda} \tag{7.11}$$

$$\boldsymbol{\Omega} = \mathrm{diag}\{\xi_1, \xi_2, \cdots, \xi_m\} - \boldsymbol{\Lambda} \tag{7.12}$$

都是非奇异 M－矩阵，且

$$\gamma_i = -[4L_2^2 + \mid B(i)\mid^2 + (2\sigma_1 \mid D(i)\mid^2 + 1)K_2^2 + 2\sigma_2 \mid A(i)\mid^2 +$$

$$5H_2^2\int_{|z|<1}\bar{h}_2^2(z)\mu\mathrm{d}z - 2\lambda_{\min}(A(i))]$$

$$\xi_i = -[4L_1^2 + \mid D(i)\mid^2 + (2\sigma_1 \mid B(i)\mid^2 + 1)K_1^2 + 2\sigma_1 \mid C(i)\mid^2 +$$

$$5H_1^2\int_{|z|<1}\bar{h}_1^2(z)\mu\mathrm{d}z - 2\lambda_{\min}(C(i))]$$

则 BAM 神经网络(7.8)的平凡解满足

$$\int_0^\infty E\mid x(t)\mid^2\mathrm{d}t < \infty \tag{7.13}$$

$$\int_0^\infty E\mid y(t)\mid^2\mathrm{d}t < \infty \tag{7.14}$$

$$\int_0^\infty E(\mid x(t)\mid^2 + \mid y(t)\mid^2)\mathrm{d}t < \infty \tag{7.15}$$

证　根据现有文献[20,23-24]，BAM 神经网络(7.8)存在唯一的全局解. 由于 $\boldsymbol{\Gamma}$ 和 $\boldsymbol{\Omega}$ 是两个非奇异 M－矩阵，由命题 3.1 可知，存在一个每一分量都大于零的向量 $\boldsymbol{\rho} = [\rho_1, \rho_2, \cdots, \rho_m]^{\mathrm{T}} \gg 0$，使得 $\boldsymbol{\Gamma\rho} \gg 0$ 和 $\boldsymbol{\Omega\rho} \gg 0$. 设计如下 Lyapunov-Krasovskiĭ 泛函

$$V(x(t), y(t), t, r(t)) = \rho_{r(t)}(\mid x(t)\mid^2 + \frac{1}{\sigma_2}\int_{t-\sigma_2}^t\int_s^t F_1(v)\mathrm{d}v\mathrm{d}s +$$

$$\mid y(t)\mid^2 + \frac{1}{\sigma_1}\int_{t-\sigma_1}^t\int_s^t F_2(v)\mathrm{d}v\mathrm{d}s) \tag{7.16}$$

其中

$$F_1(v) = \sigma_2 \mid -A(r(v))x(v) + B(r(v))f_1(y(v))\mid^2 +$$

$$\mid g_1(y(\sigma_1(v)), v, r(v))\mid^2 + 4\int_{|z|<1}\mid h_1(y(v), v, r(v), z)\mid^2\mu\mathrm{d}z \tag{7.17}$$

$$F_2(v) = \sigma_1 \mid -C(r(v))y(v) + D(r(v))f_2(x(v))\mid^2 +$$

$$|g_2(x(\sigma_2(v)),v,r(v))|^2 +$$
$$4\int_{|z|<1} |h_2(x(v),v,r(v),z)|^2\mu dz \tag{7.18}$$

根据引理 2.10,不难发现存在一个正标量 $\theta \in (0,1)$,使得下列等式成立

$$V(x+h(x))-V(x)-V_x(x)h(x)=\frac{1}{2}h^{\mathrm{T}}(x)V_{xx}(x+\theta h(x))h(x) \tag{7.19}$$

利用引理 2.5 和式(7.19),我们有

$$\begin{aligned}
LV(x(t),y(t),t,i) = {} & \rho_i\Big(F_1(t)+F_2(t)-\frac{1}{\sigma_2}\int_{t-\sigma_2}^{t}F_1(s)\mathrm{d}s-\frac{1}{\sigma_1}\int_{t-\sigma_1}^{t}F_2(s)\mathrm{d}s\Big)+\\
& \sum_{j=1}^{M}\pi_{ij}\rho_j\Big(|x(t)|^2+|y(t)|^2+\\
& \frac{1}{\sigma_2}\int_{t-\sigma_2}^{t}\int_{s}^{t}F_1(v)\mathrm{d}v\mathrm{d}s+\frac{1}{\sigma_1}\int_{t-\sigma_1}^{t}\int_{s}^{t}F_2(v)\mathrm{d}v\mathrm{d}s\Big)+\\
& 2\rho_i[x^{\mathrm{T}}(t)(-A(i)x(t)+B(i)f_1(y(t)))+\\
& y^{\mathrm{T}}(t)(-C(i)y(t)+D(i)f_2(x(t)))]+\\
& \rho_i(|g_1(y(\sigma_1(t)),t,i)|^2+|g_2(x(\sigma_2(t)),t,i)|^2)+\\
& \rho_i\int_{|z|<1}(|h_1(y(t),t,i,z)|^2+|h_2(x(t),t,i,z)|^2)\mu\mathrm{d}z
\end{aligned} \tag{7.20}$$

把式(7.5)～(7.7)代入式(7.20),再合并同类项得

$$\begin{aligned}
LV(x(t),y(t),t,i) \leqslant {} & \rho_i[2\sigma_2\,|A(i)|^2+(2\sigma_1\,|D(i)|^2+1)K_2^2+\\
& 5H_2^2\int_{|z|<1}\bar{h}_2^2(z)\mu\mathrm{d}z-2\lambda_{\min}(A(i))+|B(i)|^2]\,|x(t)|^2+\\
& \rho_i[2\sigma_1\,|C(i)|^2+(2\sigma_2\,|B(i)|^2+1)K_1^2+\\
& 5H_1^2\int_{|z|<1}\bar{h}_1^2(z)\mu\mathrm{d}z-2\lambda_{\min}(C(i))+|D(i)|^2]\,|y(t)|^2+\\
& \sum_{j=1}^{M}\pi_{ij}\rho_j(|x(t)|^2+|y(t)|^2)+2\rho_iL_2^2\,|x(\sigma_2(t))|^2+\\
& 2\rho_iL_1^2\,|Z(\sigma_1(t))|^2-\Big(\frac{\rho_i}{\sigma_2}-\sum_{j=1}^{M}\pi_{ij}\rho_j\Big)\int_{t-\sigma_2}^{t}F_1(s)\mathrm{d}s-\\
& \Big(\frac{\rho_i}{\sigma_1}-\sum_{j=1}^{M}\pi_{ij}\rho_j\Big)\int_{t-\sigma_1}^{t}F_2(s)\mathrm{d}s\\
\leqslant {} & -\Big(\gamma_i\rho_i-\sum_{j=1}^{M}\pi_{ij}\rho_j\Big)\,|x(t)|^2+4\rho_iL_2^2\,|x(t)-x(\sigma_2(t))|^2-
\end{aligned}$$

$$\left(\frac{\rho_i}{\sigma_2}-\sum_{j=1}^{M}\pi_{ij}\rho_j\right)\int_{t-\sigma_2}^{t}F_1(s)\mathrm{d}s-\left(\xi_i\rho_i-\sum_{j=1}^{M}\pi_{ij}\rho_j\right)|y(t)|^2+$$

$$4\rho_i L_1^2\,|y(t)-y(\sigma_1(t))|^2-\left(\frac{\rho_i}{\sigma_1}-\sum_{j=1}^{M}\pi_{ij}\rho_j\right)\int_{t-\sigma_1}^{t}F_2(s)\mathrm{d}s \tag{7.21}$$

定义 $\bar{\rho}_i=\gamma_i\rho_i-\sum_{j=1}^{M}\pi_{ij}\rho_j$ 和 $\tilde{\rho}_i=\xi_i\rho_i-\sum_{j=1}^{M}\pi_{ij}\rho_j$，由于 $\boldsymbol{\Gamma\rho}\gg 0$ 和 $\boldsymbol{\Omega\rho}\gg 0$，显然得到 $\bar{\rho}_i>0$ 和 $\tilde{\rho}_i>0(i\in S)$. 因此，式(7.21) 化简为

$$\begin{aligned}
&LV(x(t),y(t),t,i)\\
&\leqslant-\bar{\rho}_i\,|x(t)|^2+4\rho_i L_2^2\left(|x(t)-x(\sigma_2(t))|^2-3\int_{t-\sigma_2}^{t}F_1(s)\mathrm{d}s\right)+\\
&\left[12\rho_i L_2^2-\left(\frac{\rho_i}{\sigma_2}-\sum_{j=1}^{M}\pi_{ij}\rho_j\right)\right]\int_{t-\sigma_2}^{t}F_1(s)\mathrm{d}s-\tilde{\rho}_i\,|y(t)|^2+\\
&4\rho_i I_1^2\left(|y(t)-y(\sigma_1(t))|^2-3\int_{t-\sigma_1}^{t}F_2(s)\mathrm{d}s\right)+\\
&\left[12\rho_i L_2^2-\left(\frac{\rho_i}{\sigma_1}-\sum_{j=1}^{M}\pi_{ij}\rho_j\right)\right]\int_{t-\sigma_1}^{t}F_2(s)\mathrm{d}s
\end{aligned} \tag{7.22}$$

根据式(7.9) 和式(7.10)，我们有

$$12\rho_i L_2^2<\frac{\rho_i}{\sigma_2}-\sum_{j=1}^{M}\pi_{ij}\rho_j \tag{7.23}$$

$$12\rho_i L_1^2<\frac{\rho_i}{\sigma_1}-\sum_{j=1}^{M}\pi_{ij}\rho_j \tag{7.24}$$

结合式(7.22) ~ (7.24)，推导出

$$\begin{aligned}
&LV(x(t),y(t),t,i)\\
&\leqslant-\bar{\rho}_i\,|x(t)|^2+4\rho_i L_2^2\left(|x(t)-x(\sigma_2(t))|^2-3\int_{t-\sigma_2}^{t}F_1(s)\mathrm{d}s\right)-\\
&\tilde{\rho}_i\,|y(t)|^2+4\rho_i L_1^2\left(|y(t)-y(\sigma_1(t))|^2-3\int_{t-\sigma_1}^{t}F_2(s)\mathrm{d}s\right)
\end{aligned} \tag{7.25}$$

利用引理 2.9，得到

$$\begin{aligned}
E\,|x(t)-x(\sigma_2(t))|^2&\leqslant 3E\left|\int_{\sigma_2(t)}^{t}(-A(r(s))x(s)+B(r(s))f_1(y(s)))\mathrm{d}s\right|^2+\\
&\quad 3E\left|\int_{\sigma_2(t)}^{t}g_1(y(\sigma_1(s)),s,r(s))\mathrm{d}\omega_1(s)\right|^2+\\
&\quad 3E\left|\int_{\sigma_2(t)}^{t}\int_{|z|<1}h(y(s),s,r(s),z)\tilde{N}_1(\mathrm{d}s,\mathrm{d}z)\right|^2\\
&\leqslant 3E\int_{\sigma_2(t)}^{t}(\sigma_2\,|-A(r(s))x(s)+B(r(s))f_1(y(s))|^2+
\end{aligned}$$

$$|g_1(y(\sigma_1(s)),s,r(s))|^2 +$$
$$4\int_{|z|<1} |h_1(y(s),s,r(s),z)|^2\mu dz)ds$$
$$\leqslant 3E\int_{t-\sigma_2}^{t} F_1(s)ds \tag{7.26}$$

同理可得

$$E\ |y(t)-y(\sigma_1(t))|^2 \leqslant 3E\int_{t-\sigma_1}^{t} F_2(s)ds \tag{7.27}$$

结合式(7.25) ~ (7.27),推导出

$$EV(x(t),y(t),t,r(t)) \leqslant M_1 - \min_{i\in S}\bar{\rho}_i\int_0^t E\ |x(s)|^2 ds - \min_{i\in S}\tilde{\rho}_i\int_0^t E\ |y(s)|^2 ds \tag{7.28}$$

其中,$M_1 = V(x(0),y(0),0,r(0))$. 令 $t\to\infty$,由式(7.28)可知,BAM神经网络(7.8)的平凡解满足式(7.13) ~ (7.15).

定理 7.2 如果定理7.1的条件成立,那么BAM神经网络(7.8)的平凡解满足

$$\lim_{t\to\infty} E\ |\ x(t)\ |^n = 0, n\in(0,2] \tag{7.29}$$

$$\lim_{t\to\infty} E\ |\ y(t)\ |^n = 0, n\in(0,2] \tag{7.30}$$

$$\lim_{t\to\infty} E(|\ x(t)\ |^2 + |\ y(t)\ |^2) = 0 \tag{7.31}$$

即BAM神经网络(7.8)的平凡解是均方渐近稳定的.

证 根据式(7.16)和式(7.28),可以得到

$$E(|\ x(t)\ |^2 + |\ y(t)\ |^2) \leqslant \frac{V(x(0),y(0),0,r(0))}{\min_{i\in S}\rho_i} = M_2 \tag{7.32}$$

利用Dynkin公式,对于任意的 $0\leqslant\tau_1<\tau_2<\infty$,我们有

$$E(|x(\tau_2)|^2 + |y(\tau_1)|^2)$$
$$\leqslant E\int_{\tau_1}^{\tau_2}[2x^{\mathrm{T}}(s)(-A(r(s))x(s)+B(r(s))f_1(y(s)))+$$
$$|g_1(y(\sigma_1(s)),s,r(s))|^2 ds +$$
$$E\int_{\tau_1}^{\tau_2}\int_{|z|<1}|h_1(y(s),s,r(s),z)|^2\mu dz ds$$
$$\leqslant \max_{i\in S}(-2\lambda_{\min}(A(i)) + |\ B(i)\ |^2 + K_1^2 + L_1^2 +$$
$$H_1^2\int_{|z|<1}\bar{h}_1^2(z)\mu(dz))M_2(\tau_2-\tau_1) \tag{7.33}$$

同理可得

$$E(|x(\tau_2)|^2+|y(\tau_1)|^2)\leqslant\max_{i\in S}(-2\lambda_{\min}(C(i))+|D(i)|^2+K_2^2+L_2^2+$$
$$H_2^2\int_{|z|<1}\bar{h}_2^2(z)\mu\mathrm{d}z)M_2(\tau_2-\tau_1)\tag{7.34}$$

因此,由式(7.33)和式(7.34)可知,$E|x(t)|^2$ 和 $E|y(t)|^2$ 是一致连续的.利用式(7.13)(7.14)和引理 2.4,我们有

$$\lim_{t\to\infty}E|x(t)|^2=0\tag{7.35}$$
$$\lim_{t\to\infty}E|y(t)|^2=0\tag{7.36}$$

利用引理 2.10,对于任意的 $n\in(0,2)$,由式(7.35)和式(7.36)得到

$$\lim_{t\to\infty}E|x(t)|^n=0,n\in(0,2)$$
$$\lim_{t\to\infty}E|y(t)|^n=0,n\in(0,2)$$

对于任意的 $0\leqslant\tau_1<\tau_2<\infty$,由式(7.33)和式(7.34)推导出

$$E(|x(\tau_2)|^2+|y(\tau_2)|^2)-E(|x(\tau_1)|^2+|y(\tau_1)|^2)$$
$$\leqslant\max_{i\in S}(|B(i)|^2+|D(i)|^2-2\lambda_{\min}(A(i)+C(i))+K_1^2+K_2^2+L_1^2+$$
$$L_2^2+H_1^2\int_{|z|<1}\bar{h}_1^2(z)\mu\mathrm{d}z+H_2^2\int_{|z|<1}\bar{h}_2^2(z)\mu\mathrm{d}z)M_2(\tau_2-\tau_1)\tag{7.37}$$

由式(7.37)可知,$E(|x(t)|^2+|y(t)|^2)$ 是一致连续的.利用式(7.15)和引理 2.4,我们有

$$\lim_{t\to\infty}E(|x(t)|^2+|y(t)|^2)=0$$

定理 7.3　在假设 7.1 的条件下,如果存在一个标量 $\kappa>0$,使得下列不等式成立

$$\min_{i\in S}\{1+2\sigma_2^2|A(i)|^2\mathrm{e}^{\kappa\sigma_2}+[\kappa+|B(i)|^2+(2\sigma_1|D(i)|^2+1)K_2^2-$$
$$8L_2^2+5H_2^2\int_{|z|<1}\bar{h}_2^2(z)\mu\mathrm{d}z-2\lambda_{\min}(A(i))]\sigma_2\mathrm{e}^{\kappa\sigma_2}\}\geqslant0\tag{7.38}$$
$$\min_{i\in S}\{1+2\sigma_1^2|C(i)|^2\mathrm{e}^{\kappa\sigma_1}+[\kappa+|D(i)|^2+(2\sigma_2|B(i)|^2+1)K_1^2-$$
$$8L_1^2+5H_1^2\int_{|z|<1}\bar{h}_1^2(z)\mu\mathrm{d}z-2\lambda_{\min}(C(i))]\sigma_1\mathrm{e}^{\kappa\sigma_1}\}\geqslant0\tag{7.39}$$

且对于所有的 $i\in S$,有

$$\bar{\boldsymbol{\Gamma}}=\mathrm{diag}\{\bar{\gamma}_1,\bar{\gamma}_2,\cdots,\bar{\gamma}_m\}-\boldsymbol{\Lambda}\tag{7.40}$$
$$\bar{\boldsymbol{\Omega}}=\mathrm{diag}\{\bar{\xi}_1,\bar{\xi}_2,\cdots,\bar{\xi}_m\}-\boldsymbol{\Lambda}\tag{7.41}$$

都是非奇异 M－矩阵,且

$$\bar{\gamma}_i=-[\kappa+4L_2^2+|B(i)|^2+(2\sigma_1|D(i)|^2+1)K_2^2+2\sigma_2|A(i)|^2+$$
$$5H_2^2\int_{|z|<1}\bar{h}_2^2(z)\mu\mathrm{d}z-2\lambda_{\min}(A(i))]$$

$$\bar{\xi}_i = -[\kappa + 4L_1^2 + |D(i)|^2 + (2\sigma_1 |B(i)|^2 + 1)K_1^2 + 2\sigma_1 |C(i)|^2 + 5H_1^2\int_{|z|<1}\bar{h}_1^2(z)\mu \mathrm{d}z - 2\lambda_{\min}(C(i))]$$

则 BAM 神经网络(7.8) 的平凡解满足

$$\lim_{t\to\infty}\frac{\log(E|x(t)|^n)}{t} \leqslant -\frac{n\kappa}{2}, n\in(0,2] \tag{7.42}$$

$$\lim_{t\to\infty}\frac{\log(E|y(t)|^n)}{t} \leqslant -\frac{n\kappa}{2}, n\in(0,2] \tag{7.43}$$

$$\lim_{t\to\infty}\frac{\log(E(|x(t)|^2+|y(t)|^2))}{t} \leqslant -\kappa \tag{7.44}$$

即 BAM 神经网络(7.8) 的平凡解是均方指数稳定的.

证　设计如下 Lyapunov-Krasovskiĭ 泛函

$$V(x(t),y(t),t,r(t)) = \rho_{r(t)}(\mathrm{e}^{\kappa t}|x(t)|^2 + \frac{1}{\sigma_2}\int_{t-\sigma_2}^t \mathrm{e}^{\kappa s}\int_s^t F_1(v)\mathrm{d}v\mathrm{d}s + \mathrm{e}^{\kappa t}|y(t)|^2 + \frac{1}{\sigma_1}\int_{t-\sigma_1}^t \mathrm{e}^{\kappa s}\int_s^t F_2(v)\mathrm{d}v\mathrm{d}s) \tag{7.45}$$

其中,$F_1(v)$ 和 $F_2(v)$ 具体见式(7.17) 和(7.18).

利用与式(7.28) 类似的推导过程,我们有

$$EV(x(t),y(t),t,r(t)) = M_1 - \min_{i\in S}\bar{\rho}_i\int_0^t \mathrm{e}^{\kappa s}E|x(s)|^2\mathrm{d}s - \min_{i\in S}\tilde{\rho}_i\int_0^t \mathrm{e}^{\kappa s}E|y(s)|^2\mathrm{d}s \tag{7.46}$$

其中,M_1 具体见式(7.28). 由式(7.45) 和(7.46) 得到

$$\rho_{r(t)}\mathrm{e}^{\kappa t}E|x(t)|^2 \leqslant M_1,\ \rho_{r(t)}\mathrm{e}^{\kappa t}E|y(t)|^2 \leqslant M_1$$

$$\rho_{r(t)}\mathrm{e}^{\kappa t}E(|x(t)|^2+|y(t)|^2) \leqslant M_1$$

这意味着

$$\lim_{t\to\infty}\frac{\log(E|x(t)|^2)}{t} \leqslant -\kappa \tag{7.47}$$

$$\lim_{t\to\infty}\frac{\log(E|y(t)|^2)}{t} \leqslant -\kappa \tag{7.48}$$

$$\lim_{t\to\infty}\frac{\log(E(|x(t)|^2+|y(t)|^2))}{t} \leqslant -\kappa$$

利用引理 2.10,对于任意的 $n\in(0,2)$,由式(7.47) 和式(7.48) 得到

$$\lim_{t\to\infty}\frac{\log(E|x(t)|^n)}{t} \leqslant -\frac{n\kappa}{2}, n\in(0,2]$$

$$\lim_{t\to\infty}\frac{\log(E|y(t)|^n)}{t} \leqslant -\frac{n\kappa}{2}, n\in(0,2]$$

推论 7.1　在假设 7.1 的条件下，对于所有的 $i\in S$，如果

$$\widetilde{\boldsymbol{\Gamma}}=\operatorname{diag}\{\widetilde{\gamma}_1,\widetilde{\gamma}_2,\cdots,\widetilde{\gamma}_m\}-\boldsymbol{\Lambda},\ \widetilde{\boldsymbol{\Omega}}=\operatorname{diag}\{\widetilde{\xi}_1,\widetilde{\xi}_2,\cdots,\widetilde{\xi}_m\}-\boldsymbol{\Lambda}$$

都是非奇异 M－矩阵，其中

$$\widetilde{\gamma}_i=-[\mid B(i)\mid^2+K_2^2+H_2^2\int_{|z|<1}\bar{h}_2^2(z)\mu\mathrm{d}z-2\lambda_{\min}(A(i))]$$

$$\widetilde{\xi}_i=-[\mid D(i)\mid^2+K_1^2+H_1^2\int_{|z|<1}\bar{h}_1^2(z)\mu\mathrm{d}z-2\lambda_{\min}(C(i))]$$

且存在三个标量 $\kappa>0$，$\varepsilon_1>0$ 和 $\varepsilon_2>0$，使得下列不等式成立

$$\varepsilon_1-\kappa\rho_{\max}-\frac{\mathrm{e}^{\kappa\sigma_2}}{\sigma_2}>0,\ \varepsilon_2-\kappa\rho_{\max}-\frac{\mathrm{e}^{\kappa\sigma_1}}{\sigma_1}>0$$

$$\varepsilon_1-\rho_iL_2^2>0,\ \varepsilon_2-\rho_iL_1^2>0,\ \forall i\in S$$

其中，$\operatorname{col}_M\{\rho_i\}=\widetilde{\boldsymbol{\Gamma}}\operatorname{col}_M\{\varepsilon_1\}$，$\operatorname{col}_M\{\rho_i\}=\widetilde{\boldsymbol{\Omega}}\operatorname{col}_M\{\varepsilon_2\}$，$\rho_{\max}=\max\limits_{i\in S}\rho_i$，则 BAM 神经网络(7.8) 的平凡解满足

$$\lim_{t\to\infty}\frac{\log(E\mid x(t)\mid^n)}{t}\leqslant-\frac{n\kappa}{2},n\in(0,2]$$

$$\lim_{t\to\infty}\frac{\log(E\mid y(t)\mid^n)}{t}\leqslant-\frac{n\kappa}{2},n\in(0,2]$$

$$\lim_{t\to\infty}\frac{\log(E(\mid x(t)\mid^2+\mid y(t)\mid^2))}{t}\leqslant-\kappa$$

即 BAM 神经网络(7.8) 的平凡解是均方指数稳定的.

证　设计如下 Lyapunov 函数

$$V(x(t),y(t),t,r(t))=\rho_{r(t)}(\mathrm{e}^{\kappa t}\mid x(t)\mid^2+\mathrm{e}^{\kappa t}\mid y(t)\mid^2)\tag{7.49}$$

其中，$\rho_{r(t)}(r(t)\in S)$ 和 κ 具体见推论 7.1. 推论 7.1 的证明与本章中的定理7.3 相似，在此省略.

如果 BAM 神经网络(7.1) 不考虑 Lévy 噪声，那么得到如下的系统微分方程

$$\begin{cases}\mathrm{d}x(t)=(-A(r(t))x(t)+B(r(t))f_1(y(t)))\mathrm{d}t+\\\qquad g_1(y([t/\sigma_1]\sigma_1),t,r(t))\mathrm{d}\omega_1(t)\\\mathrm{d}y(t)=(-C(r(t))y(t)+D(r(t))f_2(x(t)))\mathrm{d}t+\\\qquad g_2(x([t/\sigma_2]\sigma_2),t,r(t))\mathrm{d}\omega_2(t)\end{cases}\tag{7.50}$$

并且由本章的定理 7.3 给出下面的推论 7.2.

推论 7.2　在假设 7.1 的条件下，如果存在一个标量 $\kappa>0$，使得下列不等式成立

$$\min_{i\in S}\{2\sigma_2^2\mid A(i)\mid^2\mathrm{e}^{\kappa\sigma_2}+[\kappa+\mid B(i)\mid^2+(2\sigma_1\mid D(i)\mid^2+1)K_2^2-$$

$$8L_2^2-2\lambda_{\min}(A(i))]\sigma_2 e^{\kappa\sigma_2}+1\}\geqslant 0$$

$$\min_{i\in S}\{2\sigma_1^2\mid C(i)\mid^2 e^{\kappa\sigma_1}+[\kappa+\mid D(i)\mid^2+(2\sigma_2\mid B(i)\mid^2+1)K_1^2-$$

$$8L_1^2-2\lambda_{\min}(C(i))]\sigma_1 e^{\kappa\sigma_1}+1\}\geqslant 0$$

且对于所有的 $i\in S$,有

$$\hat{\boldsymbol{\Gamma}}=\mathrm{diag}\{\hat{\gamma}_1,\hat{\gamma}_2,\cdots,\hat{\gamma}_m\}-\boldsymbol{\Lambda},\ \hat{\boldsymbol{\Omega}}=\mathrm{diag}\{\hat{\xi}_1,\hat{\xi}_2,\cdots,\hat{\xi}_m\}-\boldsymbol{\Lambda}$$

都是非奇异 M－矩阵,且

$$\hat{\gamma}_i=-[\kappa+4L_2^2+\mid B(i)\mid^2+(2\sigma_1\mid D(i)\mid^2+1)K_2^2+2\sigma_2\mid A(i)\mid^2-2\lambda_{\min}(A(i))]$$

$$\hat{\xi}_i=-[\kappa+4L_1^2+\mid D(i)\mid^2+(2\sigma_1\mid B(i)\mid^2+1)K_1^2+2\sigma_1\mid C(i)\mid^2-2\lambda_{\min}(C(i))]$$

那么 BAM 神经网络(7.50) 的平凡解满足

$$\lim_{t\to\infty}\frac{\log(E\mid x(t)\mid^n)}{t}\leqslant-\frac{n\kappa}{2},n\in(0,2]$$

$$\lim_{t\to\infty}\frac{\log(E\mid y(t)\mid^n)}{t}\leqslant-\frac{n\kappa}{2},n\in(0,2]$$

$$\lim_{t\to\infty}\frac{\log(E(\mid x(t)\mid^2+\mid y(t)\mid^2))}{t}\leqslant-\kappa$$

即 BAM 神经网络(7.50) 的平凡解是均方指数稳定的.

如果 BAM 神经网络(7.1) 的扩散项考虑的为定常时滞,而非离散观测,那么得到如下的系统微分方程

$$\begin{cases}\mathrm{d}x(t)=(-A(r(t))x(t)+B(r(t))f_1(y(t)))\mathrm{d}t+\\ \qquad g_1(y(t-\sigma_1),t,r(t))\mathrm{d}\omega_1(t)+\\ \qquad \int_{|z|<1}h_1(y(t),t,r(t),z)\widetilde{N}_1(\mathrm{d}t,\mathrm{d}z)\\ \mathrm{d}y(t)=(-C(r(t))y(t)+D(r(t))f_2(x(t)))\mathrm{d}t+\\ \qquad g_2(x(t-\sigma_2),t,r(t))\mathrm{d}\omega_2(t)+\\ \qquad \int_{|z|<1}h_1(x(t),t,r(t),z)\widetilde{N}_2(\mathrm{d}t,\mathrm{d}z)\end{cases}\tag{7.51}$$

其中,σ_1 和 σ_2 表示定常时滞,是一个已知的正常数.

如果 BAM 神经网络(7.1) 的扩散项考虑的为时变时滞,而非离散观测,那么得到如下的系统微分方程

$$
\begin{cases}
\mathrm{d}x(t) = (-A(r(t))x(t) + B(r(t))f_1(y(t)))\mathrm{d}t + \\
\qquad g_1(y(t-\sigma_1(t)),t,r(t))\mathrm{d}\omega_1(t) + \\
\qquad \int_{|z|<1} h_1(y(t),t,r(t),z)\widetilde{N}_1(\mathrm{d}t,\mathrm{d}z) \\
\mathrm{d}y(t) = (-C(r(t))y(t) + D(r(t))f_2(x(t)))\mathrm{d}t + \\
\qquad g_2(x(t-\sigma_2(t)),t,r(t))\mathrm{d}\omega_2(t) + \\
\qquad \int_{|z|<1} h_1(x(t),t,r(t),z)\widetilde{N}_2(\mathrm{d}t,\mathrm{d}z)
\end{cases}
\tag{7.52}
$$

其中，$\sigma_1(t)\in[0,\sigma_1]$ 和 $\sigma_2(t)\in[0,\sigma_2]$ 表示时变时滞，且 σ_1 和 σ_2 是两个已知的正常数.

本章得到的定理 7.1 ～ 7.3 也适用于具有定常时滞的 BAM 神经网络(7.51) 和具有时变时滞的 BAM 神经网络(7.52). 同样，前文得出的推论 7.1 和 7.2 也适用于具有定常时滞的 BAM 神经网络(7.51) 和具有时变时滞的 BAM 神经网络(7.52).

7.4　数值计算与模拟仿真

算例 7.1　考虑具有 Lévy 噪声和离散观测的一维混杂随机 BAM 神经网络(7.8)，其中，Markov 链 $r(t)$ 的状态空间为 $S=\{1,2\}$，其对应的转移速率矩阵为 $\boldsymbol{\Lambda}=\begin{bmatrix}-2 & 2\\ 5 & -5\end{bmatrix}$，自反馈连接权重矩阵分别为 $A(1)=5.1$，$A(2)=5.3$，$B(1)=0.2$ 和 $B(2)=0.4$，连接权重矩阵分别为 $C(1)=5.125$，$C(2)=5.24$，$D(1)=0.3$ 和 $D(2)=0.2$，离散观测区间长分别为 $\sigma_1=0.15$ 和 $\sigma_2=0.16$，神经元激励函数和噪声强度函数分别为

$$f_1(y(t))=\frac{1}{3}(|y(t)+1|-|y(t)-1|)$$

$$f_2(x(t))=\frac{1}{3}(|x(t)+1|-|x(t)-1|)$$

$$g_1(y([t/\sigma_1]\sigma_1),t,i)=\begin{cases}0.1y([t/\sigma_1]\sigma_1), & i=1\\ 0.12y([t/\sigma_1]\sigma_1), & i=2\end{cases}$$

$$g_2(x([t/\sigma_2]\sigma_2),t,i)=\begin{cases}0.11x([t/\sigma_2]\sigma_2), & i=1\\ 0.16x([t/\sigma_2]\sigma_2), & i=2\end{cases}$$

$$h_1(y(t),t,i,z)=\begin{cases}0.2y(t)z, & i=1\\ 0.15y(t)z, & i=2\end{cases}$$

$$h_2(x(t),t,i,z)=\begin{cases}0.12x(t)z, & i=1\\ 0.2x(t)z, & i=2\end{cases}$$

当假设 7.1 中的参数为 $K_1=K_2=\dfrac{2}{3}$, $L_1=0.12$, $L_2=0.16$, $H_1=0.2$, $H_2=0.2$, $\bar{h}_1(z)=\bar{h}_2(z)=|z|$ 和 $\mu\mathrm{d}z=\dfrac{\mathrm{d}z}{1+|z|^2}$ 时，以上神经元激励函数和噪声强度函数均满足假设 7.1 的条件.

根据定理 7.1，计算出

$$\boldsymbol{\Gamma}=\begin{bmatrix}3.3780-\dfrac{\pi}{20} & -2\\ -5 & 5.9990-\dfrac{\pi}{20}\end{bmatrix}$$

$$\boldsymbol{\Omega}=\begin{bmatrix}3.8726-\dfrac{\pi}{20} & -2\\ -5 & 6.7779-\dfrac{\pi}{20}\end{bmatrix}$$

显然，$\boldsymbol{\Gamma}$ 和 $\boldsymbol{\Omega}$ 均是非奇异 M－矩阵. 同时，通过一些计算，不难发现定理 7.1 中的式(7.9) 和(7.10) 也成立. 因此，根据定理 7.1 和 7.2，BAM 神经网络(7.8) 的平凡解是均方渐近稳定的.

根据定理 7.3，计算出

$$\bar{\boldsymbol{\Gamma}}=\begin{bmatrix}3.3780-\kappa-\dfrac{\pi}{20} & -2\\ -5 & 5.9990-\kappa-\dfrac{\pi}{20}\end{bmatrix}$$

$$\bar{\boldsymbol{\Omega}}=\begin{bmatrix}3.8726-\kappa-\dfrac{\pi}{20} & -2\\ -5 & 6.7779-\kappa-\dfrac{\pi}{20}\end{bmatrix}$$

由命题 3.1 可知，$\bar{\boldsymbol{\Gamma}}$ 和 $\bar{\boldsymbol{\Omega}}$ 均是非奇异 M－矩阵，当且仅当下列不等式成立

$$3.3780-\kappa-\frac{\pi}{20}>0,\left(3.3780-\kappa-\frac{\pi}{20}\right)\left(5.9990-\kappa-\frac{\pi}{20}\right)-10>0$$

$$3.8726-\kappa-\frac{\pi}{20}>0,\left(3.8726-\kappa-\frac{\pi}{20}\right)\left(6.7779-\kappa-\frac{\pi}{20}\right)>0$$

显然，对于任意的 $\kappa\in(0,1.1083]$，$\bar{\boldsymbol{\Gamma}}$ 和 $\bar{\boldsymbol{\Omega}}$ 均是非奇异 M－矩阵，且定理 7.3 中的式(7.9) 和(7.10) 也成立. 因此，由定理 7.3 可知，BAM 神经网络(7.8) 的平凡解是均方指数稳定的. 此外，由推论 7.1 可知，对于任意的 $\kappa\in(0,0.0164]$，BAM 神经网络(7.8) 的平凡解是均方指数稳定的. 综上可知，定理 7.3 中 κ 的

上界比推论 7.1 的大，这表明本章利用包含离散观测区间长和强度测度相关信息的 Lyapunov-Krasovskiĭ 泛函(7.45) 推导出的定理 7.3 比利用 Lyapunov 函数(7.49) 推导出的推论 7.1 具有较小的保守性.

设 BAM 神经网络(7.8) 的初值为 $[x(0), y(0)]^{\mathrm{T}}=[1.2, 0.8]^{\mathrm{T}}$ 和 $r(0)=1$. 基于以上参数，设置参数 $\kappa=0.7249$ 和程序运行区间为 $[0,30]$，相应仿真结果如图 7.1 ～ 7.6 所示.

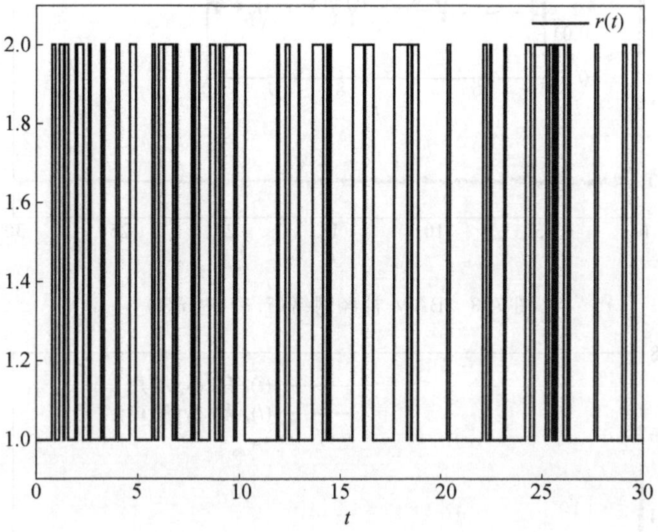

图 7.1　BAM 神经网络(7.8) 中 $r(t)$

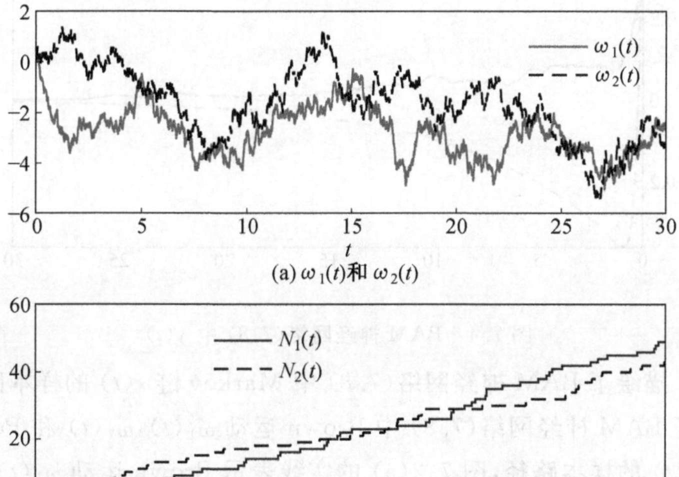

图 7.2　BAM 神经网络(7.8) 中 $\omega_1(t)$, $\omega_2(t)$, $N_1(t)$ 和 $N_2(t)$

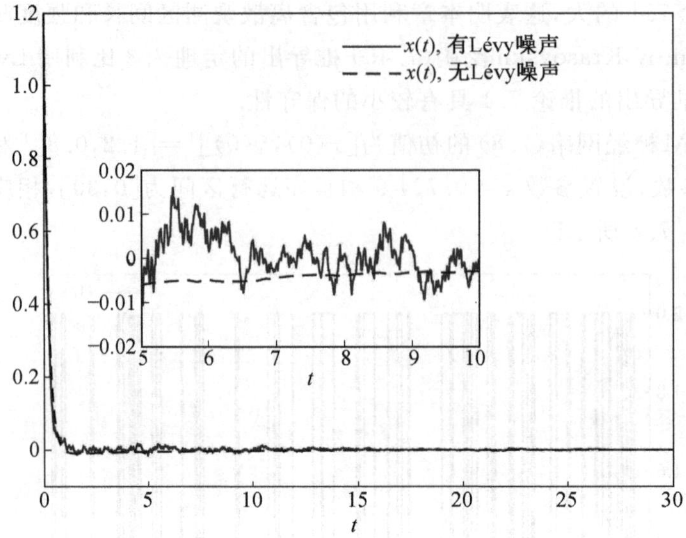

图 7.3　BAM 神经网络(7.8) 中 $x(t)$

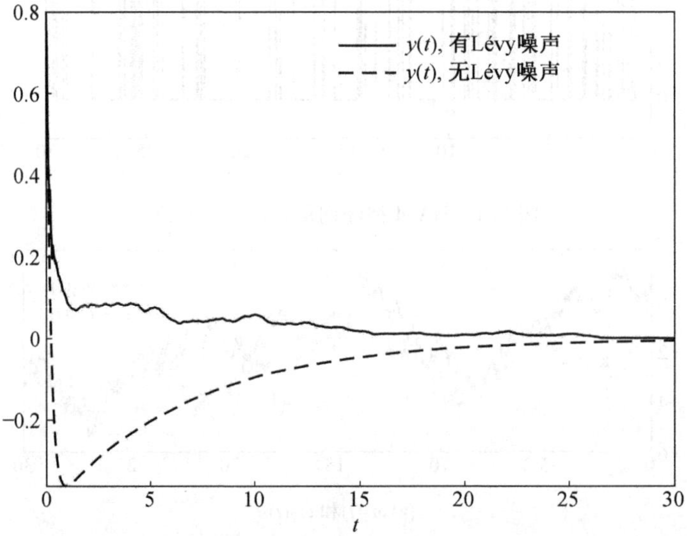

图 7.4　BAM 神经网络(7.8) 中 $y(t)$

图 7.1 描绘了 BAM 神经网络(7.8) 中 Markov 链 $r(t)$ 的样本路径. 图7.2 分别描绘了 BAM 神经网络(7.8) 中 Brown 运动 $\omega_1(t)$,$\omega_2(t)$ 和 Poisson 过程 $N_1(t)$,$N_2(t)$ 的样本路径,图 7.2(a) 的实线表示 Brown 运动 $\omega_1(t)$,虚线表示 Brown 运动 $\omega_2(t)$,图 7.2(b) 的实线表示 Poisson 过程 $N_1(t)$,虚线表示 Poisson 过程 $N_2(t)$. 图 7.3 和图 7.4 分别展示了 Lévy 噪声和无 Lévy 噪声影响下 BAM 神经网络(7.8) 中 $x(t)$ 和 $y(t)$ 的样本路径. 从图 7.3 和图 7.4 中清晰地看出受

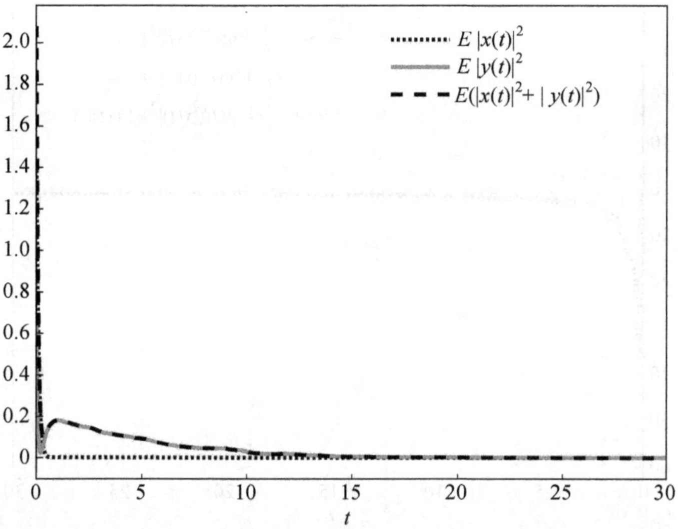

图 7.5　BAM 神经网络(7.8) 中 $E\mid x(t)\mid^2, E\mid y(t)\mid^2$ 和 $E(\mid x(t)\mid^2+\mid y(t)\mid^2)$

Lévy 噪声干扰时的 $x(t)$ 和 $y(t)$ 的样本路径比无 Lévy 噪声干扰时的较为抖动，这说明 Lévy 噪声会导致 BAM 神经网络的解的轨迹出现一个无规则的随机抖动现象. 图 7.5 描绘了 BAM 神经网络(7.8) 中 $E\mid x(t)\mid^2, E\mid y(t)\mid^2$ 和 $E(\mid x(t)\mid^2+\mid y(t)\mid^2)$ 的轨迹曲线，点线表示 $E\mid x(t)\mid^2$，实线表示 $E\mid y(t)\mid^2$，虚线表示 $E(\mid x(t)\mid^2+\mid y(t)\mid^2)$. 图 7.6 描绘了 BAM 神经网络(7.8) 中 $\frac{1}{t}\log(E\mid x(t)\mid^2)$，$\frac{1}{t}\log(E\mid y(t)\mid^2)$ 和 $\frac{1}{t}\log(E(\mid x(t)\mid^2+\mid y(t)\mid^2))$ 的轨迹曲线，虚线表示 $\frac{1}{t}\log(E\mid x(t)\mid^2)$，实线表示 $\frac{1}{t}\log(E\mid y(t)\mid^2)$，点线表示 $\frac{1}{t}\log(E(\mid x(t)\mid^2+\mid y(t)\mid^2))$. 从图 7.5 和图 7.6 中直观地看出 BAM 神经网络(7.8) 的平凡解是均方渐近稳定和均方指数稳定的. 本次仿真实验中数据的期望值为 200 条样本路径的平均值，即 $E\mid x(t)\mid^2=\frac{1}{200}\sum_{i=1}^{200}\mid x(t,\omega_{1,i})\mid^2$ 和 $E\mid y(t)\mid^2=\frac{1}{200}\sum_{i=1}^{200}\mid y(t,\omega_{2,i})\mid^2$，其中 $x(t,\omega_{1,i})$ 和 $y(t,\omega_{2,i})$ 分别表示随机过程 $x(t)$ 和 $y(t)$ 的第 i 条样本路径.

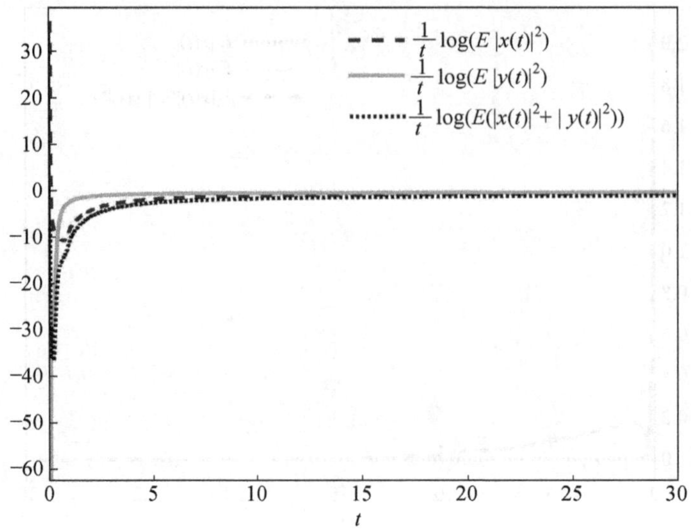

图 7.6　BAM 神经网络(7.8) 中$\frac{1}{t}\log(E\mid x(t)\mid^2)$，$\frac{1}{t}\log(E\mid y(t)\mid^2)$ 和 $\frac{1}{t}\log(E(\mid x(t)\mid^2+\mid y(t)\mid^2))$

7.5　本章小结

本章主要对具有 Lévy 噪声和离散观测的混杂随机 BAM 神经网络的稳定性问题进行了讨论.本章通过构造的包含离散观测区间长和强度测度相关信息的 Lyapunov-Krasovskiĭ 泛函，获得了保守性较低的稳定性相关研究结果；借助 M－矩阵的性质和广义 Itô 公式，给出了平凡解均方渐近稳定和均方指数稳定的判别定理.此外，本章得到的判别定理也适用于具有定常时滞的混杂随机 BAM 神经网络和具有时变时滞的混杂随机 BAM 神经网络.最后，本章利用一个数值算例和相应的模拟仿真说明了所得理论结果的可行性和较低的保守性.

参考文献

[1] ZHU Q X, CAO J D. Stability analysis of Markovian jump stochastic BAM neural networks with impulse control and mixed time delays[J]. IEEE Transactions on Neural Networks and Learning Systems, 2012, 23(3): 467-479.

[2] OBRADOVIC M, MILOSEVIC M. Stability of a class of neutral stochastic differential equations with unbounded delay and Markovian switching and the Euler-Maruyama method[J]. Journal of Computational and Applied Mathematics, 2017, 309: 244-266.

[3] LI X Y, MAO X R. Stabilisation of highly nonlinear hybrid stochastic differential delay equations by delay feedback control[J]. Automatica, 2020, 112: 108657.

[4] MEI C H, FEI C, FEI W Y, et al. Exponential stabilization by delay feedback control for highly nonlinear hybrid stochastic functional differential equations with infinite delay[J]. Nonlinear Analysis-Hybrid Systems, 2021, 40: 101026.

[5] MAO W, HU L J, MAO X R. Asymptotic boundedness and stability of solutions to hybrid stochastic differential equations with jumps and the Euler-Maruyama approximation[J]. Discrete and Continuous Dynamical Systems-Series B, 2019, 24(2): 587-613.

[6] 廖晓昕. 动力系统的稳定性理论和应用[M]. 北京：国防工业出版社，2000.

[7] WU M, HE Y, SHE J H. Stability analysis and robust control of time-delay systems[M]. Berlin: Springer-Verlag Berlin Heidelberg, 2010.

[8] 龚光鲁. 随机微分方程引论[M]. 2 版. 北京：北京大学出版社，1987.

[9] HU W, ZHU Q X, KARIMI H R. Some improved razumikhin stability criteria for impulsive stochastic delay differential systems[J]. IEEE Transactions on Automatic Control, 2019, 64(12): 5207-5213.

[10] ZHU Q X, CAO J D. Mean-square exponential input-to-state stability of stochastic delayed neural networks[J]. Neurocomputing, 2014, 131: 157-163.

[11] ITÔ K. On stochastic differential equations[J]. Memoirs of the American Mathematical Society, 1951, 51(4): 1-51.

[12] ØKSENDAL B. Stochastic differential equations[M]. New York: Springer, 2003.

[13] MAO X R. Stochastic versions of the LaSalle theorem[J]. Journal of Differential Equations, 1999, 153: 175-195.

[14] KHASMINSKII R. Stochastic stability of differential equations[M]. Heidelberg: Springer, 2012.

[15] LIAO J J, WANG X J. Stability of stochastic differential equation with linear fractal noise[J]. Frontiers of Mathematics in China, 2014, 9(3): 495-507.

[16] 胡适耕，黄乘明，吴付科. 随机微分方程[M]. 北京：科学出版社，2008.

[17] 毛学荣. 混杂随机微分方程理论概述[J]. 南京信息工程大学学报(自然科学版)，2017，9(3)：246-261.

[18] LI B. A note on stability of hybrid stochastic differential equations[J]. Applied Mathematics and Computation, 2017, 299: 45-57.

[19] XU Y, HE Z M. Stability of impulsive stochastic differential equations with Markovian switching[J]. Applied Mathematics Letters, 2014, 35: 35-40.

[20] SONG G F, LU Z Y, ZHENG B C, et al. Almost sure stabilization of hybrid systems by feedback control based on discrete-time observations of mode and state[J]. Science China-Information Sciences, 2018, 61(7): 70213.

[21] MAO X R. Stability of stochastic differential equations with Markovian switching[J]. Stochastic Processes and Their Applications, 1999, 79(1): 45-67.

[22] YUAN C G, MAO X R. Asymptotic stability in distribution of stochastic differential equations with Markovian switching[J]. Stochastic Processes and Their Applications, 2003, 103(2): 277-291.

[23] FENG L C, CAO J D, LIU L, et al. Asymptotic stability of nonlinear

hybrid stochastic systems driven by linear discrete time noises[J]. Nonlinear Analysis-Hybrid Systems, 2019, 33: 336-352.

[24] FENG L C, CAO J D, LIU L. Stability analysis in a class of Markov switched stochastic Hopfield neural networks[J]. Neural Processing Letters, 2019, 50(1): 413-430.

[25] LIU X H, ZHAO X Y, DENG F Q, et al. Almost sure exponential stability of time-varying linear stochastic Markovian jump systems[C]. 2019 IEEE Conference on Control Technology and Applications (CCTA), Hong Kong, China, 2019: 697-699.

[26] ZHAO X Y, DENG F Q, FU M Y. Stochastic stabilization and destabilization of nonlinear and time-varying hybrid systems by noise[J]. International Journal of Robust and Nonlinear Control, 2020, 30(15): 6241-6261.

[27] MAO X R. LaSalle-type theorems for stochastic differential delay equations[J]. Journal of Mathematical Analysis and Applications, 1999, 236: 350-369.

[28] MAO X R. Stochastic differential equations and applications[M]. Chichester: Horwood Publishing Limited, 2007.

[29] LIU L, MAO X R, CAO J D. Razumikhin-type theorem for stochastic functional differential systems via vector lyapunov function[J]. Journal of Mathematical Analysis and Applications, 2019, 479(2): 1986-2006.

[30] HU W, ZHU Q X. Moment exponential stability of stochastic delay systems with delayed impulse effects at random times and applications in the stabilisation of stochastic neural networks[J]. International Journal of Control, 2020, 93(10): 2505-2515.

[31] LUO Q, MAO X R, SHEN Y. Generalised theory on asymptotic stability and boundedness of stochastic functional differential equations [J]. Automatica, 2011, 47(9): 2075-2081.

[32] FENG L C, LI S M. The pth moment asymptotic stability and exponential stability of stochastic functional differential equations with polynomial growth condition[J]. Advances in Difference Equations, 2014, 2014: 302.

[33] HU P, HUANG C M. Delay dependent asymptotic mean square

stability analysis of the stochastic exponential Euler method[J]. Journal of Computational and Applied Mathematics, 2021, 382: 113068.

[34] ORMAN Z, ARIK S. New results for global stability of Cohen-Grossberg neural networks with multiple time delays [J]. Neurocomputing, 2008, 71(16-18): 3053-3063.

[35] ZHANG Z Q, ZHANG T P, HUANG S Y, et al. New global exponential stability result to a general Cohen-Grossberg neural networks with multiple delays[J]. Nonlinear Dynamics, 2012, 67(4): 2419-2432.

[36] XU L G, DAI Z L, HU H X. Almost sure and moment asymptotic boundedness of stochastic delay differential systems [J]. Applied Mathematics and Computation, 2019, 361: 157-168.

[37] LI Z Y, LAM J, FANG R. Mean square stability of linear stochastic neutral-type time-delay systems with multiple delays[J]. International Journal of Robust Nonlinear Control, 2019, 29(2): 451-472.

[38] LI Z X, SU H Y, GU Y, et al. Exponential stability analysis for discrete-time singular systems with randomly occurring delay [J]. Circuits Systems and Signal Processing, 2013, 32(5): 2231-2242.

[39] RAKKIYAPPAN R, CHANDRASEKAR A, LAKSHMANAN S, et al. Exponential stabilityfor Markovian jumping stochastic bam neural networks with mode-dependent probabilistic time-varying delays and impulse control[J]. Complexity, 2015, 20(3): 39-65.

[40] NGOC P H A, HIEU L T. A novel approach to mean square exponential stability of stochastic delay differential equations[J]. IEEE Transactions on Automatic Control, 2021, 66(5): 2351-2356.

[41] LU B L, SONG R L. Stability of a class of hybrid neutral stochastic differential equations with unbounded delay [J]. Discrete Dynamics in Nature and Society, 2017, 2017: 2941349.

[42] SONG M H, MAO X R. Almost sure exponential stability of hybrid stochastic function differential equations [J]. Journal of Mathematical Analysis and Applications, 2018, 458(2): 1390-1408.

[43] RUAN D H, XU L P, LUO J W. Stability of hybrid stochastic functional differential equations [J]. Applied Mathematics and

Computation, 2019, 346: 832-841.

[44] MAO X R, YUAN C G. Stochastic differential equations with Markovian switching [M]. London: Imperial College Press, 2006: 271-318.

[45] YUE D, HAN Q L. Delay-dependent exponential stability of stochastic systems with time-varying delay, nonlinearity, and Markovian switching[J]. IEEE Transactions on Automatic Control, 2005, 50(2): 217-222.

[46] ZHU Q X, CAO J D. Exponential stability of stochastic neural networks with both Markovian jump parameters and mixed time delays [J]. IEEE Transactions on Systems Man and Cybernetics Part B-Cybernetics, 2011, 41(2): 341-353.

[47] ZHU Q X, XI F B, LI X D. Robust exponential stability of stochastically nonlinear jump systems with mixed time delays [J]. Journal of Optimization Theory and Applications, 2012, 154 (1): 154-174.

[48] LI X Y, MAO X R. A note on almost sure asymptotic stability of neutral stochastic delay differential equations with Markovian switching [J]. Automatica, 2012, 48(9): 2329-2334.

[49] HU L J, MAO X R, ZHANG L G. Robust stability and boundedness of nonlinear hybrid stochastic differential delay equations [J]. IEEE Transactions on Automatic Control, 2013, 58(9): 2319-2332.

[50] RAKKIYAPPAN R, CHANDRASEKAR A, LAKSHMANAN S, et al. Exponential stability of Markovian jumping stochastic Cohen-Grossberg neural networks with mode-dependent probabilistic time-varying delays and impulses[J]. Neurocomputing, 2014, 131: 265-277.

[51] YU P L, CHENG P, DENG F Q. Almost sure exponential stability of hybrid stochastic delayed Cohen-Grossberg neural networks[J]. Asian Journal of Control, 2022, 24(4): 1904-1915.

[52] HU L J, MAO X R, SHEN Y. Stability and boundedness of nonlinear hybrid stochastic differential delay equations[J]. Systems and Control Letters, 2013, 62(2): 178-187.

[53] FEI W Y, HU L J, MAO X R, et al. Delay dependent stability of

highly nonlinear hybrid stochastic systems[J]. Automatica, 2017, 82: 165-170.

[54] FEI W Y, HU L J, MAO X R, et al. Generalized criteria on delay-dependent stability of highly nonlinear hybrid stochastic systems[J]. International Journal of Robust and Nonlinear Control, 2019, 29(5): 1201-1215.

[55] FEI C, FEI W Y, MAO X R, et al. Stability analysis of highly nonlinear hybrid multiple-delay stochastic differential equations[J]. Journal of Applied Analysis and Computation, 2019, 9(3): 1053-1070.

[56] SHEN M X, FEI W Y, MAO X R, et al. Stability of highly nonlinear neutral stochastic differential delay equations[J]. Systems and Control Letters, 2018, 115: 1-8.

[57] YANG N, CHEN D Y, HU J, et al. Asymptotic stability and continuity of nonlinear hybrid stochastic differential equation with randomly occurring delay[J]. Stochastics: An International Journal of Probability and Stochastic Processes, 2022, 94(2): 163-190.

[58] SONG R L, WANG B, ZHU Q X. Delay-dependent stability of nonlinear hybrid neutral stochastic differential equations with multiple delays[J]. International Journal of Robust and Nonlinear Control, 2021, 31(1): 250-267.

[59] SHEN M X, FEI W Y, MAO X R, et al. Exponential stability of highly nonlinear neutral pantograph stochastic differential equations[J]. Asian Journal of Control, 2020, 22(1): 436-448.

[60] MEI C H, FEI C, FEI W Y, et al. Stabilisation of highly non-linear continuous-time hybrid stochastic differential delay equations by discrete-time feedback control [J]. IET Control Theory and Applications, 2020, 14(2): 313-323.

[61] YANG N, CHEN D Y, HU J. Quantised control of delayed Markovian jump systems with partly known transition probabilities[J]. IET Control Theory and Applications, 2021, 15(3): 372-389.

[62] CHEN D Y, ZHAO H R, HU J, et al. An output feedback method to polynomial stabilization of hybrid pantograph stochastic systems with a-periodic sampling[J]. Journal of the Franklin Institute-Engineering and

Applied Mathematics, 2024, 361(14): 107074.

[63] WU H, HU J H, YUAN C G. Stability of hybrid pantograph stochastic functional differential equations [J]. Systems and Control Letters, 2022, 160: 105105.

[64] LIU Y R, WANG Z D, LIU X H. An LMI approach to stability analysis of stochastic high-order Markovian jumping neural networks with mixed time delays[J]. Nonlinear Analysis-Hybrid Systems, 2008, 2(1): 110-120.

[65] ZHU Q X, CAO J D. Robust exponential stability of Markovian jump impulsive stochastic Cohen-Grossberg neural networks with mixed time delays [J]. IEEE Transactions on Neural Networks, 2010, 21 (8): 1314-1325.

[66] PENG S G, ZHANG Y. Some new criteria on pth moment stability of stochastic functional differential equations with Markovian switching [J]. IEEE Transactions on Automatic Control, 2010, 55 (12): 2886-2890.

[67] ZHU E W, TIAN X, WANG Y H. On pth moment exponential stability of stochastic differential equations with Markovian switching and time-varying delay [J]. Journal of Inequalities and Applications, 2015: 137.

[68] XIE Y, ZHANG C J. Asymptotical boundedness and moment exponential stability for stochastic neutral differential equations with time-variable delay and Markovian switching[J]. Applied Mathematics Letters, 2017, 70: 46-51.

[69] SONG Y F, ZENG Z G. Razumikhin-type theorems on pth moment boundedness of neutral stochastic functional differential equations with Makovian switching[J]. Journal of the Franklin Institute: Engineering and Applied Mathematics, 2018, 355(17): 8296-8312.

[70] FEI C, SHEN M X, FEI W Y, et al. Stability of highly nonlinear hybrid stochastic integro-differential delay equations [J]. Nonlinear Analysis: Hybrid Systems, 2019, 31: 180-199.

[71] SONG R L, WANG B, ZHU Q X. Delay-dependent stability of non-linear hybrid stochastic functional differential equations [J]. IET

Control Theory and Applications, 2020, 14(2): 198-206.
[72] FENG L C, WU Z H, CAO J D, et al. Exponential stability for nonlinear hybrid stochastic systems with time varying delays of neutral type[J]. Applied Mathematics Letters, 2020, 107: 106468.
[73] FENG L C, LI S M, MAO X R. Asymptotic stability and boundedness of stochastic functional differential equations with Markovian switching [J]. Journal of the Franklin Institute: Engineering and Applied Mathematics, 2016, 353(18): 4924-4949.
[74] FEI W Y, HU L J, MAO X R, et al. Structured robust stability and boundedness of nonlinear hybrid delay systems[J]. SIAM Journal on Control and Optimization, 2018, 56(4): 2662-2689.
[75] SHEN M X, FEI C, FEI W Y, et al. Boundedness and stability of highly nonlinear hybrid neutral stochastic systems with multiple delays [J]. Science China: Information Sciences, 2019, 62(10): 202205.
[76] WU A Q, YOU S R, MAO W, et al. On exponential stability of hybrid neutral stochastic differential delay equations with different structures [J]. Nonlinear Analysis: Hybrid Systems, 2021, 39: 100971.
[77] KLEBANER F C. Introduction to stochastic calculus with applications [M]. London: Imperial College Press, 2012.
[78] WILLSKY A S, MARCUS S I, MARTIN D N. On the stochastic stability of linear systems containing colored multiplicative noise[J]. IEEE Transactions on Automatic Control, 1975, 20(5): 711-713.
[79] 邓飞其，冯昭枢，刘永清. 一类有色噪声随机系统的实用稳定性与实用镇定[J]. 系统工程与电子技术，1998(2): 57-60.
[80] 邓飞其，刘永清，冯昭枢. 含有有色噪声的随机系统在实用稳定意义下的变结构控制[J]. 控制理论与应用，1999，16(4): 496-500.
[81] 邓飞其，陈金堂，刘永清. 具有有色噪声的线性随机系统的矩稳定性[J]. 控制理论与应用，2001，18(3): 418-420.
[82] YAO L Q, ZHANG W H. New noise-to-state stability and instability criteria for random nonlinear systems [J]. International Journal of Robust and Nonlinear Control, 2020, 30(2): 526-537.
[83] WU J C, LIU X B. Moment stability of viscoelastic system influenced by non-gaussian colored noise[J]. Journal of Sound and Vibration,

2021，502：116080.

[84] 吴爱华，张建勋. 有色噪声下随机时滞传染病模型的稳定性[J]. 世界科技研究与发展，2009，31(2)：350-353.

[85] JIAO T C，ZONG G D，ZHANG C S，et al. Noise-to-state stability analysis for a class of random time-delay nonlinear systems [J]. Transactions of the Institute of Measurement and Control，2018，40(9)：2765-2770.

[86] LU W. Noise-to-state exponential stability of neutral random nonlinear systems[J]. Advances in Difference Equations，2018：313.

[87] WU Z J. Stability criteria of random nonlinear systems and their applications[J]. IEEE Transactions on Automatic Control，2015，60(4)：1038-1049.

[88] FENG L K，PARK J H，ZHANG W H. Improved noise-to-state stability criteria of random nonlinear systems with stochastic impulses [J]. IET Control Theory and Applications，2021，15(1)：96-109.

[89] ZHANG H，XIA Y Q，WU Z J. Noise-to-state stability of random switched systems and its applications [J]. IEEE Transactions on Automatic Control，2016，61(6)：1607-1612.

[90] ZHANG D F，WU Z J，SUN X M，et al. Noise-to-state stability for a class of random systems with state-dependent switching [J]. IEEE Transactions on Automatic Control，2016，61(10)：3164-3170.

[91] YANG N，HU J，CHEN DY. Noise-to-state and delay-dependent stability of highly nonlinear hybrid stochastic differential equation with multiple delays [J]. International Journal of Control，2024，97(3)：577-588.

[92] APPLEBAUM D. Lévy processes and stochastic calculus [M]. New York：Cambridge University Press，2004.

[93] JACOB N，WANG Y T，YUAN C G. Stochastic differential delay equations with jumps，under nonlinear growth condition [J]. Stochastics：An International Journal of Probability and Stochastic Processes，2009，81(6)：571-588.

[94] LIU Q，CHEN Q M，LIU Z H. Analysis on stochastic delay Lotka-Volterra systems driven by Lévy noise [J]. Applied Mathematics and

Computation, 2014, 235: 261-271.

[95] MAO W, ZHU Q X, MAO X R. Existence, uniqueness and almost surely asymptotic estimations of the solutions to neutral stochastic functional differential equations driven by pure jumps[J]. Applied Mathematics and Computation, 2015, 254: 252-265.

[96] MAO W, HU L J, MAO X R. Neutral stochastic functional differential equations with Lévy jumps under the local Lipschitz condition[J]. Advances in Difference Equations, 2017: 57.

[97] LIU L N, DENG F Q. *p*th Moment exponential stability of highly nonlinear neutral pantograph stochastic differential equations driven by Lévy noise[J]. Applied Mathematics Letters, 2018, 86: 313-319.

[98] WAN F Z, HU P, CHEN H B. Stability analysis of neutral stochastic differential delay equations driven by Lévy noises [J]. Applied Mathematics and Computation, 2020, 375: 125080.

[99] XU Y, HE Z M, WANG P G. *p*th moment asymptotic stability for neutral stochastic functional differential equations with Lévy processes [J]. Applied Mathematics and Computation, 2015, 269: 594-605.

[100] ZHU Q X. Stability analysis of stochastic delay differential equations with Lévy noise[J]. Systems and Control Letters, 2018, 118: 62-68.

[101] LI H D, ZHU Q X. The *p*th moment exponential stability and almost surely exponential stability of stochastic differential delay equations with poisson jump [J]. Journal of Mathematical Analysis and Applications, 2019, 471(1-2): 197-210.

[102] ZHANG W, YE J, LI H B. Stability with general decay rates of stochastic differential delay equations with Poisson jumps and Markovian switching[J]. Statistics and Probability Letters, 2014, 92: 1-11.

[103] YUAN C G, MAO X R. Stability of stochastic delay hybrid systems with jumps[J]. European Journal of Control, 2010, 16(6): 595-608.

[104] ZHU Q X. Razumikhin-type theorem for stochastic functional differential equations with Lévy noise and Markov switching[J]. International Journal of Control, 2017, 90(8): 1703-1712.

[105] LI M L, DENG F Q. Almost sure stability with general decay rate of

neutral stochastic delayed hybrid systems with Lévy noise [J]. Nonlinear Analysis: Hybrid Systems, 2017, 24: 171-185.

[106] MAO W, HU L J, MAO X R. The asymptotic stability of hybrid stochastic systems with pantograph delay and non-gaussian Lévy noise [J]. Journal of the Franklin Institute-Engineering and Applied Mathematics, 2020, 357(2): 1174-1198.

[107] ZOUINE A, BOUZAHIR H, IMZEGOUAN C. Delay-dependent stability of highly nonlinear hybrid stochastic systems with Lévy noise [J]. Nonlinear Studies, 2020, 27(4): 879-896.

[108] SHEN G J, XU W T, ZHU D J. The stability with general decay rate of neutral stochastic functional hybrid differential equations with Lévy noise[J]. Systems and Control Letters, 2020, 143: 104742.

[109] LI G J, YANG Q G. Stability analysis of the split-step theta method for nonlinear regime-switching jump systems [J]. Journal of Computational Mathematics, 2021, 39(2): 192-206.

[110] ZHANG T, GAO C H. Stability with general decay rate of hybrid neutral stochastic pantograph differential equations driven by Lévy noise[J]. Discrete and Continuous Dynamical Systems-Series B, 2022, 27(7): 3725-3747.

[111] LI G J, YANG Q G. Stability analysis between the hybrid stochastic delay differential equations with jumps and the Euler-Maruyama method[J]. Journal of Applied Analysis and Computation, 2021, 11 (3): 1259-1272.

[112] YANG N, CHEN D Y, HU J. Boundedness and stability of nonlinear hybrid stochastic differential delay equation disturbed by Lévy noise [J]. IET Control Theory and Applications, 2023, 17(1): 109-122.

[113] PENG J, LIU Z M. Stability analysis of stochastic reaction-diffusion delayed neural networks with Lévy noise[J]. Neural Computing and Applications, 2011, 20(4): 535-541.

[114] ZHOU W N, YANG J, YANG X Q, et al. Almost surely exponential stability of neural networks with Lévy noise and Markovian switching [J]. Neurocomputing, 2014, 145: 154-159.

[115] ZHOU W N, YANG J, YANG X Q, et al. pth moment exponential

stability of stochastic delayed hybrid systems with Lévy noise[J]. Applied Mathematical Modelling, 2015, 39(18): 5650-5658.

[116] YANG J, ZHOU W N, YANG X Q, et al. pth moment asymptotic stability of stochastic delayed hybrid systems with Lévy noise[J]. International Journal of Control, 2015, 88(9): 1726-1734.

[117] ZHOU L W, ZHU Q X, WANG Z J, et al. Adaptive exponential synchronization of multislave time-delayed recurrent neural networks with Lévy noise and regime switching[J]. IEEE Transactions on Neural Networks and Learning Systems, 2017, 28(12): 2885-2898.

[118] 麻硕，康艳梅. Lévy 噪声驱动的时滞中立型神经网络在非 Lipschitz 条件下的指数同步分析[C]//第四届全国神经动力学学术会议摘要集，西安，2018：103-104.

[119] YU P L, DENG F Q. Almost sure stability of stochastic neutral Cohen-Grossberg neural networks with Lévy noise and time-varying delays[J]. Asian Journal of Control, 2023, 25(1): 371-382.

[120] YANG N, HU J, CHEN D Y. Stability of markovian jump bidirectional associative memory neural networks under Lévy noise and discrete observation[J]. International Journal of Robust and Nonlinear Control, 2025, 35(4): 1449-1462.

[121] 闵颖颖，刘允刚. Barbalat 引理及其在系统稳定性分析中的应用[J]. 山东大学学报(工学版)，2007，37(1)：51-55,114.

刘培杰数学工作室
已出版(即将出版)图书目录——高等数学

书　　名	出版时间	定　价	编号
距离几何分析导引	2015－02	68.00	446
大学几何学	2017－01	78.00	688
关于曲面的一般研究	2016－11	48.00	690
近世纯粹几何学初论	2017－01	58.00	711
拓扑学与几何学基础讲义	2017－04	58.00	756
物理学中的几何方法	2017－06	88.00	767
几何学简史	2017－08	28.00	833
微分几何学历史概要	2020－07	58.00	1194
解析几何学史	2022－03	58.00	1490
曲面的数学	2024－01	98.00	1699

复变函数引论	2013－10	68.00	269
伸缩变换与抛物旋转	2015－01	38.00	449
无穷分析引论(上)	2013－04	88.00	247
无穷分析引论(下)	2013－04	98.00	245
数学分析	2014－04	28.00	338
数学分析中的一个新方法及其应用	2013－01	38.00	231
数学分析例选:通过范例学技巧	2013－01	88.00	243
高等代数例选:通过范例学技巧	2015－06	88.00	475
基础数论例选:通过范例学技巧	2018－09	58.00	978
三角级数论(上册)(陈建功)	2013－01	38.00	232
三角级数论(下册)(陈建功)	2013－01	48.00	233
三角级数论(哈代)	2013－06	48.00	254
三角级数	2015－07	28.00	263
超越数	2011－03	18.00	109
三角和方法	2011－03	18.00	112
随机过程(Ⅰ)	2014－01	78.00	224
随机过程(Ⅱ)	2014－01	68.00	235
算术探索	2011－12	158.00	148
组合数学	2012－04	28.00	178
组合数学浅谈	2012－03	28.00	159
分析组合学	2021－09	88.00	1389
丢番图方程引论	2012－03	48.00	172
拉普拉斯变换及其应用	2015－02	38.00	447
高等代数.上	2016－01	38.00	548
高等代数.下	2016－01	38.00	549
高等代数教程	2016－01	58.00	579
高等代数引论	2020－07	48.00	1174
数学解析教程.上卷.1	2016－01	58.00	546
数学解析教程.上卷.2	2016－01	38.00	553
数学解析教程.下卷.1	2017－04	48.00	781
数学解析教程.下卷.2	2017－06	48.00	782
数学分析.第1册	2021－03	48.00	1281
数学分析.第2册	2021－03	48.00	1282
数学分析.第3册	2021－03	28.00	1283
数学分析精选习题全解.上册	2021－03	38.00	1284
数学分析精选习题全解.下册	2021－03	38.00	1285
数学分析专题研究	2021－11	68.00	1574
实分析中的问题与解答	2024－06	98.00	1737
函数构造论.上	2016－01	38.00	554
函数构造论.中	2017－06	48.00	555
函数构造论.下	2016－09	48.00	680
函数逼近论(上)	2019－02	98.00	1014
概周期函数	2016－01	48.00	572
变叙的项的极限分布律	2016－01	18.00	573
整函数	2012－08	18.00	161
近代拓扑学研究	2013－04	38.00	239
多项式和无理数	2008－01	68.00	22
密码学与数论基础	2021－01	28.00	1254

刘培杰数学工作室
已出版(即将出版)图书目录——高等数学

书　　名	出版时间	定　价	编号
模糊数据统计学	2008—03	48.00	31
模糊分析学与特殊泛函空间	2013—01	68.00	241
常微分方程	2016—01	58.00	586
平稳随机函数导论	2016—03	48.00	587
量子力学原理.上	2016—01	38.00	588
图与矩阵	2014—08	40.00	644
钢丝绳原理:第二版	2017—01	78.00	745
代数拓扑和微分拓扑简史	2017—06	68.00	791
半序空间泛函分析.上	2018—06	48.00	924
半序空间泛函分析.下	2018—06	68.00	925
概率分布的部分识别	2018—07	68.00	929
Cartan 型单模李超代数的上同调及极大子代数	2018—07	38.00	932
纯数学与应用数学若干问题研究	2019—03	98.00	1017
数理金融学与数理经济学若干问题研究	2020—07	98.00	1180
清华大学"工农兵学员"微积分课本	2020—09	48.00	1228
力学若干基本问题的发展概论	2023—04	58.00	1262
Banach 空间中前后分离算法及其收敛率	2023—06	98.00	1670
基于广义加法的数学体系	2024—03	168.00	1710
向量微积分、线性代数和微分形式:统一方法:第 5 版	2024—03	78.00	1707
向量微积分、线性代数和微分形式:统一方法:第 5 版:习题解答	2024—03	48.00	1708
分布式多智能体系统主动安全控制方法	2023—08	98.00	1687

受控理论与解析不等式	2012—05	78.00	165
不等式的分拆降维降幂方法与可读证明(第 2 版)	2020—07	78.00	1184
石焕南文集:受控理论与不等式研究	2020—09	198.00	1198
半离散 Hardy-Hilbert 不等式的拓展性应用	2025—01	88.00	1809

实变函数论	2012—06	78.00	181
复变函数论	2015—08	38.00	504
非光滑优化及其变分分析(第 2 版)	2024—05	68.00	230
疏散的马尔科夫链	2014—01	58.00	266
马尔科夫过程论基础	2015—01	28.00	433
初等微分拓扑学	2012—07	18.00	182
方程式论	2011—03	38.00	105
Galois 理论	2011—03	18.00	107
古典数学难题与伽罗瓦理论	2012—11	58.00	223
伽罗华与群论	2014—01	28.00	290
代数方程的根式解及伽罗瓦理论	2011—03	28.00	108
代数方程的根式解及伽罗瓦理论(第二版)	2015—01	28.00	423
线性偏微分方程讲义	2011—03	18.00	110
几类微分方程数值方法的研究	2015—05	38.00	485
分数阶微分方程理论与应用	2020—05	95.00	1182
N 体问题的周期解	2011—03	28.00	111
代数方程式论	2011—05	18.00	121
线性代数与几何:英文	2016—06	58.00	578
动力系统的不变量与函数方程	2011—07	48.00	137
基于短语评价的翻译知识获取	2012—02	48.00	168
应用随机过程	2012—04	48.00	187
概率论导引	2012—04	18.00	179
矩阵论(上)	2013—06	58.00	250
矩阵论(下)	2013—06	48.00	251
对称锥互补问题的内点法:理论分析与算法实现	2014—08	68.00	368
抽象代数:方法导引	2013—06	38.00	257
集论	2016—01	48.00	576
多项式理论研究综述	2016—01	38.00	577
函数论	2014—11	78.00	395
反问题的计算方法及应用	2011—11	28.00	147
数阵及其应用	2012—02	28.00	164
绝对值方程—折边与组合图形的解析研究	2012—07	48.00	186
代数函数论(上)	2015—07	38.00	494
代数函数论(下)	2015—07	38.00	495
置换与代数方程	2025—06	98.00	1824

刘培杰数学工作室
已出版(即将出版)图书目录——高等数学

书 名	出版时间	定 价	编号
偏微分方程论:法文	2015-10	48.00	533
粒子图像测速仪实用指南:第二版	2017-08	78.00	790
数域的上同调	2017-08	98.00	799
图的正交因子分解(英文)	2018-01	38.00	881
图的度因子和分支因子:英文	2019-09	88.00	1108
点云模型的优化配准方法研究	2018-07	58.00	927
锥形波入射粗糙表面反散射问题理论与算法	2018-03	68.00	936
广义逆的理论与计算	2018-07	58.00	973
不定方程及其应用	2018-12	58.00	998
几类椭圆型偏微分方程高效数值算法研究	2018-08	48.00	1025
现代密码算法概论	2019-05	98.00	1061
模形式的 p-进性质	2019-06	78.00	1088
混沌动力学:分形、平铺、代换	2019-09	48.00	1109
微分方程,动力系统与混沌引论:第 3 版	2020-05	65.00	1144
分数阶微分方程理论与应用	2020-05	95.00	1187
应用非线性动力系统与混沌导论:第 2 版	2021-05	58.00	1368
非线性振动,动力系统与向量场的分支	2021-06	55.00	1369
遍历理论引论	2021-11	46.00	1441
全局分支与混沌:解析方法	2025-03	78.00	1812
动力系统与混沌	2022-05	48.00	1485
Galois 上同调	2020-04	138.00	1131
毕达哥拉斯定理:英文	2020-03	38.00	1133
模糊可拓多属性决策理论与方法	2021-06	98.00	1357
统计方法和科学推断	2021-10	48.00	1428
有关几类种群生态学模型的研究	2022-04	98.00	1486
加性数论:典型基	2022-05	48.00	1491
加性数论:反问题与和集的几何	2023-08	58.00	1672
乘性数论:第三版	2022-07	38.00	1528
解析数论	2024-10	58.00	1771
交替方向乘子法及其应用	2022-08	98.00	1553
结构元理论及模糊决策应用	2022-09	98.00	1573
随机微分方程和应用:第二版	2022-12	48.00	1580
前提不匹配的 T-S 模糊时滞系统的稳定性分析与镇定	2024-11	98.00	1783
非线性混杂随机时滞微分方程的稳定性研究及应用	2025-06	98.00	1843
吴振奎高等数学解题真经(概率统计卷)	2012-01	38.00	149
吴振奎高等数学解题真经(微积分卷)	2012-01	68.00	150
吴振奎高等数学解题真经(线性代数卷)	2012-01	58.00	151
高等数学解题全攻略(上卷)	2013-06	58.00	252
高等数学解题全攻略(下卷)	2013-06	58.00	253
高等数学复习纲要	2014-01	18.00	384
数学分析历年考研真题解析.第一卷	2021-04	38.00	1288
数学分析历年考研真题解析.第二卷	2021-04	38.00	1289
数学分析历年考研真题解析.第三卷	2021-04	38.00	1290
数学分析历年考研真题解析.第四卷	2022-09	68.00	1560
数学分析历年考研真题解析.第五卷	2024-10	58.00	1773
数学分析历年考研真题解析.第六卷	2024-10	68.00	1774
数学分析历年考研真题解析.第七卷	2025-06	68.00	1819
硕士研究生入学考试数学试题及解答.第 1 卷	2024-01	58.00	1703
硕士研究生入学考试数学试题及解答.第 2 卷	2024-04	68.00	1704
硕士研究生入学考试数学试题及解答.第 3 卷	2025-04	98.00	1705
超越吉米多维奇.数列的极限	2009-11	48.00	58
超越普里瓦洛夫.留数卷	2015-01	48.00	437
超越普里瓦洛夫.无穷乘积与它对解析函数的应用卷	2015-05	28.00	477
超越普里瓦洛夫.积分卷	2015-06	18.00	481
超越普里瓦洛夫.基础知识卷	2015-06	28.00	482
超越普里瓦洛夫.数项级数卷	2015-07	38.00	489
超越普里瓦洛夫.微分、解析函数、导数卷	2018-01	48.00	852
统计学专业英语(第三版)	2015-04	68.00	465
代换分析:英文	2015-07	38.00	499

刘培杰数学工作室

已出版(即将出版)图书目录——高等数学

书 名	出版时间	定 价	编号
历届美国大学生数学竞赛试题集.第一卷(1938—1949)	2015－01	28.00	397
历届美国大学生数学竞赛试题集.第二卷(1950—1959)	2015－01	28.00	398
历届美国大学生数学竞赛试题集.第三卷(1960—1969)	2015－01	28.00	399
历届美国大学生数学竞赛试题集.第四卷(1970—1979)	2015－01	18.00	400
历届美国大学生数学竞赛试题集.第五卷(1980—1989)	2015－01	28.00	401
历届美国大学生数学竞赛试题集.第六卷(1990—1999)	2015－01	28.00	402
历届美国大学生数学竞赛试题集.第七卷(2000—2009)	2015－08	18.00	403
历届美国大学生数学竞赛试题集.第八卷(2010—2012)	2015－01	18.00	404
超越普特南试题:大学数学竞赛中的方法与技巧	2017－04	98.00	758
历届国际大学生数学竞赛试题集(1994－2020)	2021－01	58.00	1252
历届美国大学生数学竞赛试题集(全 3 册)	2023－10	168.00	1693
全国大学生数学夏令营数学竞赛试题及解答	2007－03	28.00	15
全国大学生数学竞赛辅导教程	2012－07	28.00	189
全国大学生数学竞赛复习全书(第 2 版)	2017－05	58.00	787
历届美国大学生数学竞赛试题集	2009－03	88.00	43
前苏联大学生数学奥林匹克竞赛题解(上编)	2012－04	28.00	169
前苏联大学生数学奥林匹克竞赛题解(下编)	2012－04	38.00	170
大学生数学竞赛讲义	2014－09	28.00	371
大学生数学竞赛教程——高等数学(基础篇、提高篇)	2018－09	128.00	968
普林斯顿大学数学竞赛	2016－06	38.00	669
高等数学竞赛:1962—1991 年米克洛什·施外策竞赛	2024－09	128.00	1743
考研高等数学高分之路	2020－10	45.00	1203
考研高等数学基础必刷	2021－01	45.00	1251
考研概率论与数理统计	2022－06	58.00	1522
越过 211,刷到 985:考研数学二	2019－10	68.00	1115
初等数论难题集(第一卷)	2009－05	68.00	44
初等数论难题集(第二卷)(上、下)	2011－02	128.00	82,83
数论概貌	2011－03	18.00	93
代数数论(第二版)	2013－08	58.00	94
代数多项式	2014－06	38.00	289
初等数论的知识与问题	2011－02	28.00	95
超越数论基础	2011－03	28.00	96
数论初等教程	2011－03	28.00	97
数论基础	2011－03	18.00	98
数论基础与维诺格拉多夫	2014－03	18.00	292
解析数论基础	2012－08	28.00	216
解析数论基础(第二版)	2014－01	48.00	287
解析数论问题集(第二版)(原版引进)	2014－05	88.00	343
解析数论问题集(第二版)(中译本)	2016－04	88.00	607
解析数论基础(潘承洞,潘承彪著)	2016－07	98.00	673
解析数论导引	2016－07	58.00	674
数论入门	2011－03	38.00	99
代数数论入门	2015－03	38.00	448
数论开篇	2012－07	28.00	194
解析数论引论	2011－03	48.00	100
Barban Davenport Halberstam 均值和	2009－01	40.00	33
基础数论	2011－03	28.00	101
初等数论 100 例	2011－05	18.00	122
初等数论经典例题	2012－07	18.00	204
最新世界各国数学奥林匹克中的初等数论试题(上、下)	2012－01	138.00	144,145
初等数论(Ⅰ)	2012－01	18.00	156
初等数论(Ⅱ)	2012－01	18.00	157
初等数论(Ⅲ)	2012－01	28.00	158

刘培杰数学工作室
已出版(即将出版)图书目录——高等数学

书　名	出版时间	定　价	编号
Gauss,Euler,Lagrange 和 Legendre 的遗产:把整数表示成平方和	2022-06	78.00	1540
平面几何与数论中未解决的新老问题	2013-01	68.00	229
代数数论简史	2014-11	28.00	408
代数数论	2015-09	88.00	532
代数、数论及分析习题集	2016-11	98.00	695
数论导引提要及习题解答	2016-01	48.00	559
素数定理的初等证明.第2版	2016-09	48.00	686
数论中的模函数与狄利克雷级数(第二版)	2017-11	78.00	837
数论:数学导引	2018-01	68.00	849
域论	2018-04	68.00	884
代数数论(冯克勤　编著)	2018-04	68.00	885
范氏大代数	2019-02	98.00	1016
高等算术:数论导引:第八版	2023-04	78.00	1689
新编640个世界著名数学智力趣题	2014-01	88.00	242
500个最新世界著名数学智力趣题	2008-06	48.00	3
400个最新世界著名数学最值问题	2008-09	48.00	36
500个世界著名数学征解问题	2009-06	48.00	52
400个中国最佳初等数学征解老问题	2010-01	48.00	60
500个俄罗斯数学经典老题	2011-01	28.00	81
1000个国外中学物理好题	2012-04	48.00	174
300个日本高考数学题	2012-05	38.00	142
700个早期日本高考数学试题	2017-02	88.00	752
500个前苏联早期高考数学试题及解答	2012-05	28.00	185
546个早期俄罗斯大学生数学竞赛题	2014-03	38.00	285
548个来自美苏的数学好问题	2014-11	28.00	396
20所苏联著名大学早期入学试题	2015-02	18.00	452
161道德国工科大学生必做的微分方程习题	2015-05	28.00	469
500个德国工科大学生必做的高数习题	2015-06	28.00	478
360个数学竞赛问题	2016-08	58.00	677
德国讲义日本考题.微积分卷	2015-04	48.00	456
德国讲义日本考题.微分方程卷	2015-04	38.00	457
二十世纪中叶中、英、美、日、法、俄高考数学试题精选	2017-06	38.00	783
博弈论精粹	2008-03	58.00	30
博弈论精粹.第二版(精装)	2015-01	88.00	461
数学 我爱你	2008-01	28.00	20
精神的圣徒　别样的人生——60位中国数学家成长的历程	2008-09	48.00	39
数学史概论	2009-06	78.00	50
数学史概论(精装)	2013-03	158.00	272
数学史选讲	2016-01	48.00	544
斐波那契数列	2010-02	28.00	65
数学拼盘和斐波那契魔方	2010-07	38.00	72
斐波那契数列欣赏	2011-01	28.00	160
数学的创造	2011-02	48.00	85
数学美与创造力	2016-01	48.00	595
数海拾贝	2016-01	48.00	590
数学中的美	2011-02	38.00	84
数论中的美学	2014-12	38.00	351
数学王者　科学巨人——高斯	2015-01	28.00	428
振兴祖国数学的圆梦之旅:中国初等数学研究史话	2015-06	98.00	490
二十世纪中国数学史料研究	2015-10	48.00	536
数字谜、数阵图与棋盘覆盖	2016-01	58.00	298
时间的形状	2016-01	38.00	556
数学发现的艺术:数学探索中的合情推理	2016-07	58.00	671
活跃在数学中的参数	2016-07	48.00	675
诗人与数学家	2025-06	88.00	1826

刘培杰数学工作室
已出版(即将出版)图书目录——高等数学

书　　名	出版时间	定　价	编号
格点和面积	2012—07	18.00	191
射影几何趣谈	2012—04	28.00	175
斯潘纳尔引理——从一道加拿大数学奥林匹克试题谈起	2014—01	28.00	228
李普希兹条件——从几道近年高考数学试题谈起	2012—10	18.00	221
拉格朗日中值定理——从一道北京高考试题的解法谈起	2015—10	18.00	197
闵科夫斯基定理——从一道清华大学自主招生试题谈起	2014—01	28.00	198
哈尔测度——从一道冬令营试题的背景谈起	2012—08	28.00	202
切比雪夫逼近问题——从一道中国台北数学奥林匹克试题谈起	2013—04	38.00	238
伯恩斯坦多项式与贝齐尔曲面——从一道全国高中数学联赛试题谈起	2013—03	38.00	236
卡塔兰猜想——从一道普特南竞赛试题谈起	2013—06	18.00	256
麦卡锡函数和阿克曼函数——从一道前南斯拉夫数学奥林匹克试题谈起	2012—08	18.00	201
贝蒂定理与拉姆贝克莫斯尔定理——从一个拣石子游戏谈起	2012—08	18.00	217
皮亚诺曲线和豪斯道夫分球定理——从无限集谈起	2012—08	18.00	211
平面凸图形与凸多面体	2012—10	28.00	218
斯坦因豪斯问题——从一道二十五省市自治区中学数学竞赛试题谈起	2012—07	18.00	196
纽结理论中的亚历山大多项式与琼斯多项式——从一道北京市高一数学竞赛试题谈起	2012—07	28.00	195
原则与策略——从波利亚"解题表"谈起	2013—04	38.00	244
转化与化归——从三大尺规作图不能问题谈起	2012—08	28.00	214
代数几何中的贝祖定理(第一版)——从一道IMO试题的解法谈起	2013—08	18.00	193
成功连贯理论与约当块理论——从一道比利时数学竞赛试题谈起	2012—04	18.00	180
素数判定与大数分解	2014—08	18.00	199
置换多项式及其应用	2012—10	18.00	220
椭圆函数与模函数——从一道美国加州大学洛杉矶分校(UCLA)博士资格考题谈起	2012—10	28.00	219
差分方程的拉格朗日方法——从一道2011年全国高考理科试题的解法谈起	2012—08	28.00	200
力学在几何中的一些应用	2013—01	38.00	240
高斯散度定理、斯托克斯定理和平面格林定理——从一道国际大学生数学竞赛试题谈起	即将出版		
康托洛维奇不等式——从一道全国高中联赛试题谈起	2013—03	28.00	337
拉克斯定理和阿廷定理——从一道IMO试题的解法谈起	2014—01	58.00	246
毕卡大定理——从一道美国大学数学竞赛试题谈起	2014—07	18.00	350
拉格朗日乘子定理——从一道2005年全国高中联赛试题的高等数学解法谈起	2015—05	28.00	480
雅可比定理——从一道日本数学奥林匹克试题谈起	2013—04	48.00	249
李天岩一约克定理——从一道波兰数学竞赛试题谈起	2014—06	28.00	349
受控理论与初等不等式:从一道IMO试题的解法谈起	2023—03	48.00	1601
布劳维不动点定理——从一道前苏联数学奥林匹克试题谈起	2014—01	38.00	273
莫德尔一韦伊定理——从一道日本数学奥林匹克试题谈起	2024—10	48.00	1602
整勾股数问题——从一道美国高中数学试题谈起	2025—07	38.00	1604
斯蒂尔杰斯积分——从一道国际大学生数学竞赛试题的解法谈起	2024—10	68.00	1605

刘培杰数学工作室
已出版(即将出版)图书目录——高等数学

书　名	出版时间	定　价	编号
切博塔廖夫猜想——从一道 1978 年全国高中数学竞赛试题谈起	2024－10	38.00	1606
卡西尼卵形线——从一道高中数学期中考试试题谈起	2024－10	48.00	1607
格罗斯问题——亚纯函数的唯一性问题	2024－10	48.00	1608
布格尔问题——从一道第 6 届全国中学生物理竞赛预赛试题谈起	2024－09	68.00	1609
莱布尼茨定理——微分几何中的包络问题	2025－01	38.00	1610
多项式逼近问题——从一道美国大学生数学竞赛试题谈起	2024－10	48.00	1748
中国剩余定理——总数法构建中国历史年表	2015－01	28.00	430
贝克码与编码理论——从一道全国高中数学联赛二试试题的解法谈起	2025－03	48.00	1751
托姆突变理论浅谈——从一道普特南数学竞赛试题的解法谈起	2025－06	58.00	1752
沙可夫斯基定理——从一道韩国数学奥林匹克竞赛试题的解法谈起	2025－01	68.00	1753
斯特林公式——从一道 2023 年高考数学(天津卷)试题的背景谈起	2025－01	28.00	1754
外索夫博弈——从一道瑞士国家队选拔考试试题谈起	2025－03	48.00	1755
拉格朗日插值多项式——从一道国家公务员考题谈起	2025－08	28.00	1758
群论中的若尔当－赫尔德定理——从一道数学冬令营试题谈起	2025－07	58.00	1784
分圆多项式——从一道美国国家队选拔考试试题的解法谈起	2025－01	48.00	1786
伊万诺夫的反例——分圆多项式的系数问题	2025－07	68.00	1791
费马数与广义费马数——从一道 USAMO 试题的解法谈起	2025－01	48.00	1794
卡塔兰恒等式与级数求和——从一道 IMO 试题的解法谈起	即将出版		
勒让德猜想与素数分布——从一道爱尔兰竞赛试题谈起	即将出版		
哈密尔顿－凯莱定理：从一道高中数学联赛试题的解法谈起	2014－09	18.00	376
一个爱尔特希问题——从一道西德数学奥林匹克试题谈起	即将出版		
有限群中的爱丁格尔问题——从一道北京市初中二年级数学竞赛试题谈起	即将出版		
糖水中的不等式——从初等数学到高等数学	2019－07	48.00	1093
帕斯卡三角形	2014－03	18.00	294
蒲丰投针问题——从 2009 年清华大学的一道自主招生试题谈起	2014－01	38.00	295
斯图姆定理——从一道“华约”自主招生试题的解法谈起	2014－01	18.00	296
许瓦兹引理——从一道加利福尼亚大学伯克利分校数学系博士生试题谈起	2014－08	18.00	297
拉姆塞定理——从王诗宬院士的一个问题谈起	2016－04	48.00	299
坐标法	2013－12	28.00	332
数论三角形	2014－04	38.00	341
毕克定理	2014－07	18.00	352
数林掠影	2014－09	48.00	389
我们周围的概率	2014－10	38.00	390
凸函数最值定理：从一道华约自主招生题的解法谈起	2014－10	28.00	391
易学与数学奥林匹克	2014－10	38.00	392
生物数学趣谈	2015－01	18.00	409
反演	2015－01	28.00	420
因式分解与圆锥曲线	2015－01	18.00	426
轨迹	2015－01	28.00	427
面积原理：从常庚哲命的一道 CMO 试题的积分解法谈起	2015－01	48.00	431
形形色色的不动点定理：从一道 28 届 IMO 试题谈起	2015－01	38.00	439
柯西函数方程：从一道上海交大自主招生的试题谈起	2015－02	28.00	440

刘培杰数学工作室
已出版(即将出版)图书目录——高等数学

书 名	出版时间	定 价	编号
三角恒等式	2015—02	28.00	442
无理性判定:从一道 2014 年"北约"自主招生试题谈起	2015—01	38.00	443
数学归纳法	2015—03	18.00	451
极端原理与解题	2015—04	28.00	464
法雷级数	2014—08	18.00	367
摆线族	2015—01	38.00	438
函数方程及其解法	2015—05	38.00	470
含参数的方程和不等式	2012—09	28.00	213
希尔伯特第十问题	2016—01	38.00	543
无穷小量的求和	2016—01	28.00	545
切比雪夫多项式:从一道清华大学金秋营试题谈起	2016—01	38.00	583
泽肯多夫定理	2016—03	38.00	599
代数等式证题法	2016—01	28.00	600
三角等式证题法	2016—01	28.00	601
吴大任教授藏书中的一个因式分解公式:从一道美国数学邀请赛试题的解法谈起	2016—06	28.00	656
易卦——类万物的数学模型	2017—08	68.00	838
"不可思议"的数与数系可持续发展	2018—01	38.00	878
最短线	2018—01	38.00	879
从毕达哥拉斯到怀尔斯	2007—10	48.00	9
从迪利克雷到维斯卡尔迪	2008—01	48.00	21
从哥德巴赫到陈景润	2008—05	98.00	35
从庞加莱到佩雷尔曼	2011—08	138.00	136
从费马到怀尔斯——费马大定理的历史	2013—10	198.00	Ⅰ
从庞加莱到佩雷尔曼——庞加莱猜想的历史	2013—10	298.00	Ⅱ
从切比雪夫到爱尔特希(上)——素数定理的初等证明	2013—07	48.00	Ⅲ
从切比雪夫到爱尔特希(下)——素数定理 100 年	2012—12	98.00	Ⅲ
从高斯到盖尔方特——二次域的高斯猜想	2013—10	198.00	Ⅳ
从库默尔到朗兰兹——朗兰兹猜想的历史	2014—01	98.00	Ⅴ
从比勃巴赫到德布朗斯——比勃巴赫猜想的历史	2014—02	298.00	Ⅵ
从麦比乌斯到陈省身——麦比乌斯变换与麦比乌斯带	2014—02	298.00	Ⅶ
从布尔到豪斯道夫——布尔方程与格论漫谈	2013—10	198.00	Ⅷ
从开普勒到阿诺德——三体问题的历史	2014—05	298.00	Ⅸ
从华林到华罗庚——华林问题的历史	2013—10	298.00	Ⅹ
数学物理大百科全书.第 1 卷	2016—01	418.00	508
数学物理大百科全书.第 2 卷	2016—01	408.00	509
数学物理大百科全书.第 3 卷	2016—01	396.00	510
数学物理大百科全书.第 4 卷	2016—01	408.00	511
数学物理大百科全书.第 5 卷	2016—01	368.00	512
朱德祥代数与几何讲义.第 1 卷	2017—01	38.00	697
朱德祥代数与几何讲义.第 2 卷	2017—01	28.00	698
朱德祥代数与几何讲义.第 3 卷	2017—01	28.00	699

刘培杰数学工作室
已出版(即将出版)图书目录——高等数学

书　名	出版时间	定　价	编号
闵嗣鹤文集	2011－03	98.00	102
吴从炘数学活动三十年(1951～1980)	2010－07	99.00	32
吴从炘数学活动又三十年(1981～2010)	2015－07	98.00	491
斯米尔诺夫高等数学.第一卷	2018－03	88.00	770
斯米尔诺夫高等数学.第二卷.第一分册	2018－03	68.00	771
斯米尔诺夫高等数学.第二卷.第二分册	2018－03	68.00	772
斯米尔诺夫高等数学.第二卷.第三分册	2018－03	48.00	773
斯米尔诺夫高等数学.第三卷.第一分册	2018－03	58.00	774
斯米尔诺夫高等数学.第三卷.第二分册	2018－03	58.00	775
斯米尔诺夫高等数学.第三卷.第三分册	2018－03	68.00	776
斯米尔诺夫高等数学.第四卷.第一分册	2018－03	48.00	777
斯米尔诺夫高等数学.第四卷.第二分册	2018－03	88.00	778
斯米尔诺夫高等数学.第五卷.第一分册	2018－03	58.00	779
斯米尔诺夫高等数学.第五卷.第二分册	2018－03	68.00	780
zeta 函数,q-zeta 函数,相伴级数与积分(英文)	2015－08	88.00	513
微分形式:理论与练习(英文)	2015－08	58.00	514
离散与微分包含的逼近和优化(英文)	2015－08	58.00	515
艾伦·图灵:他的工作与影响(英文)	2016－01	98.00	560
测度理论概率导论,第 2 版(英文)	2016－01	88.00	561
带有潜在故障恢复系统的半马尔柯夫模型控制(英文)	2016－01	98.00	562
数学分析原理(英文)	2016－01	88.00	563
随机偏微分方程的有效动力学(英文)	2016－01	88.00	564
图的谱半径(英文)	2016－01	58.00	565
量子机器学习中数据挖掘的量子计算方法(英文)	2016－01	98.00	566
量子物理的非常规方法(英文)	2016－01	118.00	567
运输过程的统一非局部理论:广义波尔兹曼物理动力学,第 2 版(英文)	2016－01	198.00	568
量子力学与经典力学之间的联系在原子、分子及电动力学系统建模中的应用(英文)	2016－01	58.00	569
算术域(英文)	2018－01	158.00	821
高等数学竞赛:1962—1991 年的米洛克斯·史怀哲竞赛(英文)	2018－01	128.00	822
用数学奥林匹克精神解决数论问题(英文)	2018－01	108.00	823
代数几何(德文)	2018－04	68.00	824
丢番图逼近论(英文)	2018－01	78.00	825
代数几何学基础教程(英文)	2018－01	98.00	826
解析数论入门课程(英文)	2018－01	78.00	827
数论中的丢番图问题(英文)	2018－01	78.00	829
数论(梦幻之旅):第五届中日数论研讨会演讲集(英文)	2018－01	68.00	830
数论新应用(英文)	2018－01	68.00	831
数论(英文)	2018－01	78.00	832
测度与积分(英文)	2019－04	68.00	1059
卡塔兰数入门(英文)	2019－05	68.00	1060
多变量数学入门(英文)	2021－05	68.00	1317
偏微分方程入门(英文)	2021－05	88.00	1318
若尔当典范性:理论与实践(英文)	2021－07	68.00	1366
R 统计学概论(英文)	2023－03	88.00	1614
基于不确定静态和动态问题解的仿射算术(英文)	2023－03	38.00	1618

刘培杰数学工作室
已出版(即将出版)图书目录——高等数学

书　　名	出版时间	定　价	编号
湍流十讲(英文)	2018－04	108.00	886
无穷维李代数:第3版(英文)	2018－04	98.00	887
等值、不变量和对称性(英文)	2018－04	78.00	888
解析数论(英文)	2018－09	78.00	889
《数学原理》的演化:伯特兰·罗素撰写第二版时的手稿与笔记(英文)	2018－04	108.00	890
哈密尔顿数学论文集(第4卷):几何学、分析学、天文学、概率和有限差分等(英文)	2019－05	108.00	891
数学王子——高斯	2018－01	48.00	858
坎坷奇星——阿贝尔	2018－01	48.00	859
闪烁奇星——伽罗瓦	2018－01	58.00	860
无穷统帅——康托尔	2018－01	48.00	861
科学公主——柯瓦列夫斯卡娅	2018－01	48.00	862
抽象代数之母——埃米·诺特	2018－01	48.00	863
电脑先驱——图灵	2018－01	58.00	864
昔日神童——维纳	2018－01	48.00	865
数坛怪侠——爱尔特希	2018－01	68.00	866
当代世界中的数学.数学思想与数学基础	2019－01	38.00	892
当代世界中的数学.数学问题	2019－01	38.00	893
当代世界中的数学.应用数学与数学应用	2019－01	38.00	894
当代世界中的数学.数学王国的新疆域(一)	2019－01	38.00	895
当代世界中的数学.数学王国的新疆域(二)	2019－01	38.00	896
当代世界中的数学.数林撷英(一)	2019－01	38.00	897
当代世界中的数学.数林撷英(二)	2019－01	48.00	898
当代世界中的数学.数学之路	2019－01	38.00	899
偏微分方程全局吸引子的特性(英文)	2018－09	108.00	979
整函数与下调和函数(英文)	2018－09	118.00	980
幂等分析(英文)	2018－09	118.00	981
李群,离散子群与不变量理论(英文)	2018－09	108.00	982
动力系统与统计力学(英文)	2018－09	118.00	983
表示论与动力系统(英文)	2018－09	118.00	984
分析学练习.第1部分(英文)	2021－01	88.00	1247
分析学练习.第2部分.非线性分析(英文)	2021－01	88.00	1248
初级统计学:循序渐进的方法:第10版(英文)	2019－05	68.00	1067
工程师与科学家微分方程用书:第4版(英文)	2019－07	58.00	1068
大学代数与三角学(英文)	2019－06	78.00	1069
培养数学能力的途径(英文)	2019－07	38.00	1070
工程师与科学家统计学:第4版(英文)	2019－06	58.00	1071
贸易与经济中的应用统计学:第6版(英文)	2019－06	58.00	1072
傅立叶级数和边值问题:第8版(英文)	2019－05	48.00	1073
通往天文学的途径:第5版(英文)	2019－05	58.00	1074

刘培杰数学工作室
已出版(即将出版)图书目录——高等数学

书　名	出版时间	定　价	编号
拉马努金笔记. 第 1 卷(英文)	2019—06	165.00	1078
拉马努金笔记. 第 2 卷(英文)	2019—06	165.00	1079
拉马努金笔记. 第 3 卷(英文)	2019—06	165.00	1080
拉马努金笔记. 第 4 卷(英文)	2019—06	165.00	1081
拉马努金笔记. 第 5 卷(英文)	2019—06	165.00	1082
拉马努金遗失笔记. 第 1 卷(英文)	2019—06	109.00	1083
拉马努金遗失笔记. 第 2 卷(英文)	2019—06	109.00	1084
拉马努金遗失笔记. 第 3 卷(英文)	2019—06	109.00	1085
拉马努金遗失笔记. 第 4 卷(英文)	2019—06	109.00	1086
数论:1976 年纽约洛克菲勒大学数论会议记录(英文)	2020—06	68.00	1145
数论:卡本代尔 1979:1979 年在南伊利诺伊卡本代尔大学举行的数论会议记录(英文)	2020—06	78.00	1146
数论:诺德韦克豪特 1983:1983 年在诺德韦克豪特举行的 Journees Arithmetiques 数论大会会议记录(英文)	2020—06	68.00	1147
数论:1985—1988 年在纽约城市大学研究生院和大学中心举办的研讨会(英文)	2020—06	68.00	1148
数论:1987 年在乌尔姆举行的 Journees Arithmetiques 数论大会会议记录(英文)	2020—06	68.00	1149
数论:马德拉斯 1987:1987 年在马德拉斯安娜大学举行的国际拉马努金百年纪念大会会议记录(英文)	2020—06	68.00	1150
解析数论:1988 年在东京举行的日法研讨会会议记录(英文)	2020—06	68.00	1151
解析数论:2002 年在意大利切特拉罗举行的 C. I. M. E. 暑期班演讲集(英文)	2020—06	68.00	1152
量子世界中的蝴蝶:最迷人的量子分形故事(英文)	2020—06	118.00	1157
走进量子力学(英文)	2020—06	118.00	1158
计算物理学概论(英文)	2020—06	48.00	1159
物质,空间和时间的理论:量子理论(英文)	即将出版		1160
物质,空间和时间的理论:经典理论(英文)	即将出版		1161
量子场理论:解释世界的神秘背景(英文)	2020—07	38.00	1162
计算物理学概论(英文)	即将出版		1163
行星状星云(英文)	即将出版		1164
基本宇宙学:从亚里士多德的宇宙到大爆炸(英文)	2020—08	58.00	1165
数学磁流体力学(英文)	2020—07	58.00	1166
计算科学:第 1 卷,计算的科学(日文)	2020—07	88.00	1167
计算科学:第 2 卷,计算与宇宙(日文)	2020—07	88.00	1168
计算科学:第 3 卷,计算与物质(日文)	2020—07	88.00	1169
计算科学:第 4 卷,计算与生命(日文)	2020—07	88.00	1170
计算科学:第 5 卷,计算与地球环境(日文)	2020—07	88.00	1171
计算科学:第 6 卷,计算与社会(日文)	2020—07	88.00	1172
计算科学. 别卷,超级计算机(日文)	2020—07	88.00	1173
多复变函数论(日文)	2022—06	78.00	1518
复变函数入门(日文)	2022—06	78.00	1523

刘培杰数学工作室
已出版(即将出版)图书目录——高等数学

书　名	出版时间	定　价	编号
代数与数论:综合方法(英文)	2020—10	78.00	1185
复分析:现代函数理论第一课(英文)	2020—07	58.00	1186
斐波那契数列和卡特兰数:导论(英文)	2020—10	68.00	1187
组合推理:计数艺术介绍(英文)	2020—07	88.00	1188
二次互反律的傅里叶分析证明(英文)	2020—07	48.00	1189
旋瓦兹分布的希尔伯特变换与应用(英文)	2020—07	58.00	1190
泛函分析:巴拿赫空间理论入门(英文)	2020—07	48.00	1191
典型群,错排与素数(英文)	2020—11	58.00	1204
李代数的表示:通过 gln 进行介绍(英文)	2020—10	38.00	1205
实分析演讲集(英文)	2020—10	38.00	1206
现代分析及其应用的课程(英文)	2020—10	58.00	1207
运动中的抛射物数学(英文)	2020—10	38.00	1208
2—扭结与它们的群(英文)	2020—10	38.00	1209
概率,策略和选择:博弈与选举中的数学(英文)	2020—11	58.00	1210
分析学引论(英文)	2020—11	58.00	1211
量子群:通往流代数的路径(英文)	2020—11	38.00	1212
集合论入门(英文)	2020—10	48.00	1213
酉反射群(英文)	2020—11	58.00	1214
探索数学:吸引人的证明方式(英文)	2020—11	58.00	1215
微分拓扑短期课程(英文)	2020—10	48.00	1216
抽象凸分析(英文)	2020—11	68.00	1222
费马大定理笔记(英文)	2021—03	48.00	1223
高斯与雅可比和(英文)	2021—03	78.00	1224
π与算术几何平均:关于解析数论和计算复杂性的研究(英文)	2021—01	58.00	1225
复分析入门(英文)	2021—03	48.00	1226
爱德华·卢卡斯与素性测定(英文)	2021—03	78.00	1227
通往凸分析及其应用的简单路径(英文)	2021—01	68.00	1229
微分几何的各个方面.第一卷(英文)	2021—01	58.00	1230
微分几何的各个方面.第二卷(英文)	2020—12	58.00	1231
微分几何的各个方面.第三卷(英文)	2020—12	58.00	1232
沃克流形几何学(英文)	2020—11	58.00	1233
彷射和韦尔几何应用(英文)	2020—12	58.00	1234
双曲几何学的旋转向量空间方法(英文)	2021—02	58.00	1235
积分:分析学的关键(英文)	2020—12	48.00	1236
为有天分的新生准备的分析学基础教材(英文)	2020—11	48.00	1237

刘培杰数学工作室
已出版(即将出版)图书目录——高等数学

书　名	出版时间	定　价	编号
数学不等式.第一卷.对称多项式不等式(英文)	2021－03	108.00	1273
数学不等式.第二卷.对称有理不等式与对称无理不等式(英文)	2021－03	108.00	1274
数学不等式.第三卷.循环不等式与非循环不等式(英文)	2021－03	108.00	1275
数学不等式.第四卷.Jensen 不等式的扩展与加细(英文)	2021－03	108.00	1276
数学不等式.第五卷.创建不等式与解不等式的其他方法(英文)	2021－04	108.00	1277
冯·诺依曼代数中的谱位移函数:半有限冯·诺依曼代数中的谱位移函数与谱流(英文)	2021－06	98.00	1308
链接结构:关于嵌入完全图的直线中链接单形的组合结构(英文)	2021－05	58.00	1309
代数几何方法.第1卷(英文)	2021－06	68.00	1310
代数几何方法.第2卷(英文)	2021－06	68.00	1311
代数几何方法.第3卷(英文)	2021－06	58.00	1312
代数、生物信息和机器人技术的算法问题.第四卷,独立恒等式系统(俄文)	2020－08	118.00	1119
代数、生物信息和机器人技术的算法问题.第五卷,相对覆盖性和独立可拆分恒等式系统(俄文)	2020－08	118.00	1200
代数、生物信息和机器人技术的算法问题.第六卷,恒等式和准恒等式的相等 问题、可推导性和可实现性(俄文)	2020－08	128.00	1201
分数阶微积分的应用:非局部动态过程,分数阶导热系数(俄文)	2021－01	68.00	1241
泛函分析问题与练习:第2版(俄文)	2021－01	98.00	1242
集合论、数学逻辑和算法论问题:第5版(俄文)	2021－01	98.00	1243
微分几何和拓扑短期课程(俄文)	2021－01	98.00	1244
素数规律(俄文)	2021－01	88.00	1245
无穷边值问题解的递减:无界域中的拟线性椭圆和抛物方程(俄文)	2021－01	48.00	1246
微分几何讲义(俄文)	2020－12	98.00	1253
二次型和矩阵(俄文)	2021－01	98.00	1255
积分和级数.第2卷,特殊函数(俄文)	2021－01	168.00	1258
积分和级数.第3卷,特殊函数补充:第2版(俄文)	2021－01	178.00	1264
几何图上的微分方程(俄文)	2021－01	138.00	1259
数论教程:第2版(俄文)	2021－01	98.00	1260
非阿基米德分析及其应用(俄文)	2021－03	98.00	1261

刘培杰数学工作室
已出版(即将出版)图书目录——高等数学

书　名	出版时间	定　价	编号
古典群和量子群的压缩(俄文)	2021—03	98.00	1263
数学分析习题集.第3卷,多元函数:第3版(俄文)	2021—03	98.00	1266
数学习题:乌拉尔国立大学数学力学系大学生奥林匹克(俄文)	2021—03	98.00	1267
柯西定理和微分方程的特解(俄文)	2021—03	98.00	1268
组合极值问题及其应用:第3版(俄文)	2021—03	98.00	1269
数学词典(俄文)	2021—01	98.00	1271
确定性混沌分析模型(俄文)	2021—06	168.00	1307
精选初等数学习题和定理.立体几何.第3版(俄文)	2021—03	68.00	1316
微分几何习题:第3版(俄文)	2021—05	98.00	1336
精选初等数学习题和定理.平面几何.第4版(俄文)	2021—05	68.00	1335
曲面理论在欧氏空间 *En* 中的直接表示	2022—01	68.00	1444
维纳—霍普夫离散算子和托普利兹算子:某些可数赋范空间中的诺特性和可逆性(俄文)	2022—03	108.00	1496
Maple 中的数论:数论中的计算机计算(俄文)	2022—03	88.00	1497
贝尔曼和克努特问题及其概括:加法运算的复杂性(俄文)	2022—03	138.00	1498
复分析:共形映射(俄文)	2022—07	48.00	1542
微积分代数样条和多项式及其在数值方法中的应用(俄文)	2022—08	128.00	1543
蒙特卡罗方法中的随机过程和场模型:算法和应用(俄文)	2022—08	88.00	1544
线性椭圆型方程组:论二阶椭圆型方程的迪利克雷问题(俄文)	2022—08	98.00	1561
动态系统解的增长特性:估值、稳定性、应用(俄文)	2022—08	118.00	1565
群的自由积分解:建立和应用(俄文)	2022—08	78.00	1570
混合方程和偏差自变数方程问题:解的存在和唯一性(俄文)	2023—01	78.00	1582
拟度量空间分析:存在和逼近定理(俄文)	2023—01	108.00	1583
二维和三维流形上函数的拓扑性质:函数的拓扑分类(俄文)	2023—03	68.00	1584
齐次马尔科夫过程建模的矩阵方法:此类方法能够用于不同目的的复杂系统研究、设计和完善(俄文)	2023—03	68.00	1594
周期函数的近似方法和特性:特殊课程(俄文)	2023—04	158.00	1622
扩散方程解的矩函数:变分法(俄文)	2023—03	58.00	1623
多赋范空间和广义函数:理论及应用(俄文)	2023—03	98.00	1632
分析中的多值映射:部分应用(俄文)	2023—06	98.00	1634
数学物理问题(俄文)	2023—03	78.00	1636
函数的幂级数与三角级数分解(俄文)	2024—01	58.00	1695
星体理论的数学基础:原子三元组(俄文)	2024—01	98.00	1696
素数规律:专著(俄文)	2024—01	118.00	1697

狭义相对论与广义相对论:时空与引力导论(英文)	2021—07	88.00	1319
束流物理学和粒子加速器的实践介绍:第2版(英文)	2021—07	88.00	1320
凝聚态物理中的拓扑和微分几何简介(英文)	2021—05	88.00	1321
混沌映射:动力学、分形学和快速涨落(英文)	2021—05	128.00	1322
广义相对论:黑洞、引力波和宇宙学介绍(英文)	2021—06	68.00	1323
现代分析电磁均质化(英文)	2021—06	68.00	1324
为科学家提供的基本流体动力学(英文)	2021—06	88.00	1325
视觉天文学:理解夜空的指南(英文)	2021—06	68.00	1326

刘培杰数学工作室
已出版(即将出版)图书目录——高等数学

书 名	出版时间	定 价	编号
物理学中的计算方法(英文)	2021—06	68.00	1327
单星的结构与演化:导论(英文)	2021—06	108.00	1328
超越居里:1903 年至 1963 年物理界四位女性及其著名发现(英文)	2021—06	68.00	1329
范德瓦尔斯流体热力学的进展(英文)	2021—06	68.00	1330
先进的托卡马克稳定性理论(英文)	2021—06	88.00	1331
经典场论导论:基本相互作用的过程(英文)	2021—07	88.00	1332
光致电离量子动力学方法原理(英文)	2021—07	108.00	1333
经典域论和应力:能量张量(英文)	2021—05	88.00	1334
非线性太赫兹光谱的概念与应用(英文)	2021—06	68.00	1337
电磁学中的无穷空间并矢格林函数(英文)	2021—06	88.00	1338
物理科学基础数学. 第 1 卷,齐次边值问题、傅里叶方法和特殊函数(英文)	2021—07	108.00	1339
离散量子力学(英文)	2021—07	68.00	1340
核磁共振的物理学和数学(英文)	2021—07	108.00	1341
分子水平的静电学(英文)	2021—08	68.00	1342
非线性波:理论、计算机模拟、实验(英文)	2021—06	108.00	1343
石墨烯光学:经典问题的电解解决方案(英文)	2021—06	68.00	1344
超材料多元宇宙(英文)	2021—07	68.00	1345
银河系外的天体物理学(英文)	2021—07	68.00	1346
原子物理学(英文)	2021—07	68.00	1347
将光打结:将拓扑学应用于光学(英文)	2021—07	68.00	1348
电磁学:问题与解法(英文)	2021—07	88.00	1364
海浪的原理:介绍量子力学的技巧与应用(英文)	2021—07	108.00	1365
多孔介质中的流体:输运与相变(英文)	2021—07	68.00	1372
洛伦兹群的物理学(英文)	2021—08	68.00	1373
物理导论的数学方法和解决方法手册(英文)	2021—08	68.00	1374
非线性波数学物理学入门(英文)	2021—08	88.00	1376
波:基本原理和动力学(英文)	2021—07	68.00	1377
光电子量子计量学. 第 1 卷,基础(英文)	2021—07	88.00	1383
光电子量子计量学. 第 2 卷,应用与进展(英文)	2021—07	68.00	1384
复杂流的格子玻尔兹曼建模的工程应用(英文)	2021—08	68.00	1393
电偶极矩挑战(英文)	2021—08	108.00	1394
电动力学:问题与解法(英文)	2021—09	68.00	1395
自由电子激光的经典理论(英文)	2021—08	68.00	1397
曼哈顿计划——核武器物理学简介(英文)	2021—09	68.00	1401

刘培杰数学工作室
已出版(即将出版)图书目录——高等数学

书　　名	出版时间	定　价	编号
粒子物理学(英文)	2021—09	68.00	1402
引力场中的量子信息(英文)	2021—09	128.00	1403
器件物理学的基本经典力学(英文)	2021—09	68.00	1404
等离子体物理及其空间应用导论.第1卷,基本原理和初步过程(英文)	2021—09	68.00	1405
伽利略理论力学:连续力学基础(英文)	2021—10	48.00	1416
磁约束聚变等离子体物理:理想 MHD 理论(英文)	2023—03	68.00	1613
相对论量子场论.第1卷,典范形式体系(英文)	2023—03	38.00	1615
相对论量子场论.第2卷,路径积分形式(英文)	2023—06	38.00	1616
相对论量子场论.第3卷,量子场论的应用(英文)	2023—06	38.00	1617
涌现的物理学(英文)	2023—05	58.00	1619
量子化旋涡:一本拓扑激发手册(英文)	2023—04	68.00	1620
非线性动力学:实践的介绍性调查(英文)	2023—05	68.00	1621
静电加速器:一个多功能工具(英文)	2023—06	58.00	1625
相对论多体理论与统计力学(英文)	2023—06	58.00	1626
经典力学.第1卷,工具与向量(英文)	2023—04	38.00	1627
经典力学.第2卷,运动学和匀加速运动(英文)	2023—04	58.00	1628
经典力学.第3卷,牛顿定律和匀速圆周运动(英文)	2023—04	58.00	1629
经典力学.第4卷,万有引力定律(英文)	2023—04	38.00	1630
经典力学.第5卷,守恒定律与旋转运动(英文)	2023—04	38.00	1631
对称问题:纳维尔—斯托克斯问题(英文)	2023—04	38.00	1638
摄影的物理和艺术.第1卷,几何与光的本质(英文)	2023—04	78.00	1639
摄影的物理和艺术.第2卷,能量与色彩(英文)	2023—04	78.00	1640
摄影的物理和艺术.第3卷,探测器与数码的意义(英文)	2023—04	78.00	1641
拓扑与超弦理论焦点问题(英文)	2021—07	58.00	1349
应用数学:理论、方法与实践(英文)	2021—07	78.00	1350
非线性特征值问题:牛顿型方法与非线性瑞利函数(英文)	2021—07	58.00	1351
广义膨胀和齐性:利用齐性构造齐次系统的李雅普诺夫函数和控制律(英文)	2021—06	48.00	1352
解析数论焦点问题(英文)	2021—07	58.00	1353
随机微分方程:动态系统方法(英文)	2021—07	58.00	1354
经典力学与微分几何(英文)	2021—07	58.00	1355
负定相交形式流形上的瞬子模空间几何(英文)	2021—07	68.00	1356
广义卡塔兰轨道分析:广义卡塔兰轨道计算数字的方法(英文)	2021—07	48.00	1367
洛伦兹方法的变分:二维与三维洛伦兹方法(英文)	2021—08	38.00	1378
几何、分析和数论精编(英文)	2021—08	68.00	1380
从一个新角度看数论:通过遗传方法引入现实的概念(英文)	2021—07	58.00	1387
动力系统:短期课程(英文)	2021—08	68.00	1382

刘培杰数学工作室
已出版(即将出版)图书目录——高等数学

书　名	出版时间	定　价	编号
几何路径:理论与实践(英文)	2021－08	48.00	1385
广义斐波那契数列及其性质(英文)	2021－08	38.00	1386
论天体力学中某些问题的不可积性(英文)	2021－07	88.00	1396
对称函数和麦克唐纳多项式:余代数结构与 Kawanaka 恒等式	2021－09	38.00	1400
杰弗里・英格拉姆・泰勒科学论文集:第 1 卷.固体力学(英文)	2021－05	78.00	1360
杰弗里・英格拉姆・泰勒科学论文集:第 2 卷.气象学、海洋学和湍流(英文)	2021－05	68.00	1361
杰弗里・英格拉姆・泰勒科学论文集:第 3 卷.空气动力学以及落弹数和爆炸的力学(英文)	2021－05	68.00	1362
杰弗里・英格拉姆・泰勒科学论文集:第 4 卷.有关流体力学(英文)	2021－05	58.00	1363
非局域泛函演化方程:积分与分数阶(英文)	2021－08	48.00	1390
理论工作者的高等微分几何:纤维丛、射流流形和拉格朗日理论(英文)	2021－08	68.00	1391
半线性退化椭圆微分方程:局部定理与整体定理(英文)	2021－07	48.00	1392
非交换几何、规范理论和重整化:一般简介与非交换量子场论的重整化(英文)	2021－09	78.00	1406
数论论文集:拉普拉斯变换和带有数论系数的幂级数(俄文)	2021－09	48.00	1407
挠理论专题:相对极大值,单射与扩充模(英文)	2021－09	88.00	1410
强正则图与欧几里得若尔当代数:非通常关系中的启示(英文)	2021－10	48.00	1411
拉格朗日几何和哈密顿几何:力学的应用(英文)	2021－10	48.00	1412
时滞微分方程与差分方程的振动理论:二阶与三阶(英文)	2021－10	98.00	1417
卷积结构与几何函数理论:用以研究特定几何函数理论方向的分数阶微积分算子与卷积结构(英文)	2021－10	48.00	1418
经典数学物理的历史发展(英文)	2021－10	78.00	1419
扩展线性丢番图问题(英文)	2021－10	38.00	1420
一类混沌动力系统的分歧分析与控制:分歧分析与控制(英文)	2021－11	38.00	1421
伽利略空间和伪伽利略空间中一些特殊曲线的几何性质(英文)	2022－01	48.00	1422
一阶偏微分方程:哈密尔顿—雅可比理论(英文)	2021－11	48.00	1424
各向异性黎曼多面体的反问题:分段光滑的各向异性黎曼多面体反边界谱问题:唯一性(英文)	2021－11	38.00	1425

刘培杰数学工作室
已出版(即将出版)图书目录——高等数学

书　　名	出版时间	定　价	编号
项目反应理论手册. 第一卷,模型(英文)	2021—11	138.00	1431
项目反应理论手册. 第二卷,统计工具(英文)	2021—11	118.00	1432
项目反应理论手册. 第三卷,应用(英文)	2021—11	138.00	1433
二次无理数:经典数论入门(英文)	2022—05	138.00	1434
数,形与对称性:数论,几何和群论导论(英文)	2022—05	128.00	1435
有限域手册(英文)	2021—11	178.00	1436
计算数论(英文)	2021—11	148.00	1437
拟群与其表示简介(英文)	2021—11	88.00	1438
数论与密码学导论:第二版(英文)	2022—01	148.00	1423
几何分析中的柯西变换与黎兹变换:解析调和容量和李普希兹调和容量、变化和振荡以及一致可求长性(英文)	2021—12	38.00	1465
近似不动点定理及其应用(英文)	2022—05	28.00	1466
局部域的相关内容解析:对局部域的扩展及其伽罗瓦群的研究(英文)	2022—01	38.00	1467
反问题的二进制恢复方法(英文)	2022—03	28.00	1468
对几何函数中某些类的各个方面的研究:复变量理论(英文)	2022—01	38.00	1469
覆盖、对应和非交换几何(英文)	2022—01	28.00	1470
最优控制理论中的随机线性调节器问题:随机最优线性调节器问题(英文)	2022—01	38.00	1473
正交分解法:涡流流体动力学应用的正交分解法(英文)	2022—01	38.00	1475
芬斯勒几何的某些问题(英文)	2022—03	38.00	1476
受限三体问题(英文)	2022—05	38.00	1477
利用马利亚万微积分进行 Greeks 的计算:连续过程、跳跃过程中的马利亚万微积分和金融领域中的 Greeks(英文)	2022—05	48.00	1478
经典分析和泛函分析的应用:分析学的应用(英文)	2022—05	38.00	1479
特殊芬斯勒空间的探究(英文)	2022—03	48.00	1480
某些图形的施泰纳距离的细谷多项式:细谷多项式与图的维纳指数(英文)	2022—05	38.00	1481
图论问题的遗传算法:在新鲜与模糊的环境中(英文)	2022—05	48.00	1482
多项式映射的渐近簇(英文)	2022—05	38.00	1483
一维系统中的混沌:符号动力学,映射序列,一致收敛和沙可夫斯基定理(英文)	2022—05	38.00	1509
多维边界层流动与传热分析:粘性流体流动的数学建模与分析(英文)	2022—05	38.00	1510

刘培杰数学工作室
已出版(即将出版)图书目录——高等数学

书　名	出版时间	定　价	编号
演绎理论物理学的原理:一种基于量子力学波函数的逐次置信估计的一般理论的提议(英文)	2022—05	38.00	1511
R^2 和 R^3 中的仿射弹性曲线:概念和方法(英文)	2022—08	38.00	1512
算术数列中除数函数的分布:基本内容、调查、方法、第二矩、新结果(英文)	2022—05	28.00	1513
抛物型狄拉克算子和薛定谔方程:不定常薛定谔方程的抛物型狄拉克算子及其应用(英文)	2022—07	28.00	1514
黎曼-希尔伯特问题与量子场论:可积重正化、戴森-施温格方程(英文)	2022—08	38.00	1515
代数结构和几何结构的形变理论(英文)	2022—08	48.00	1516
概率结构和模糊结构上的不动点:概率结构和直觉模糊度量空间的不动点定理(英文)	2022—08	38.00	1517
反若尔当对:简单反若尔当对的自同构(英文)	2022—07	28.00	1533
对某些黎曼—芬斯勒空间变换的研究:芬斯勒几何中的某些变换(英文)	2022—07	38.00	1534
内诣零流形映射的尼尔森数的阿诺索夫关系(英文)	2023—01	38.00	1535
与广义积分变换有关的分数次演算:对分数次演算的研究(英文)	2023—01	48.00	1536
强子的芬斯勒几何和吕拉几何(宇宙学方面):强子结构的芬斯勒几何和吕拉几何(拓扑缺陷)(英文)	2022—08	38.00	1537
一种基于混沌的非线性最优化问题:作业调度问题(英文)	即将出版		1538
广义概率论发展前景:关于趣味数学与置信函数实际应用的一些原创观点(英文)	即将出版		1539
纽结与物理学:第二版(英文)	2022—09	118.00	1547
正交多项式和 q—级数的前沿(英文)	2022—09	98.00	1548
算子理论问题集(英文)	2022—03	108.00	1549
抽象代数:群、环与域的应用导论:第二版(英文)	2023—01	98.00	1550
菲尔兹奖得主演讲集:第三版(英文)	2023—01	138.00	1551
多元实函数教程(英文)	2022—09	118.00	1552
球面空间形式群的几何学:第二版(英文)	2022—09	98.00	1566
对称群的表示论(英文)	2023—01	98.00	1585
纽结理论:第二版(英文)	2023—01	88.00	1586
拟群理论的基础与应用(英文)	2023—01	88.00	1587
组合学:第二版(英文)	2023—01	98.00	1588
加性组合学:研究问题手册(英文)	2023—01	68.00	1589
扭曲、平铺与镶嵌:几何折纸中的数学方法(英文)	2023—01	98.00	1590
离散与计算几何手册:第三版(英文)	2023—01	248.00	1591
离散与组合数学手册:第二版(英文)	2023—01	248.00	1592

刘培杰数学工作室
已出版(即将出版)图书目录——高等数学

书　　名	出版时间	定　价	编号
分析学教程.第1卷,一元实变量函数的微积分分析学介绍(英文)	2023—01	118.00	1595
分析学教程.第2卷,多元函数的微分和积分,向量微积分(英文)	2023—01	118.00	1596
分析学教程.第3卷,测度与积分理论,复变量的复值函数(英文)	2023—01	118.00	1597
分析学教程.第4卷,傅里叶分析,常微分方程,变分法(英文)	2023—01	118.00	1598
共形映射及其应用手册(英文)	2024—01	158.00	1674
广义三角函数与双曲函数(英文)	2024—01	78.00	1675
振动与波:概论:第二版(英文)	2024—01	88.00	1676
几何约束系统原理手册(英文)	2024—01	120.00	1677
微分方程与包含的拓扑方法(英文)	2024—01	98.00	1678
数学分析中的前沿话题(英文)	2024—01	198.00	1679
流体力学建模:不稳定性与湍流(英文)	2024—03	88.00	1680
动力系统:理论与应用(英文)	2024—03	108.00	1711
空间统计学理论:概述(英文)	2024—03	68.00	1712
梅林变换手册(英文)	2024—03	128.00	1713
非线性系统及其绝妙的数学结构.第1卷(英文)	2024—03	88.00	1714
非线性系统及其绝妙的数学结构.第2卷(英文)	2024—03	108.00	1715
Chip-firing 中的数学(英文)	2024—04	88.00	1716
阿贝尔群的可确定性:问题、研究、概述(俄文)	2024—05	716.00(全7册)	1727
素数规律:专著(俄文)	2024—05	716.00(全7册)	1728
函数的幂级数与三角级数分解(俄文)	2024—05	716.00(全7册)	1729
星体理论的数学基础:原子三元组(俄文)	2024—05	716.00(全7册)	1730
技术问题中的数学物理微分方程(俄文)	2024—05	716.00(全7册)	1731
概率论边界问题:随机过程边界穿越问题(俄文)	2024—05	716.00(全7册)	1732
代数和幂等配置的正交分解:不可交换组合(俄文)	2024—05	716.00(全7册)	1733
数学物理精选专题讲座:李理论的进一步应用(英文)	2024—10	252.00(全4册)	1775
工程师和科学家应用数学概论:第二版(英文)	2024—10	252.00(全4册)	1775
高等微积分快速入门(英文)	2024—10	252.00(全4册)	1775
微分几何的各个方面.第四卷(英文)	2024—10	252.00(全4册)	1775
具有连续变量的量子信息形式主义概论(英文)	2024—10	378.00(全6册)	1776
拓扑绝缘体(英文)	2024—10	378.00(全6册)	1776
论全息度量原则:从大学物理到黑洞热力学(英文)	2024—10	378.00(全6册)	1776
量化测量:无所不在的数字(英文)	2024—10	378.00(全6册)	1776
21世纪的彗星:体验下一颗伟大彗星的个人指南(英文)	2024—10	378.00(全6册)	1776
激光及其在玻色—爱因斯坦凝聚态观测中的应用(英文)	2024—10	378.00(全6册)	1776

刘培杰数学工作室
已出版(即将出版)图书目录——高等数学

书　　名	出版时间	定　价	编号
随机矩阵理论的最新进展(英文)	2025－02	78.00	1797
计算代数几何的应用(英文)	2025－02	78.00	1798
纽结与物理学的交界(英文)	2025－03	98.00	1799
公钥密码学(英文)	2025－02	78.00	1800
量子计算:一个对 21 世纪和千禧年的宏大的数学挑战(英文)	2025－02	108.00	1801
信息流的数学基础(英文)	2025－01	98.00	1802
偏微分方程的最新研究进展:威尼斯 1996(英文)	2025－01	108.00	1803
拉东变换、反问题及断层成像(英文)	2025－02	78.00	1804
应用与计算拓扑学进展(英文)	2025－02	98.00	1805
复动力系统:芒德布罗集与朱利亚集背后的数学(英文)	2025－02	98.00	1806
双曲问题:理论、数值数据及应用(全 2 册)(英文)	2025－02	118.00	1807
代数 K 理论(英文)	2025－07	38.00	1827
可积系统的拓扑分类(英文)	即将出版		1828
极小曲面(英文)	2025－07	48.00	1829
多粒子哈密顿算子:光谱与散射(英文)	2025－07	38.00	1830
概率对统计力学的贡献(英文)	即将出版		1831
奇异点与分歧(英文)	即将出版		1832
表示论中的主题(英文)	即将出版		1833
非参数估计的相关主题(英文)	即将出版		1834
非线性斯托克斯现象(英文)	2025－07	48.00	1835
奇异点理论及其应用(英文)	即将出版		1836
谱算子理论及相关主题(英文)	即将出版		1837
积发方程与微分方程离散谱的估计与渐近(英文)	即将出版		1838
I. M. 盖尔范德研讨会:第一部分(英文)	即将出版		1839
I. M. 盖尔范德研讨会:第二部分(英文)	即将出版		1840
流形和簇的拓扑学(英文)	即将出版		1841
非约定李代数(英文)	即将出版		1842

联系地址:哈尔滨市南岗区复华四道街 10 号　**哈尔滨工业大学出版社刘培杰数学工作室**
邮　　编:150006
联系电话:0451－86281378　　13904613167
E-mail:lpj1378@163.com